Principios de administración y conservación energética

Orientaciones para reducir el consumo de energía y ahorrar dinero en las facturas energéticas

FAC

ENERGY

Francisco A. Castro Rincón

PRINCIPIOS DE ADMINISTRACIÓN Y CONSERVACIÓN ENERGÉTICA

ORIENTACIONES PARA REDUCIR EL CONSUMO DE ENERGÍA Y AHORRAR DINERO EN LAS FACTURAS ENERGÉTICAS

15 Park Avenue, Suite 210
Rutherford, New Jersey 07070
www.facenergy.com

Principios de administración y conservación energética. Orientaciones para reducir el consumo de energía y ahorrar dinero en las facturas energéticas

ISBN-13: 978-1-958001-04-2

Castro Rincón, Francisco A.
Principios de administración y conservación energética. Orientaciones para reducir el consumo de energía y ahorrar dinero en las facturas energéticas. Francisco A. Castro Rincón; 1ª ed. New Jersey: FAC Energy, 2023. 604 pp. 6”x 9”.

CONTENIDO

FAC
ENERGY
www.facenergy.com
Aumente las Ganancias de su Negocio disminuyendo los Costos Operacionales Energéticos
Plan Maestro de Consumo Energético Diseñado Exclusivamente Para su Empresa
15 Park Avenue, Suite 210
Rutherford, New Jersey 07070

PRÓLOGO

El móvil de escribir este libro es para proveer de algunos conocimientos de administración energética a muchos interesados en la materia. El propósito es combinar principios administrativos e ingeniería, para minimizar el consumo de energía y sus costos, aplicando estrategias y medidas de eficiencias energéticas (MEE).

La información de este libro ha sido preparada con un lenguaje simple, para el manejo del lector que desee adquirir algunos principios acerca de cómo puede aumentar sus ganancias, o disminuir sus gastos energéticos, empleando conceptos y estrategias para la reducción del consumo de este recurso.

Las empresas tienen que administrar las finanzas sabiamente, para poder competir en el mercado, especialmente en tiempos de crisis económicas, cuando las ventas y los servicios disminuyen y no pasar a ser parte de las estadísticas negativas, junto a todos los negocios que han tenido que cerrar sus puertas.

Igualmente, los departamentos gubernamentales, que dirigen los bienes nacionales, tienen que administrar adecuadamente los presupuestos y los gastos para poder distribuir los fondos destinados a estos fines durante el periodo fiscal.

Lo mismo sucede con las residencias donde la persona que administra los gastos tiene que establecer un presupuesto balanceado, con el objetivo de cubrir la canasta familiar y otros gastos adicionales.

La energía es imprescindible para el funcionamiento de toda empresa o vivienda; de alguna manera, las operaciones están relacionadas con el consumo energético y, según varían el consumo y los precios energéticos, afectan directa o indirectamente las ganancias de toda empresa privada, departamento gubernamental

Lección 1
Introducción

La importancia de conservar energía

Conservar recursos es vital para la supervivencia humana, especialmente los naturales, que son las fuentes de vida para nuestra especie. Nuestro mayor objetivo es ofrecer nociones de conservación de energía, siguiendo los principios y el **concepto de "Conservación"**, de acuerdo con **Gifford Pinchot, "The Meaning of Conservation",** publicado en el libro American Environmental History y muchos otros que han hecho un gran aporte a la humanidad para que se conserven los recursos naturales de este planeta.

El movimiento de conservación representa uno de los desarrollos de mayor alcance e influencia en la historia ambiental estadounidense (Johnson, 2003). "A fines de la década de 1880, la rápida disminución de varias especies de vida silvestre, la deforestación generalizada y las continuas preocupaciones sobre la rápida urbanización llevaron a una sensación generalizada de ansiedad en los Estados Unidos. Surgió un consenso, especialmente entre las clases media y alta, de que tanto la naturaleza como la sociedad deberían gestionarse mejor para garantizar la abundancia tradicional de recursos naturales de Estados Unidos. Estas perspectivas encontraron expresión en el movimiento conservacionista".

"El primer gran hecho sobre la conservación es que representa el desarrollo. Ha habido una idea errónea fundamental de que la conservación no significa nada más que la cría de recursos para las generaciones futuras. La conservación significa provisiones para el futuro, pero significa también y ante todo el reconocimiento del derecho de la generación actual al uso más pleno y necesario de todos los recursos con los que este país es tan abundantemente bendecido. **Las conservaciones exigen el bienestar de esta generación primero, y después el bienestar de la generación siguiente".**

"En segundo lugar, la conservación representa la prevención de residuos. Poco a poco se ha llegado en este país a la comprensión de que los residuos no son algo bueno y que el ataque a los residuos es una necesidad industrial. Así que estamos entrando como asunto para entender que la prevención de residuos en todas las demás direcciones es una simple cuestión de buen negocio. **El primer deber de la raza humana es controlar la tierra en la que vive".**

"Un tercer principio es: Los recursos naturales deben desarrollarse y preservarse para el beneficio de muchos, y no simplemente para el beneficio de unos pocos. La idea de conservación cubre una gama más amplia que el campo de los recursos naturales por sí solo. La conservación significa el mayor bien para el mayor número durante más tiempo. La conservación aboga por el uso de la previsión, la prudencia, el ahorro y la inteligencia en el tratamiento de los asuntos públicos, por las mismas razones y de la misma manera que cada uno de nosotros utiliza la creencia, la prudencia, el ahorro y la inteligencia al tratar con nuestros propios asuntos privados. La conservación exige la aplicación del sentido común a los problemas comunes para el bien común".

"Los principios de conservación así descritos – desarrollo, preservación, bien común–tienen una aplicación general que se está ampliando rápidamente. El desarrollo de los recursos y la preservación de los desechos y las pérdidas, la prevención de los intereses públicos, por la previsión, la prudencia y las virtudes comerciales y domésticas ordinarias, todo esto se aplica a otras cosas, así como a los recursos naturales. De hecho, no hay ningún interés de la gente al que no se apliquen los principios de conservación".

"**La aplicación del sentido común a cualquier problema para el bien de las Naciones conducirá directamente a la eficiencia nacional dondequiera que se aplique.** En otras palabras, ese es el propósito del mensaje, estamos llegando a ver el resultado lógico e inevitable de que estos principios, que surgieron en la silvicultura y tienen su florecimiento en la conservación de los recursos naturales, tendrán su fruto en el aumento y la promoción de la eficiencia nacional en otras líneas de la vida nacional".

LLAMADO DEL PAPA FRANCISCO PARA CUIDAR LA TIERRA, NUESTRA CASA COMÚN

A los principios mencionados, también se adhiere el Papa Francisco con un Manifiesto ambiental, en el que clamó por una "**Revolución**" (Posterwait, 2015), para preservar el planeta de los cambios climáticos, acentuando que el cuidado de la tierra es el "Cuidado de Nuestra Casa Común". Ver copia del Manifiesto en la lección 18.

Aplicación de Conservación Energética en la Época Actual

En la época actual es imperante, para toda empresa o individuo, emplear conceptos fundamentales de conservación de energía. El tema principal de este libro son los ***Principios de Administración y Conservación Energética***, porque aprendiendo a utilizar la energía eficientemente contribuimos con la conservación de los recursos naturales y muchos otros factores que beneficiarán empresas, departamentos, residencias y a toda la sociedad en general. Estos beneficios se reflejarán en términos económicos, personales, empresariales, gubernamentales, ecológicos y mundiales.

El uso energético se ha convertido en el artículo número uno para la supervivencia humana, por la cual la demanda ha crecido tremendamente y se estima que continuará en crecimiento de acuerdo con el aumento poblacional y los adelantos tecnológicos mundiales.

Es imperante que cada ser humano se concientice acerca del consumo energético y tome conductas apropiadas, para que las aplique cuando sea necesario, ya sea en una residencia, empresa comercial, industria, supermercado o bodega, escuela, hospital, hotel, municipio, ciudad, provincia, Estado y país.

En cada caso aplicable, la persona o equipo responsable de administrar el consumo energético está comprometido a manejar la operación y el presupuesto destinado a cubrir los costos operacionales ocurrentes. Si no hay una persona encargada de gestionar el consumo energético, es recomendable que la empresa designe un director que sea responsable de administrar y supervisar el consumo y costos de energía.

Es importante entender el funcionamiento básico de la administración energética para poder aplicar conceptos y estrategias que ayuden a ahorrar dinero para nuestras empresas o residencias, a la vez que contribuye con nuestros presupuestos y la ecología nacional del país o países donde se aplique. El principio para aplicar este funcionamiento básico es evaluando donde la empresa o residencia consume energía, para identificar oportunidades de reducir el consumo.

Las edificaciones existentes, especialmente las construidas antes del año 2004, representan gran oportunidad para mejorar las condiciones en eficiencia energética. La mayoría de estas edificaciones fueron diseñadas y construidas hace varios años, en las cuales los códigos de construcción no contemplaban la eficiencia energética, mientras que los equipos que se utilizaron eran menos eficientes que los equipos diseñados, ensamblados y puesto en el mercado después del 2004. Los requerimientos, códigos y estándares de construcción han cambiado significativamente, de acuerdo con los progresos tecnológicos.

A medida que las demandas energéticas han aumentado, han crecido los adelantos en la fabricación de equipos eficientes que consumen menos energía y a la vez ofrecen un servicio de mejor calidad.

Todas las edificaciones, especialmente las construidas antes del 2004, pueden ser evaluadas y modificadas utilizando estrategias de integración de equipos modernos, diseñados especialmente para estas modificaciones, con la finalidad de mejorar el rendimiento de los equipos existentes que puedan continuar ofreciendo servicios con una eficiencia mayor. Todo esto, reemplazando o modificando los equipos obsoletos que representen un alto costo de operación, con componentes modernos más eficientes que retornen la inversión incurrida en corto tiempo.

De acuerdo con datos del Departamento de Energía de los Estados Unidos, las edificaciones utilizan sobre el 40% de la energía total que se consume y un 70% de la electricidad que se genera en este país.

Para reducir el consumo energético, el Departamento de Energía de los Estados Unidos (DOE), a través del programa Tecnológico para Edificaciones (***Building Technologies Program, BTP)***, en asociación con las industrias, los estados, municipios y otras entidades federales, ha establecido y está patrocinado varios programas con fondos federales, instituyendo estrategias para mejorar significativamente las eficiencias energéticas, para alcanzar una meta neta de cero energía en las edificaciones a nivel nacional. Una de las estrategias ha sido la producción de herramientas y paquetes de informaciones, proyectando mejorar y reducir el consumo energético de un 30% a 50% en las edificaciones existentes, con relación al Estándar Energético para edificaciones 90.1-2004, producido por ANSI/ASHRAE/IESNA. Comenzando en el año 2004, el Departamento de Energía ha facilitado ayuda técnica y económica para desarrollar documentos/manuales avanzados en los diseños de los proyectos energéticos.

En la práctica, muchas empresas están reduciendo el uso energético, alrededor de 30 a 50 por ciento, utilizando la administración energética que envuelve la investigación del funcionamiento de los aparatos que consumen energía.

Un informe del Concilio Americano para una Economía Eficiente-Energética, con siglas en ingles ACEEE (American Council for an-Energy-Efficient Economy), en el 2016 publicó que del 1980 al 2014, el uso energético aumentó en los Estados Unidos en un 26 por ciento; sin embargo, en el mismo periodo, el producto nacional interno bruto aumentó en 149 por ciento. Al mismo tiempo, la intensidad de uso energético en los Estados Unidos ha declinado de 12.1 mil BTU gastado por dólar en el 1980, a 6.1 en el 2014; o sea, una reducción de un 50 por ciento. La intensidad energética, definida como la energía usada por cada dólar del producto nacional interno bruto, es un factor común para combinar estas dos variables.

Algunas de estas mejoras son atribuidas a los cambios estructurales de la economía, pero se estima que alrededor de un 60% del mejoramiento de la intensidad del consumo energético se debe a las mejoras aplicadas en las eficiencias que les han ahorrado mucho dinero a los negocios y consumidores. Estas cifras oscilan en alrededor de $800 billones de dólares en el 2014. Dividiendo los ahorros por la población de los Estados Unidos, la eficiencia energética en el 2014 les ahorró, a cada consumidor, alrededor de $2,500 dólares.

Estos ahorros generados por las eficiencias energéticas por 35 años han mejorado la nación en términos de seguridad y medio ambiente, donde se han renovado los estándares del sector de transporte; especialmente la importación de petróleo, en la que el crudo utilizado en los Estados Unidos en el 1983 fue de 33% aumentando a 67% en el 2006 y declinando en un 44% en el 2014. Reducciones en el consumo de petróleo, gas natural y electricidad disminuyeron las emisiones de gases invernadero al medio ambiente incluyendo dióxidos de carbono, azufre y óxido de nitrógeno contribuyentes a la lluvia acida y la creación de problemas salubres de la población. En los Estados Unidos en el 2014 las emisiones de dióxido de carbono se redujeron a 5,404 millones de toneladas métricas, registrándose una disminución de un 10% por debajo del nivel del 2005.

Los resultados de estas mejoras han sido grandes cuantitativamente, donde pequeños factores han contribuido y mejorado la economía de los Estados Unidos, incluyendo perfeccionamientos en los aparatos y equipos, implantación de códigos y estándares en las nuevas edificaciones, modificaciones a las edificaciones existentes, adelantos a los procesos industriales, avances tecnológicos a las redes eléctricas (Redes Inteligentes), rendimiento de combustibles en vehículos, aviones y embarcaciones.

En otro reporte, publicado septiembre 2019 por la American Council for a Energy-Efficient Economy, titulado "Energy Efficiency Can Cut Energy use and Greenhouse Gas Emissions in Half by 2050", (Ungar, 2019) se enfatiza en "evitar una catástrofe del cambio climático, las estrategias a largo plazo han pedido reducir las emisiones totales de gases de efecto invernadero (GEI) de los Estados Unidos en un 80-100% para 2050. ¿Cuánto de las reducciones necesarias podemos lograr a través de la eficiencia energética? Estudios previos, incluso realizados por la Agencia Internacional de Energía y el Consejo de Defensa de los Recursos Naturales, han encontrado que las medidas de eficiencia en toda la economía pueden obtener casi la mitad de estas reducciones. Decidimos examinar más de cerca las oportunidades y políticas de Estados Unidos que podrían cosechar los ahorros necesarios. Las oportunidades de eficiencia energética que examinamos podrían reducir colectivamente las emisiones de GEI esperadas para 2050 en los Estados Unidos en aproximadamente la mitad. Reducirían el uso de energía primaria en un 49% (47 billones de BTUs). El ahorro de eficiencia reduciría las emisiones de dióxido de carbono (CO_2) en un 57% (2.500 millones de toneladas métricas). Las reducciones de emisiones son mayores que las reducciones de energía porque incluimos un cambio del uso de combustibles fósiles a la electricidad tanto para vehículos como para edificios (con electricidad de un sector de energía mucho más limpio)".

El reporte también enfatiza que "las principales oportunidades de ahorro por sector son:

- **Vehículos eficientes y eléctricos.** Un cambio a los automóviles y camiones eléctricos (80% de los vehículos ligeros y el 45% de los vehículos pesados) y las continuas ganancias de economía de combustible bajo los nuevos estándares podrían reducir las emisiones de dióxido de carbono de los vehículos en 2050 en aproximadamente un 50%
- **Eficiencia industrial y descarbonización.** La gestión estratégica de la energía y la fabricación

inteligente podrían reducir el uso y las emisiones de energía industrial en un 15%, y las nuevas tecnologías, los procesos industriales y las materias primas (incluidas las estrategias de electrificación) podrían ahorrar un 14% adicional

- **Eficiencia del sistema de transporte.** Menos conducción en automóviles y camiones ligeros, una mayor eficiencia del sistema de carga, aviones y aviación más eficientes podrían reducir las emisiones en un 30%, 25% y 53%, respectivamente
- **Mejoras en edificios y viviendas existentes.** Las mejoras de eficiencia energética podrían reducir el uso de energía y las emisiones en aproximadamente un 18% para los hogares y un 23% para los edificios comerciales. Las tecnologías de control inteligente podrían reducir otro 11% para los hogares y un 18% para los edificios comerciales
- La electrificación de las cargas restantes añade un 13% adicional en la reducción de emisiones. Cero energías a nuevos edificios y viviendas. El diseño eficiente de nuevas viviendas y edificios comerciales, incluida la electrificación y el uso de electricidad renovable para satisfacer las cargas anuales promedio podrían reducir sus emisiones en un 80 %
- Electrodomésticos y equipos eficientes. Los estándares de eficiencia actualizados y el crecimiento en el programa ENERGY STAR® podrían reducir las emisiones totales de viviendas y edificios en un 13%".

RECOMENDACIONES PARA LAS MUNICIPALIDADES DE LOS PAÍSES DE LATINOAMÉRICA

Es recomendable para las municipalidades de los países de Latinoamérica, en vía de desarrollo, que adopten códigos y medidas de conservación energética y de agua, para que ayuden a sus economías y poblaciones a ser más eficientes. Es saludable diseñar e implementar programas de conservación de energía para que las reducciones energéticas directamente se conviertan en una gran contribución de las economías de los pueblos. Además, las reducciones que se produzcan en un lado puedan ser el complemento para cubrir deficiencias actuales, como en casos existentes en países de Latinoamérica, donde algunas compañías suministradoras de energía eléctrica muchas veces tienen que interrumpir la energía en un sector para energizar otro. Igualmente sucede con las compañías suministradoras de agua que tienen que cerrar el suministro de agua de ciertos sectores para proveer otro sector. También ocurre que los moradores de ciertos sectores tienen que esperar las horas nocturnas para colectar agua en tanques y cisternas que los abastecen a diario.

Recomendamos, a los alcaldes de las municipalidades de los países latinoamericanos, establecer principios de conservación de energía y recursos naturales, y unirse en equipo a diferentes países, como lo están haciendo los alcaldes de las municipalidades de los Estados Unidos, con el propósito de alcanzar un neto de cero emisiones para el 2050 en sus respectivas municipalidades. En las lecciones 17 y 18 mostramos algunos de los movimientos y acciones que está ejecutando la Asociación de Alcaldes de los Estados Unidos.

EN EL CONTENIDO TAMBIÉN OFRECEMOS

En la *Lección 2* ofrecemos conceptos de administración energética, con detalles acerca del uso de energía en las modificaciones, la misión, metas y beneficios de un programa de conservación de energía.

En la *Lección 3* ofrecemos conceptos de la producción y comercialización de la energía.

En la *Lección 4* ofrecemos conceptos acerca de las causas incidentes en el aumento de los combustibles. También, ofrecemos algunos detalles de los efectos negativos en el campo de la salud, la economía y la comercialización de los combustibles, causados por la pandemia Coronavirus COVID-19.

En la *Lección 5* ofrecemos conceptos de análisis económicos, incluyendo las facturas energéticas.

En la *Lección 6* ofrecemos conceptos relacionados con las fuentes energéticas.

En la *Lección 7* ofrecemos conceptos del punto base o de partida (punto de referencia)

En la *Lección 8* ofrecemos conceptos de las auditorías energéticas.

En la *Lección 9* ofrecemos conceptos de los diferentes tipos de auditorías Energéticas.

En la *Lección 10* recomendamos sugerencias para implementar un plan de acción.

En la *Lección 11* ofrecemos conceptos del proceso de la verificación de ahorros.

En la *Lección 12* recomendamos medidas para aplicar y ahorrar energía en diferentes empresas.

En la *Lección 13* ofrecemos conceptos de refrigeración, aire acondicionado, calefacción y ventilación.

En la *Lección 14* ofrecemos conceptos de las envolventes de las edificaciones.

En la *Lección 15* ofrecemos conceptos de la iluminación natural y artificial.

En la *Lección 16* ofrecemos conceptos de energías renovables.

En la *Lección 17* ofrecemos conceptos de la conservación del agua.

En la *Lección 18* ofrecemos conceptos de la contribución de los programas de conservación energética con los cambios climáticos y el medio ambiente.

En la *Lección 19* ofrecemos conceptos de ciudades inteligentes.

En la *Lección 20* ofrecemos casos de proyectos implementados de conservación energética.

REFERENCIAS

American Council for an Efficiency Economy (2016).

Gillleo, A. (2016, January 22). Electricity savings keep rising, year after year. *American Council for an Energy Efficient Economy.*

IESNA, A. A. (2015). *Advance Energy Design Guide for Grocery Stores, Achieving 50% Energy Savings toward a Net Zero Energy Building.* ASHRAE.

International Energy Agency. (n.d.).

Jeff Posterwait. (n.d.). Pope Francis calls for "Revolution" .

Johnson, B. H. (2003). The Meaning of Conservation. In L. S. Warren, *American Environmental History* (p. 199). MA: Blackwell Publishing.

Mayors, T. U. (2019). Resolutions - United State Conference of Mayors. *Meeting Mayors' energy and Climate Goals by Start America's Model Energy Code on a Glide Path to Net Zero Energy Buildings by 2050.*

Posterwait, J. (2015, June). Pope Francis call for 'Revolution' to save earth from Climate Change. *Electric Light & Power.*

Wisconsin, C. o. (1990). *Energy Conservation Booklet for Small Commercial Buildings.* Madison, Wisconsin: University of Wisconsin.

Lección 2

Administración energética

En esta lección ofrecemos una orientación en torno a las definiciones de energía, eficiencia energética, conservación energética, la importancia de la administración energética, recomendaciones de la misión, metas, un organigrama e implementación de un programa de conservación energética. También, la función de un administrador energético, ventajas de administrar el consumo y costos energéticos, descripción de caso estudiado, administración y usos energéticos en las edificaciones, edificación de cero energía, beneficios económicos de un país, Estado o municipio, conservando energía, ahorros energéticos en los Estados Unidos y, finalmente, una tabla de comparación de porcentajes de beneficios económicos.

Definición de energía

¿Qué es energía?

La energía es una de las cosas más fundamentales del universo y es definida como la habilidad de una masa para efectuar un trabajo.

La unidad estándar en ingeniería, para medir el uso de energía, es la Unidad Termal Británica (British Thermal Unit), BTU. Un BTU es la cantidad de energía necesaria para aumentar la temperatura de una libra de agua en un grado Fahrenheit.

De acuerdo con la Agencia Internacional de Energía, un BTU es la cantidad de energía liberada quemando la cabeza de un fósforo.

Todos los combustibles tienen un contenido de energía y una unidad energética para medir el uso y comparar los valores de cada tipo. Las unidades y contenido energéticos de algunos combustibles pueden observarse en la Tabla 2.1.

Unidades energéticas y contenido calórico de los combustibles	
Unidad energética	**Contenido calórico del combustible**
1 kWh	3412 BTU
1 ft^3 gas natural	1025 BTU
1 CCF gas natural	100 ft^3 gas natural
1 MCF gas natural	1000 ft^3 gas natural
1 therm	100,000 BTU
1 barril de petróleo	5,100,000 BTU
1 tonelada de carbón	25,000,000 BTU
1 galón de gasolina	124,238 BTU
1 galón de Diesel	138,690 BTU
1 galón de gas propano	91,333 BTU
1 cuerda de madera	20,000,000 BTU

Tabla 2.1: Tabla de unidades y contenido energético de algunos combustibles.

En términos eléctricos, la electricidad se genera en potencia (vatio) y la energía (WH) es la combinación de potencia (Watts) multiplicado por el tiempo (hora).

Debido a que la unidad de potencia (vatio) es un poco bajo para la comercialización, se utiliza un múltiplo de mil (1000) para kilovatio y múltiplo de millón (1,000,000) para megavatio.

Las compañías generadoras y distribuidoras comercializan la energía en kilovatios, megavatios y kilovatio-hora. Cuando un abonado de energía consume mil vatios en una hora, está consumiendo un kilovatio-hora y es facturado por el precio de un kilovatio-hora, de acuerdo con la tarifa existente en el contrato con la utilidad suministradora de energía.

EFICIENCIA ENERGÉTICA

Eficiencia energética es la manera tecnológica utilizada para obtener el máximo rendimiento de los equipos que consumen energía. Otra definición del término es la efectividad, en la cual los recursos energéticos son convertidos en un trabajo efectivo. Esta se obtiene reduciendo o minimizando el consumo y costo de operación de los aparatos o equipos que consumen energía.

Con la planificación e implementación de un Plan Maestro de Conservación Energética se utilizan estrategias de uso, entrenamiento del personal que labora en la empresa y modificaciones de los aparatos y equipos que pueden reducir el consumo desde un 5 hasta 50 por ciento y los costos energéticos de una organización.

El Concilio Americano para una Economía Energética Eficiente (American Council for an Energy Efficient Economy), en julio de 2017, publicó un artículo titulado "Unlocking Ultra-Low Energy Performance in Existing Building" ("Desbloqueando un Funcionamiento Ultra-Bajo en Edificaciones Existentes") basado en estudios de conservación energética que afirman que las edificaciones diseñadas y construidas actualmente, y las construcciones existentes modificadas con los estándares de los códigos después del 2009, consumen de un 60 a 85 por ciento menos energía que las edificaciones diseñadas y construidas con los códigos de energía antes del 2009. Este estudio fue basado en el Código Internacional de Conservación Energética (International Energy Conservation Code (IECC)).

De acuerdo con ASHRAE, ejecutando un plan estratégico de conservación energética se puede reducir el consumo en las edificaciones existentes de 5 al 50 por ciento, como se indica en la Tabla 2-2, mostrada abajo.

Ahorros típicos obtenidos después de la implementación de un Plan Maestro de Conservación de Energía	
Estrategias y capitales utilizados determinan el retorno de la inversión	**Porcentaje de ahorros obtenidos**
Implementación simple solo usando estrategias del uso energético	**5-10%**
Plan Maestro de Conservación Energética implementado por tres años	**15-35%**
Plan Maestro de Conservación Energética implementado por más de tres años	**40-50%**

Tabla 2.2: Ahorros típicos obtenidos después de la implementación de un Plan Maestro de Conservación de Energía

ENERGY STAR (Estrella Energética) presenta la Pirámide de Energía que se muestra en la ilustración 2.1, esta se compone de tres elementos con una base de conservación energética, un punto medio de eficiencia energética y un punto máximo donde se utilizan los componentes de energía renovable.

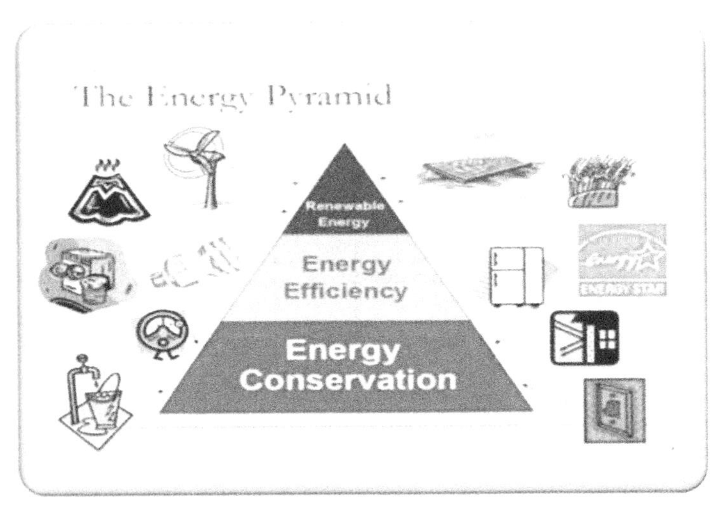

Ilustración 2.1: La Pirámide de Energía de la Estrella Energética (Energy Star)

Con mucho respeto, y sin diferir con ENERGY STAR, en mis principios técnicos para conservar energía le agregaría otro renglón a esta pirámide, como aparece en la ilustración 2-2; este renglón sería la base o punto de origen que comienza en el punto de referencia (Benchmarking). Nada cambia si no se conoce y se planifica e inicia una acción para transformar, en este caso mejorar el consumo energético.

El segundo renglón de la pirámide es un punto donde se comienza simplemente aplicando estrategias de conservar energía, con una inversión mínima. Con estas prácticas se reduce el consumo, pudiendo alcanzar una reducción limitada en las facturas energéticas.

El tercer renglón de la pirámide es la aplicación de eficiencia energética, modificando los sistemas de consumo energético. Aplicando estas modificaciones diseñadas por un técnico con conocimiento en la materia, podría obtenerse un gran margen de reducción en el consumo y, por lo tanto, en las facturas energéticas.

El cuarto renglón o la cima de la pirámide es el complemento, utilizando la producción de energía renovable donde se podría alcanzar el consumo de cero por ciento de la energía suministrada por las compañías generadoras.

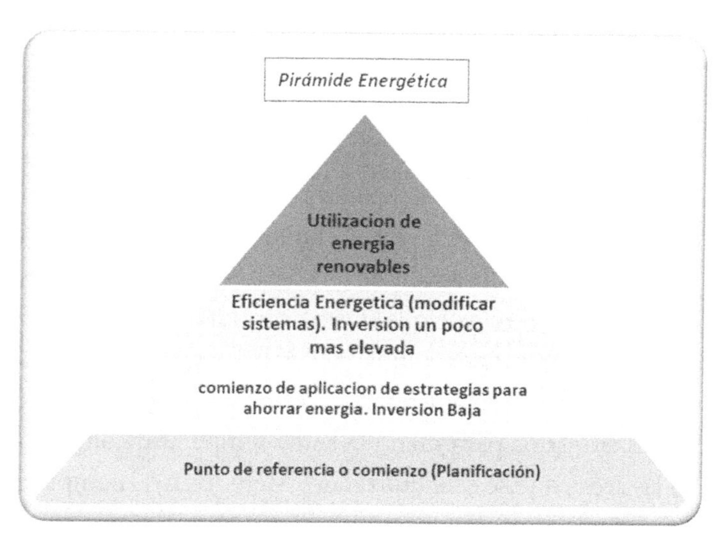

Ilustración 2.2: Pirámide de Energía con un cuarto renglón llamado punto de referencia

CONSERVACIÓN DE ENERGÍA

¿Qué es la conservación de energía?

De acuerdo con los principios de **conservación energética**, la energía no se crea ni se destruye, esta se transforma en sustancias diferentes y se mantiene constante.

En la mayoría de las ocasiones, la totalidad de energía no es utilizada correctamente y solo una parte es usada eficientemente, convirtiéndose el resto en desperdicio.

Aplicando los conceptos de conservación energética, se combinan estrategias y procedimientos de eficiencia y se implementan para ahorrar energía; en otras palabras, esto es conocido como Tecnología de Eficiencia Energética.

La Tecnología de Eficiencia Energética es el principio del uso de la mínima cantidad de energía necesaria para hacer funcionar un equipo o aparato al menor costo posible. En otras palabras, no desperdiciar la energía cuando no es necesario, sencillamente apagar las bombillas cuando no estamos en las habitaciones, o durante el día cuando la luz solar provee la iluminación, instalar bombillas eficientes que propaguen mayor o la misma cantidad de iluminación consumiendo menos vatios. Sellar los lugares donde hay fugas de calor y ajustar los termostatos de los aires acondicionados para mantener una temperatura ambiente en las áreas que se esté utilizando. Métodos más complejos de ingeniería se aplican para reducir el consumo y administrar la utilización de la energía eficientemente.

IMPORTANCIA DE LA ADMINISTRACIÓN ENERGÉTICA

La conservación energética es muy valiosa. Esta ofrece a los propietarios e inquilinos de residencias y edificios una inversión de bajo riesgo donde ellos pueden reducir los costos operacionales y mantenimiento con un resultado final de ganancias anuales. Sin embargo, los adelantos tecnológicos no pueden producir suficientes resultados sin un esfuerzo continuo de administración. La gestión energética comienza con el cumplimiento y apoyo del equipo administrativo o propietario de la empresa en la que se esté ejecutando el proyecto. El manual de ASHRAE, en la descripción de administración energética, propone que, para desarrollar un programa efectivo, se sigan los pasos de acuerdo con el organigrama mostrado en la ilustración 2.3.

El organigrama de la ilustración 2.3 sugiere que al inicio se seleccione un equipo con la suficiente capacidad que administre y ejecute el programa. Este equipo tiene que establecer objetivos, prioridades y un marco de tiempo para ejecutar el proyecto. Haciendo una recopilación y evaluando el historial del consumo de energía de la edificación puede ayudar a encontrar oportunidades de conserva energía. A partir del inicio se puede establecer un monitoreo del sistema para obtener datos detallados del consumo energético de la edificación. Posteriormente de que se obtengan los datos, se puede realizar una auditoría energética detallada, como se recomienda en las lecciones 11 y 12. Después de encontrar las oportunidades de conservar energía y se haya determinado que el plan podría ser factible estimando las posibles ganancias, el equipo administrativo preparará un reporte informando los detalles de lo estudiado y las posibilidades de ejecutar el proyecto. Es recomendable que se implementen primero las oportunidades de conservar energía donde se incurran costos bajos. Una vez que se inicie el proyecto debe de continuar la monitorización, instalando metros para documentar el progreso y reportar los resultados.

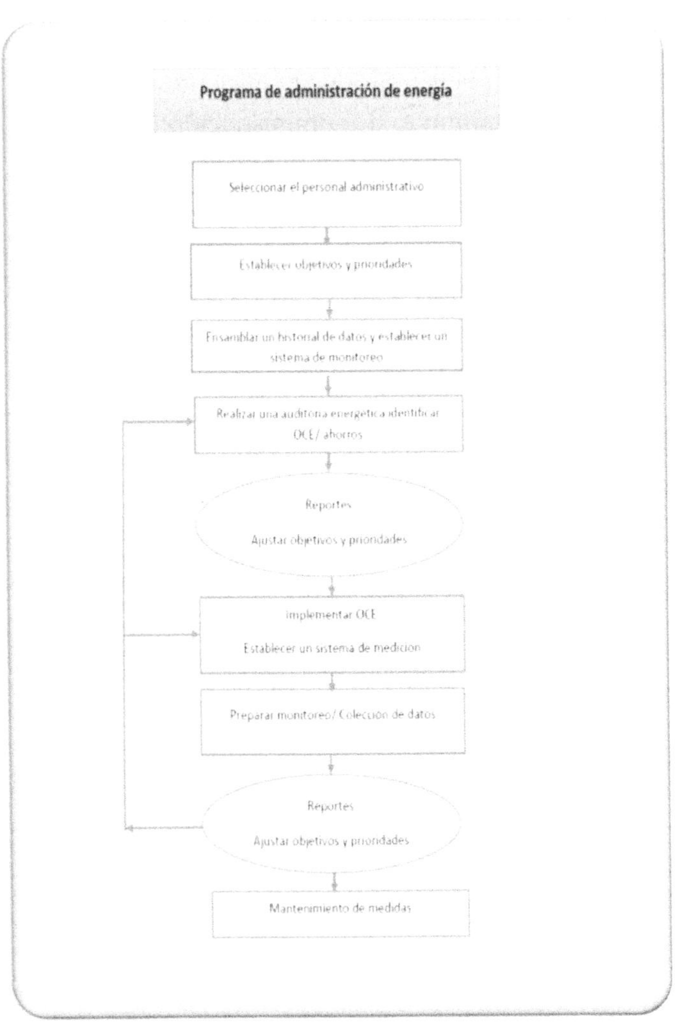

Ilustración 2.3: Recomendaciones de ASHRAE para efectuar un Programa de Administración de Energía

La importancia de la administración energética es imperante para el desarrollo de los países, empresas, residencias, etc. Esto es posible aplicando estrategias de conservación energética, utilizando los últimos adelantos tecnológicos del mercado y automatizando el consumo donde sea posible.

Misión y metas de la administración energética

Misión

La misión de un proyecto de administración energética existe con la finalidad de alcanzar metas de ahorros de energía y reducir los costos operacionales. Para que el proyecto sea exitoso, las metas financieras y las necesidades energéticas tienen que ser definidas.
Las siguientes son algunas sugerencias recomendables para iniciar un proyecto:

1. Establecer un plan objetivo de conservación energética en la empresa o establecimiento
2. Planificar para reducir los costos operacionales energéticos y aumentar las ganancias
3. Iniciar o continuar la investigación y evaluación del consumo energético de una estructura o empresa para administrar y reducir el derroche y los costos operacionales de energía de la manera más eficiente posible
4. Determinar cuál equipo o maquinaria es necesaria operar durante las horas productivas
5. Instituir pólizas de uso y consumo energético para el establecimiento
6. Recomendar la utilización de sistemas tecnológicos que significativamente automaticen o mejoren la eficiencia de los equipos y de los espacios de la empresa

METAS

Establecer metas es bien importante en los proyectos de conservación energética, porque estas definen el tiempo y los objetivos que se quieren alcanzar e informan los resultados y efectividad del proyecto.
Las metas en los proyectos de administración energética de una organización son con la finalidad de mejorar el rendimiento de la empresa donde los progresos tienen que ser sustentados por un plan de acción que muestre cómo las metas podrán ser alcanzadas a través de la implementación de proyectos específicos.
Las metas de rendimiento energéticos son expresadas como un porcentaje de reducción relativo a la intensidad de uso energético existente del edificio. Además, se escogen las estrategias que van a ser utilizadas durante la implementación de este.

Recomendaciones para un plan de acción:

1. Establecimiento del plan: identificar los planes, parámetros y metas de la organización
2. Estimar cual es el potencial de mejorar la empresa: revisar e inspeccionar el consumo energético de la empresa
3. Identificar y evaluar los equipos que consumen energía y los costos energéticos de la empresa o residencia auditada
4. Entender claramente como la energía es usada y figurar donde se está desperdiciando
5. Realizar un análisis económico, utilizando diferentes alternativas para determinar cuáles

serían las estrategias más efectivas para disminuir los costes en la empresa que está siendo auditada

6. Reducir el consumo energético al costo mínimo por pies cuadrado
7. Encontrar soluciones utilizando técnicas y equipos que brinden satisfacción a los retos que se puedan encontrar para automatizar y proveer eficiencia a los establecimientos
8. Establecer Metas:
    a. Recomendar la utilización de técnicas, estrategias y equipos que retornen la inversión en el menor tiempo posible para que los beneficios sean obtenidos rápidamente
        i. Nombrar un administrador de costos y pólizas energéticas.
        ii. Describir el potencial y planificación para ejecutar lo analizado en la meta #2
        iii. Recomendar las estrategias y modificaciones de equipos evaluadas en la meta #3
        iv. Discutir las oportunidades de conservación de energía encontradas en la meta #4
        v. Recomendar las estrategias más efectivas y que retornen la inversión en menor tiempo basado en lo analizado en la meta #5
        vi. Describir las especificaciones de los mejores equipos a utilizar que cubran las expectativas en términos de eficiencia y costo

- **b.** Estimar los objetivos (reducción de consumo y costos) que se proyectan alcanzar en determinado tiempo
    - i. Reducir las facturas eléctricas anuales en ______%
    - ii. Reducir las facturas de gas anuales en _______%
    - iii. Reducir el costo de gasolina en _______%

9. Preparación de organigrama del proyecto. Es de suma importancia preparar un organigrama de seguimiento del proyecto, para que, en el momento de implementación, este fluya de acuerdo con lo planificado

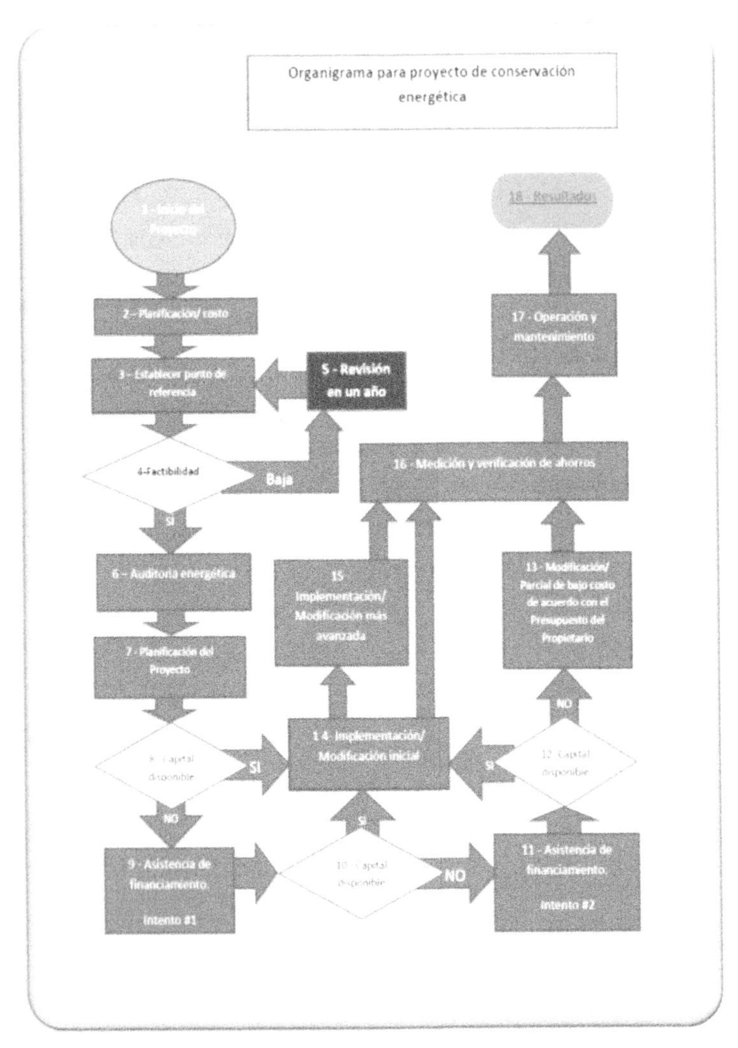

Ilustración 2.4: Organigrama de planificación para un proyecto de conservación energética

El Organigrama presentado arriba se puede variar de acuerdo con las necesidades y condiciones existentes de cada proyecto y de las metas que se deseen alcanzar. Este debería fluir de la siguiente manera:

1. **Inicio del proyecto**
   Reunión del contratista con el propietario o representante del proyecto
2. **Planificación**
   Obtención de informaciones para preparar el proyecto
3. **Establecer punto de referencia**
   Establecer el índice de uso energético de los dos últimos años, consumo de kilovatios-hora por pies cuadrado, etc.
4. **Factibilidad**
   Si el proyecto es rentable continuar al paso 6
   Si no es rentable en el momento pasar al 5
5. **Revisión al año**
   Si el proyecto no es implementado, se retornaría en un tiempo después para estudiar de nuevo la factibilidad del mismo
   Si el proyecto fue implementado, se verifican los resultados y se determina si las ganancias del proyecto se reinvierten en otras etapas/fases del proyecto o se agregan a las ganancias del año fiscal
6. **Auditoría energética**
   Se audita el establecimiento para encontrar las oportunidades de ahorrar energía
7. **Planificación del proyecto**
   De acuerdo con los resultados de la auditoría se planifica la implementación del proyecto
8. **Capital disponible**
   Si el propietario del proyecto tiene los recursos económicos y hay capital disponible se continua con los pasos 14, 15, 16, 17 y 18
   Si no hay capital disponible continuar con el #9

9. **Asistencia de financiamiento**

   Si el propietario no tiene el capital disponible, será necesario conseguir financiamiento a bajo interés con un banco o una institución financiera. Se recomienda indagar si alguna institución gubernamental, estatal o municipal ofrece algún programa con fondos destinados a la implementación de proyectos de eficiencia energética

10. **Capital disponible**

    Si se consigue financiamiento se continua con los pasos 14, 15, 16, 17 y 18

    Si no hay capital disponible continuar con el #11

11. **Financiamiento**

    Si el propietario no consigue financiar el proyecto a través de una institución financiera o gubernamental, se recomienda utilizar la opción de recurrir a compañías inversionista que financian estos proyectos por medio de rentas de los equipos, con términos de pagos, de acuerdo con los beneficios que se obtengan en el proyecto. La mayoría de estos contratos son preparados con una opción de compra al final del término del contrato

12. **Capital disponible**

    Si se consigue financiamiento a través de una compañía inversionista continuar con los pasos 14, 15, 16, 17 y 18

    Si no se consigue financiamiento a través de un inversionista continuar con el #13

13. **Modificación parcial (bajo costo)**
    Si el propietario no consigue financiamiento y no cuenta con capital suficiente para hacer todas las modificaciones necesarias, se recomienda efectuar las implementaciones en varias fases comenzando con las oportunidades de ahorrar energía de bajo costo que retornen la inversión en el menor tiempo posible y de acuerdo con los recursos económicos que pueda aportar el propietario. Se recomienda utilizar las ganancias obtenidas reinvirtiéndolas para realizar otras fases del proyecto
14. **Primera fase de modificación**
    Si el capital está disponible es recomendable iniciar la primera etapa de las modificaciones implementado las oportunidades de conservar energía que retornen el capital invertido en el menor tiempo posible
15. **Segunda fase de modificación**
    En la segunda fase de modificaciones se recomienda implementar las modificaciones más complejas
16. **Medición y verificación de ahorros**
    Después de implementar cualquier fase del proyecto, es necesario medir y verificar los resultados de los ahorros. Si no se obtienen los resultados de acuerdo con lo proyectado, se recomienda hacer los ajustes necesarios para que el proyecto sea productivo

17. **Operación y mantenimiento**
    Una vez iniciado el proyecto de conservación energética, es necesario dar mantenimiento a los equipos para proteger la eficiencia y la efectividad del proyecto
18. **Verificación y resultados**
    Una vez implementado el proyecto, se debe de medir los resultados (verificación de reducción de consumo de energía y costos en las tarifas) anualmente y compararlo con el punto de referencia. Si los resultados no son los proyectados se debe de revisar y hacer los ajustes necesarios

IMPLEMENTACIÓN

Para que la implementación del proyecto sea exitosa, es importante entender cuál es la misión y cuáles son las metas que se desean alcanzar incluyendo un orden de prioridades. Para dar seguimiento a esta implementación se recomienda lo siguiente:

1. Formar un equipo para administrar el consumo y gastos energéticos
   a. El equipo de gestión energética será el encargado de crear pólizas energéticas que beneficien la empresa
   b. Deberá de planificar e implementar proyectos que mantengan el consumo y los costos energéticos al nivel más bajo posible
   c. Deberá Supervisar y revisar las facturas energéticas para asegurarse de que el consumo y los cargos por energía estén correctos
   d. Si la empresa es pequeña y no tiene suficiente personal, esta puede contratar los servicios de una compañía o un administrador independiente que tengan los conocimientos de conservación energética
2. Nombrar un administrador energético
   a. Se recomienda nombrar un administrador que será responsable de encabezar el equipo
   b. El administrador será responsable de implementar programas de educación energética que beneficien la empresa

c. Además, será la persona que tendrá la responsabilidad de comunicar a los propietarios o administradores de la empresa todo lo concerniente al equipo de gestión energética

3. Planificar las metas de la empresa en términos de conservación energética
4. Implementar los programas de conservación energética planificados por la empresa

FUNCIÓN DE UN ADMINISTRADOR ENERGÉTICO

De acuerdo con el Departamento de Energía de los Estados Unidos, un administrador energético es una persona que ha demostrado dominio, o que ha completado entrenamiento en las áreas fundamentales de los sistemas energéticos de una facilidad, códigos de energía y estándares profesionales aplicables a los edificios, análisis y contabilidad energética, metodología de análisis de costo y ciclo de vida de los proyectos y equipos, de los precios de los combustibles y suministro de energía, y de los instrumentos para ejecutar levantamientos y auditorías energéticas.

Un administrador de energía, con respecto a una facilidad, es la persona responsable de crear y asegurar que se cumplan las pólizas energéticas, para reducir o mantener los costos energéticos al mínimo nivel posible.

Esto puede incluir:

- Una persona quien es responsable de una o varias edificaciones
- Una persona que trabaje a tiempo parcial administrando los asuntos energéticos
- Un consultor contratado para implementar pólizas para reducir el consumo de energía del edificio
- Un contratista que tenga los conocimientos y entrenamiento de administración energética

El término "facilidad" significa cualquier edificio, instalación, estructura u otras propiedades que utilicen y consuman energía.

VENTAJAS DE ADMINISTRAR EL CONSUMO Y GASTOS DE ENERGÍA

Administrar el consumo de la energía es bien importante para una empresa, porque puede ahorrar grandes cantidades de dinero, supervisando el consumo y cargos por energía; además se pueden detectar anormalidades y errores costosos cometidos por las utilidades o compañías suministradoras de energía.

Para dar una idea de las ventajas que ofrece la administración energética, queremos mostrar uno de los casos que hemos analizado, así como los resultados positivos que pudimos obtener con una reducción de consumo energético, modificando los sistemas de iluminación en una de las escuelas del Distrito Escolar de Newark, New jersey. También mostramos el ahorro económico que se produjo en un periodo de 5 años y cómo pudimos detectar graves errores cometidos en algunas de las facturas eléctricas, durante el año fiscal 2003-2004, donde el Distrito obtuvo un crédito económico por miles de dólares después que se comprobó que la facturación había sido errónea con cargos excesivos por energía eléctrica no consumida.

Las informaciones mostradas en las Tablas 2.3, 2.4, 2.5, y 2.6 son productos de un análisis que realizamos en la Escuela George Washington Carver del Distrito Escolar de las escuelas públicas de Newark, New Jersey, cuando era supervisor de ingenieros y encargado de los programas de conservación energética.

DESCRIPCIÓN DE CÓMO SE EFECTUÓ ESTE ANÁLISIS:

1. **Ahorros económicos**
    a. En la Tabla 2.3 mostramos el costo anual en energía eléctrica en la Escuela George Washington Carver del Distrito Escolar de Newark, New Jersey, durante los años fiscales de 1997-98 a 2003-04. Podemos notar que en el año fiscal 1997-98, los costos en energía eléctrica fueron de $184,540.68, con un promedio de costo mensual de $15,378, según aparece en la Tabla 2.4, la cual tomamos el año fiscal 1997-98, como ***base o punto de referencia***. En el año fiscal 1998-99, los costos fueron de $167,994.83, con un promedio mensual de $14,000. En el mes de abril del 1999 se comenzó a modificar el alumbrado cambiando las luminarias e inmediatamente hubo una reducción en el consumo y los ahorros económicos fueron notables como se puede observar en la facturación de $10,650.87 perteneciente al mes de mayo del 1998-99
    b. A partir de la modificación de las luminarias se redujo el costo anual con relación al año Base en un 25 por ciento por energía eléctrica reduciendo la factura anual a $138,138.57 con un promedio de $11,511.55 mensuales y unos ahorros de $46,402.11, comparados con el año fiscal 1997-98 como Punto de Referencia

c. Los años fiscales 2000-01 y 2001-2002 se redujo el costo de energía eléctrica a $132,000, con un promedio de $11,000 del costo mensual y una reducción de un 28.5 por ciento con referencia al punto de referencia
d. En el año fiscal 2002-2003 se redujo el costo de energía eléctrica a $112,492.69, con un promedio de $9,374.39 del costo mensual y una reducción de 39 por ciento del punto de referencia
e. En los años fiscales de 1998-99, hasta el 2002-2003, hubo una reducción de $239,341.70 en costo de energía eléctrica
f. En el año fiscal 2003-04 hubo un incremento del costo anual de energía eléctrica a $278,295.24, causando que iniciáramos una investigación para observar cual sería la razón del incremento en los costos. Los resultados de nuestra investigación lo describimos en el paso #3

2. **Reducción de consumo de kilovatios-hora**
    a. En la Tabla 2.5 se observa que en el año fiscal 1997-98, tomado como punto de referencia, el consumo fue de 1,865,800 kWh, con un promedio de consumo mensual de 155,483 kWh
    b. En el año fiscal 1998-99, el consumo anual fue de 1,509,600 kWh, con una reducción de 356,200 kWh, comparado con el punto de referencia del año fiscal 1997-98. El promedio de consumo mensual fue de

125,800 kWh, con una reducción de 29,683 kWh

c. En el año fiscal 1999-00, el consumo anual fue de 1,364,000 kWh, con una reducción de 501,800 kWh; o sea un 27 por ciento, comparado con el punto de referencia. El promedio de consumo mensual fue de 113,666 kWh, con una reducción de 41,817 kWh
d. En el año fiscal 2000-01, el consumo anual fue de 1,413,200 kWh, con una reducción de 452,600 kWh; o sea de 26 por ciento, comparado con el punto de referencia. El promedio de consumo mensual fue de 117,767 kWh
e. En el año fiscal 2001-02, el consumo anual fue de 1,457,200 kWh, con una reducción de 489,600 kWh; o sea de 26 por ciento, comparado con el punto de referencia. El promedio de consumo mensual fue de 121,433 kWh
f. En el año fiscal 2002-03, el consumo anual fue de 1,295,600 kWh, con una reducción de 570,200 kWh; o sea de 30.5 por ciento comparado con el punto de referencia. El promedio de consumo mensual 107,966 kWh
g. En el año fiscal 2003-04, el consumo anual fue de 3,293,600 kWh, con un aumento de 1,427,800 kWh: 43.5 por ciento sobre el punto de referencia. Este incremento en el consumo de kWh fue detectado por el equipo encargado del programa de

conservación energética e inmediatamente se inició la investigación para encontrar las causas del incremento de consumo

3. **Detección de errores en las facturación y créditos económicos recibidos en retorno**
   a. Iniciamos un análisis del consumo de kWh y costo anual de los años fiscales, antes y después de la modificación del sistema de alumbrado, y encontramos que hubo un error en la facturación de los meses de octubre y noviembre del 2003. En el mes de septiembre, el medidor no fue leído, mientras que en el mes de octubre hubo una lectura de un consumo agregado (septiembre + octubre) que debió ser de 145,480 kWh; sin embargo, la facturación fue 1,454,800 kWh con un costo de $118,373.43. En el mes de noviembre la facturación debió de ser no mayor de 125,000 kWh; pero hubo una facturación de un consumo de 956,000 kWh con un costo de $73,109.53. Un cero a la izquierda no tiene valor, pero a la derecha sí puede ser una gran diferencia
   b. Después de hacer el análisis y encontrar los errores, se preparó un reporte, mostrando los errores cometidos en la facturación y luego un reclamo a la compañía suministradora de electricidad
   c. El Distrito Escolar de las Escuelas Públicas de Newark, New Jersey, recibió un crédito de alrededor de $170,000 por los errores tarifarios

d. El costo del año fiscal 2003-04, con el crédito de $170,000, se redujo a $108,295.24 en lugar de $278,295.24

4. Reducción en el consumo (Intensidad de Consumo Energético, ICE) y costo (Costo de Consumo Energético, CCE) por pies cuadrado.
   a. Después de efectuado este proyecto de conservación energética, en este plantel escolar hubo una reducción de consumo significativa en energía eléctrica de 2,289,400 kWh, en los periodos fiscales de 1998-99 a 2002-03, con un promedio de reducción de 483,300 kWh y 1,649,020 BTU por año
   b. En los años fiscales de 1998-99, hasta el 2002-2003, hubo una reducción de $239,341.70 en costo de energía eléctrica

Escuela George W Carver
Distrito Escolar de las Escuelas Públicas de Newark, New Jersey
Costo Total de Energía Eléctrica en los años Fiscales 1997-98 al 2003-04

Month	1997-98 Cost ($)	1998-99 Cost ($)	1999-00 Cost ($)	2000-01 Cost ($)	2001-02 Cost ($)	2002-03 Cost ($)	2003-04 Cost ($)
July	$0.00	$13,545.78	$8,679.50	$4,398.14	$10,457.08	$0.00	$8,347.48
Aug	$31,146.07	$12,871.24	$0.00	$9,469.92	$9,873.36	$16,631.37	$0.00
Sept	$14,479.00	$14,229.38	$23,112.89	$10,458.82	$11,167.27	$9,106.61	$13,641.93
Oct	$15,411.21	$13,456.24	$0.00	$3,680.89	$10,153.09	$0.00	$118,373.43
Nov	$15,585.74	$14,175.99	$22,447.41	$0.00	$11,243.20	$19,874.60	$73,109.53
Dec	$0.00	$15,081.18	$0.00	$37,132.78	$10,693.67	$10,151.56	$0.00
Jan	$0.00	$15,111.96	$25,814.00	$0.00	$11,021.87	$10,446.82	$9,592.20
Feb	$44,651.73	$15,196.88	$10,268.19	$24,963.46	$12,292.34	$9,600.74	$0.00
March	$14,929.22	$0.00	$11,207.69	$7,168.46	$11,425.40	$9,202.01	$0.00
April	$17,583.14	$29,440.00	$0.00	$11,602.21	$10,772.98	$9,648.62	$0.00
May	$17,208.79	$10,650.87	$21,890.70	$11,369.72	$11,698.38	$0.00	$41,852.14
June	$13,545.78	$14,235.31	$14,718.19	$11,778.52	$11,914.07	$17,831.36	$13,378.53
Error en Lectura (del 2003-04)							$278,295.24
Totales	$184,540.68	$167,994.83	$138,138.57	$132,022.91	$132,712.70	$112,492.69	$108,295.24

Tabla 2.3: Costo anual en energía eléctrica en la Escuela George Washington Carver del Distrito Escolar de Newark, New Jersey, durante los años fiscales de 1997-98 a 2003-04. En los meses de septiembre y octubre del 2003, hubo un error en la facturación y la compañía distribuidora de energía eléctrica emitió un crédito de $170,000, reduciendo el costo anual de $278,295.24 a $108,295.24.

Escuela George W Carver
Distrito Escolar de las Escuelas Públicas de Newark, New Jersey
Promedio mensual del Costo de Energía Eléctrica
en los años Fiscales del 1997-98 al 2003-04

Mes	1997-98 Costo ($)	1998-99 Costo ($)	1999-00 Costo ($)	2000-01 Costo ($)	2001-02 Costo ($)	2002-03 Costo ($)	2003-04 Costo ($)	
Julio	$0.00	$13,545.78	$8,679.50	$4,398.14	$10,457.08	$0.00		$8,347.48
Agosto	$31,146.07	$12,871.24	$0.00	$9,469.92	$9,873.35	$15,631.37		$0.00
Sept	$14,479.00	$14,229.38	$23,112.89	$10,458.82	$11,167.27	$9,105.61		$13,841.93
Octubre	$15,411.21	$13,456.24	$0.00	$3,680.89	$10,153.09	$0.00	Error de Facturación	$118,373.43
Nov	$15,585.74	$14,175.99	$22,447.41	$0.00	$11,243.20	$19,874.60	Error de Facturación	$73,109.53
Dic	$0.00	$15,081.18	$0.00	$37,132.78	$10,693.67	$10,151.56		$0.00
Enero	$0.00	$15,111.96	$25,814.00	$0.00	$11,021.87	$10,446.82		$9,592.20
Febrero	$44,651.73	$15,196.88	$10,268.19	$24,963.46	$12,297.34	$9,600.74		$0.00
Marzo	$14,929.22	$0.00	$11,207.69	$7,188.45	$11,425.40	$9,202.01		$0.00
Abril	$17,583.14	$29,440.00	$0.00	$11,602.21	$10,772.98	$9,648.62		$0.00
Mayo	$17,208.79	$10,650.87	$21,890.70	$11,369.72	$11,698.38	$0.00		$41,852.14
Junio	$13,546.78	$14,235.31	$14,718.19	$11,778.52	$11,914.07	$17,831.36		$13,378.53
Promedio de costo mensual							[illegible]	[illegible]
	$15,378.39	*$13,999.57*	*$11,511.55*	*$11,001.91*	*$11,059.39*	*$9,374.39*	*Despues del crédito*	*$9,024.58*

Tabla 2.4: Promedio mensual del costo de energía eléctrica de la Escuela George Washington Carver del Distrito Escolar de Newark, New Jersey, durante los años fiscales de 1997-98 a 2003-04. En los meses de septiembre y octubre del 2003 hubo un error en la facturación y la Compañía Distribuidora de Energía Eléctrica emitió un crédito de $170,000 reduciendo el promedio de Costo mensual de $23,191.27 a $9,024.58.

Escuela George W Carver Distrito Escolar de las Escuelas Públicas de Newark, New Jersey consumo mensual de kWh durante los años fiscales de 1997-98 a 2003-04							
Mes	Consumo 1997-98 kWh	Consumo 1998-99 kWh	Consumo 1999-00 kWh	Consumo 2000-01 kWh	Consumo 2001-02 kWh	Consumo 2002-03 kWh	Consumo 2003-04 kWh
Julio		127800	87200	45600	112000	0	93,627
Agosto	290800	123600		89200	104800	193200	114,773
Septiembre	151200	136800	186000	105600	124800	98400	0
Octubre	156000	128600		39200	109200	0	Error de Lectura 145,4800
Noviembre	165600	140400	237200		125600	230000	Error de Lectura 956,000
Diciembre		157200		410400	118400	120000	0
Enero		144800	248800		122000	122400	89,600
Febrero	469600	149200	120400	278400	140800	112800	0
Marzo	156600		120800	80400	126000	111200	0
Abril	182000	294000	0	123200	119600	107600	0
Mayo	166000	97200	226400	120000	128000	0	461,600
Junio	127800	137600	137200	121,200	126000	200000	123,200
Totals	1865800	1509600	1364000	1413200	1457200	1296600	Error de Lectura 3,293,600
Promedio Mensual de consumo de kWh	155483.3	125800	113666.7	117766.7	121433.33	107966.67	Error de Lectura 274,466.67

Tabla 2.5: detalles del consumo mensual de kWh de la Escuela George Washington Carver del Distrito Escolar de las Escuelas Públicas de Newark, New Jersey, durante los años fiscales de 1997-98 a 2003-04.

Escuela George W Carver Distrito Escolar de las Escuelas Públicas de Newark, New Jersey Costo total de energía eléctrica por pies cuadrado durante el año fiscal de 1997-98 a 2003-04					
Año Fiscal	Costo Total ($)		Área de la Edificación SQ. FT		Costo Total Anual por SQ FT
1997-98	*Año de Referencia*	*$198,086.45*	209500		$0.95
1998-99		*$181,540.60*	209500		$0.87
1999-00		*$138,138.57*	209500		$0.66
2000-01		*$132,022.91*	209500		$0.63
2001-02		*$132,712.70*	209500		$0.63
2002-03		*$112,492.69*	209500		$0.54
2003-04	*Error de Facturación*	*$278,295.23*	209500	Antes del crédito	$1.33
	Crédito Recuperado	*$170,000.00*		**Después del Crédito**	$0.52

Tabla 2.6: Costo Total de energía eléctrica por pies cuadrado en la Escuela George Washington Carver del Distrito Escolar de las Escuelas Públicas de Newark, New Jersey, durante los años fiscales del 1997-98 al 2003-04. En los meses de septiembre y octubre del 2003 hubo un error en la facturación y la compañía distribuidora de energía eléctrica emitió un crédito de $170,000, reduciendo el costo anual de $278,295.23 a $108295.24. Este Crédito redujo el costo total anual por pies cuadrado, de $1.33 a $0.52.

La administración energética tiene significados diferentes, dependiendo de cómo se utilice.

La Administración energética en función de las operaciones de una red eléctrica es una tarea compleja que requiere la interacción de operadores humanos, sistemas computarizados, red de comunicación, aparatos y sensores que colectan informaciones en tiempo real de las operaciones de las plantas eléctricas y subestaciones para ser administradas de acuerdo con las demandas y producción de potencia eléctrica.

Esta administración consiste en:

- La operación de la seguridad de las vidas del personal que labora, para mantener las redes en operación y la seguridad del público. Esto requiere que los cambios efectuados en las redes, durante las operaciones, sean efectuados por pasos, para no poner en peligro las vidas del personal que labora en las subestaciones
- La seguridad y confiabilidad de la energía eléctrica suministrada a los clientes. En las sociedades modernas la energía eléctrica es extremadamente importante y cualquier interrupción que envuelve un gran número de usuarios es considerada una emergencia
- Los sistemas de operación de la potencia eléctrica en las redes, en términos económicos, dentro de los límites de seguridad. Esto consiste en insertar, o sacar de los circuitos de las redes, las plantas generadoras, dependiendo de las demandas de potencia eléctrica en horas punta y fuera de punta

Las centrales o laboratorios de los sistemas de administración de energía en las redes están compuestos por grandes computadoras, monitores, programas computarizados, canales de comunicación, terminales remotos conectados a actualizadores y equipos de transferencias en las plantas y subestaciones eléctricas.
La Administración energética en función de conservación energética en edificios es la aplicación de los principios fundamentales de conservación de energía, donde se utiliza la combinación de métodos tecnológicos y estrategias para reducir el consumo de potencia y energía en la electricidad, el consumo de gas, gasolina y gasoil; y por tanto reducir las facturas energéticas. Evaluando el consumo encontraremos dónde se está desperdiciando la energía, la cual podría ser por equipos ineficientes o por el uso incorrecto de los equipos que consumen la energía.
Para esto se investiga y se trata de reducir el consumo, utilizando las siguientes ecuaciones:

Consumo de energía eléctrica

$$\boldsymbol{Consumo\ diario\ de\ KWh} = ((\boldsymbol{W} \ \boldsymbol{x}\ \boldsymbol{H}))/\mathbf{1000}$$

$$\mathrm{W} = \boldsymbol{Cantidad\ de\ Watts}$$

$$\mathrm{H} = \boldsymbol{Cantidad\ de\ Horas\ diarias}$$

Multiplicando el consumo diario por la cantidad de días del mes o año, determinan el consumo mensual o anual.

Reducción de potencia

$$= (\boldsymbol{Consumo\ de\ KW\ actual} - \boldsymbol{Reducción\ \ de\ KW\ desperdiciados})$$

Reducción de energía

$$= (\boldsymbol{Consumo\ actual\ de\ KWH} - \boldsymbol{Reducción\ de\ desperdicio\ de\ KWH})$$

DETERMINACIÓN DE CONSUMO DE KWH EN LOS APARATOS

Si quiere determinar el consumo de los aparatos que tiene en su edificación, puede observar el consumo en watts (vatios) en la placa de cada aparato y utilizar las ecuaciones que aparecen arriba. Una vez que haya calculado el consumo del aparato existente en su edificación, puede comparar el consumo con otro aparato más eficiente y determinar cuál será el ahorro de kWh que obtendrá, de acuerdo con la cantidad de horas de uso de este. Para más información, en la Tabla 2.7 presentamos un listado de varios aparatos eléctricos, con valores aproximados de la cantidad de consumo en vatios.

Ejemplo:
Si una residencia tiene instalado 4 abanicos de techo que consumen 200 watts, y el propietario los utiliza por 4 horas diarias, estos consumirán en energía al mes:

Consumo diario = (200 *Watts* x 4 x 4 *horas*)/1000 = 3.2 *kwh*
Consumo mensual = 3.2 *kwh* x 30 días = 96 *kwh*

Si el propietario reemplaza los cuatro abanicos por otros que consumen 80 watts, reduciría el consumo mensual a lo siguiente:

Consumo diario = (80 *Watts* x 4 x 4 *horas*)/1000 = 1.28 *kwh*
Consumo mensual = 1.28 *kwh* x 30 días = 38.4 *kwh*
Reducción en consumo mensual = 96 *kwh* – 38.4 *kwh* = 57.6 *kwh*

Una vez que haya determinado el consumo en kWh, multiplique la cantidad de kWh consumido por el costo tarifario, cargado por kWh de su suministrador de energía.

Consumo de Vatios (Watts) de algunos Enseres Domésticos	
Carga /Equipo	Watts
Abanico de techo	80
Aire acondicionado (12000 BTU)	1500
Bomba de agua (1/2) HP	460
Coladora de café	1000
Lavadora de ropa	500
Lavadora de platos	1300
Licuadora	385
Microonda	1500
Plancha	1100
Refrigerador	450
Refrigerador/Freezer 14 cu. ft	300
Refrigerador/Freezer 19 cu. ft	430
Secador de pelo	1200
Secadora de ropa	5000
Televisión	200
Tostadora	1100

Tabla 2.7: Lista de consumo en vatios aproximado de algunos enseres y aparatos eléctricos.

LECTURA DE LOS MEDIDORES DE ELECTRICIDAD

Unas de las cosas básicas en la administración energética es aprender cómo leer los medidores que utilizan las utilidades para calcular el consumo de la energía. Los medidores (contadores) de electricidad pueden ser análogos o digitales.

El medidor de energía eléctrica estándar es un dispositivo similar a un reloj impulsado por la electricidad que se mueve a través de él. La velocidad de las revoluciones depende de la cantidad de corriente consumida: cuanta más potencia consuma en un instante, más rápido girarán las manecillas.

Los medidores análogos pueden tener cuatro o cinco relojes que giran hacia la derecha, en dirección de las manecillas del reloj, y hacia la izquierda, opuesta a las manecillas del reloj. El primer reloj de la derecha registra la cantidad unitaria (1) de kWh y gira hacia la derecha; el segundo reloj registra la cantidad de kWh en múltiplo de diez (10) y gira hacia la izquierda; el tercer reloj registra la cantidad de kWh en múltiplo de cien (100) y gira hacia la derecha; el cuarto reloj registra la cantidad de kWh en múltiplo de mil (1000) y gira hacia la izquierda. Esto es fácil de recordar porque solo tiene que seguir la dirección en que se encuentre la posición del número siguiente.

Para leer su medidor siga las siguientes instrucciones:

1. Lea la cantidad de los relojes de izquierda a derecha
2. En cada reloj, escoja siempre el número menor cercano a la manecilla
    a. Si la manecilla está en medio de los números 1 y 2, escoja el 1
    b. Si la manecilla está en medio de los números 4 y 5, escoja el 4

   c. Si la manecilla está en medio de los números 0 y 9, escoja el 9
3. Escriba los números en orden cronológico, de derecha a izquierda

Para mejor información de cómo leer un medidor análogo, ver ilustración 2.5.

Los medidores digitales son fáciles de leer porque solo hay que anotar los números cronológicamente, como aparecen en el monitor pequeño del medidor. Para más información observar ilustración 2.6.

Si desea contabilizar el consumo de energía de su edificación en un día o un mes, haga lo siguiente:

1. Tome la lectura de su medidor, como se indica arriba, y anote la fecha y la hora
2. Si desea tomar la lectura de un día, al día siguiente, a la misma hora, tome la lectura de nuevo y reste la cantidad de kWh tomada el día anterior
3. Si desea tomar la lectura de un mes, a los 30 días siguientes, y a la misma hora, tome la lectura de nuevo y reste la cantidad de kWh tomada en la fecha anterior

Para más información observar ejemplo en ilustración 2.7.

Ilustración 2.5: Medidor análogo con una lectura de 95133 KWH

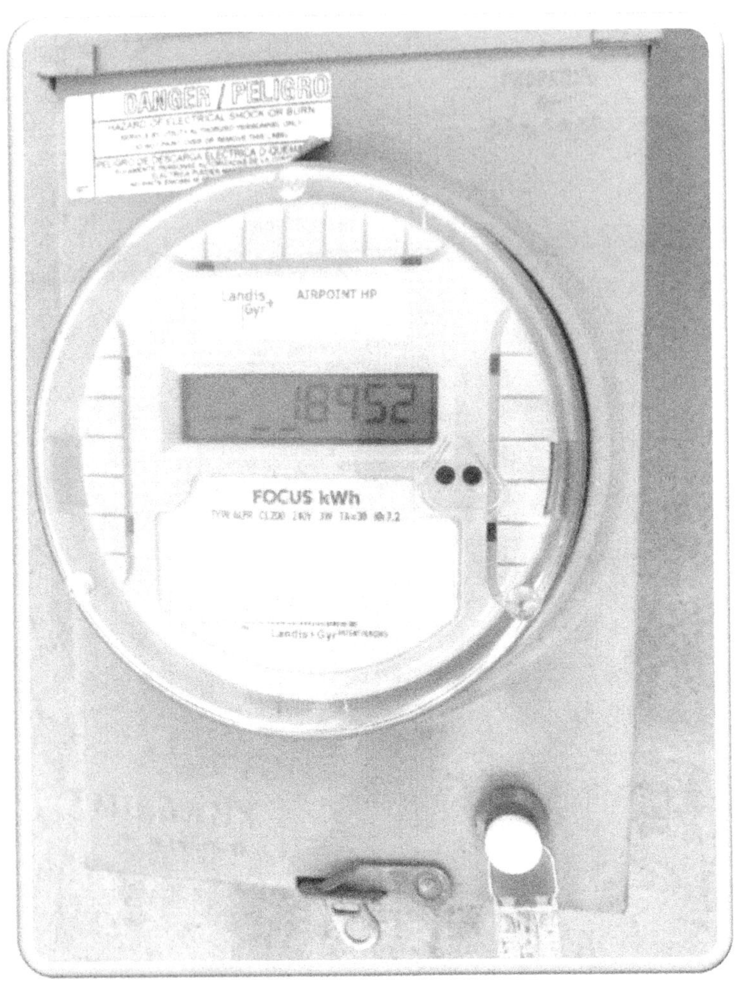

Ilustración 2.6: Medidor digital con una lectura de 18952 KWH

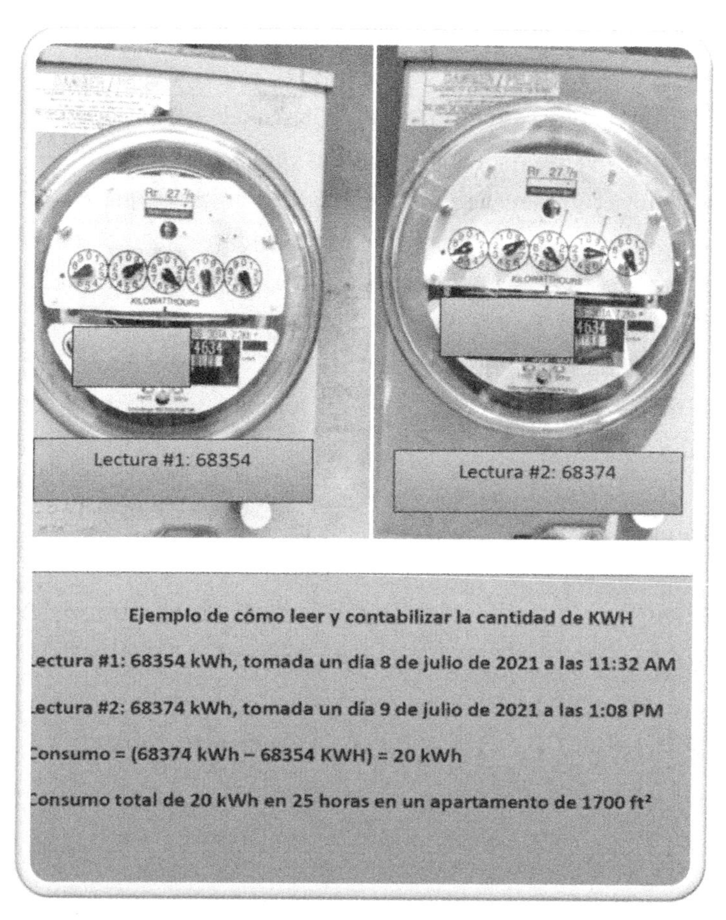

Ilustración 2.7: Lecturas tomadas para contabilizar el consumo de kWh consumidos en un día en un apartamento.

CONSUMO DE GAS NATURAL

Las tarifas de gas natural son similares a las eléctricas, con las variantes de que, en los lugares que tienen climas fríos, son más caras en las temporadas de invierno que en las temporadas de verano. Mayormente se utilizan calentadores de gas para la calefacción en las temporadas de invierno. La mayoría de las tarifas de gas son en formas escalonadas ascendentes/descendentes y los bloques son tarifados en precios por cien pies cúbicos (CCF) y mil pies cúbicos (MCF).

También, algunas Utilidades aplican las tarifas en Therm.

1 CF (Pie Cubico) ~ 1,000 BTU $(Aproximadamente)$

$$1\,CCF = 100\,CF \sim 1\,Therm\ (Aproximadamente)$$

$$1\,MCF = 1{,}000\,CF \sim 1\,MMBTU\ \ (Aproximadamente)$$

LECTURA DE LOS MEDIDORES DE GAS

Un medidor de gas es impulsado por la fuerza del gas en movimiento en la tubería, y también gira más rápido a medida que aumenta el flujo.

Los medidores de gas son semejantes a los medidores eléctricos, con la diferencia de que los medidores eléctricos análogos miden la energía en kWh y tienen 4 o cinco relojes; los de gas tienen 3 o 4 relojes y miden el consumo de energía en volumen por pies cúbicos. Los medidores de gas también son digitales y pueden ser medidos remotamente.

Para contabilizar las lecturas de los medidores de gas se utiliza el mismo método que se utiliza con los medidores eléctricos, aplicando los dígitos de acuerdo con los números múltiplos que aparecen en el medidor. Cada vez que el dial con el valor más bajo hace una revolución completa, la manecilla o puntero en el siguiente dial de mayor valor se mueve hacia adelante un dígito.

Al leer un medidor de gas, lea y anote los números como se muestra en los diales de izquierda a derecha (opuesto a un medidor eléctrico). Es importante tener en cuenta que en ambos tipos de medidores las manecillas de los diales adyacentes giran en direcciones opuestas entre sí.

Ilustración 2.8: Medidor de gas mecánico con una lectura de 1,583,000 pies cúbicos de gas.

USO ENERGÉTICO EN LAS EDIFICACIONES

El uso energético en las edificaciones varía de acuerdo con el tipo y uso. Los tipos de edificaciones son muchos y, aun siendo del mismo tipo, nunca utilizan la energía igual, porque los equipos que consumen energía se utilizan en horarios y condiciones diferentes, dependiendo de las necesidades de cada establecimiento en particular; por lo que a la hora de estimar el consumo se hace un estimado de la carga basado en la cantidad de equipos, el consumo de cada equipo y la cantidad de horas que podría utilizarse. Para evaluar el consumo correctamente, se hace una auditoría energética donde se mide el consumo del sistema o de cada equipo individual.
Algunos de los tipos de edificaciones que podemos mencionar son establecimientos comerciales, industriales, escuelas, oficinas públicas y privadas, hospitales, hoteles, supermercados y bodegas, restaurantes, residencias, etc.

Las edificaciones existentes construidas antes del año 2004 representan una gran oportunidad para modificarlas y convertirlas de ineficiente a eficiente energética. La mejor forma de cambiar estas edificaciones es modificando los sistemas eléctricos y mecánicos existentes, los cuales van a contribuir con la salud de los ocupantes, el ambiente, la reducción de energía y ahorro de dinero.

EDIFICACIÓN DE CERO ENERGÍA

Una Edificación de Cero Energía puede ser un edificio cuya toda la energía que se consuma sea producida por equipos de energía renovable; también puede ser un edificio que consume un porcentaje de energía no renovable.

El Departamento de Energía de Estados Unidos aplica el término "Edificación de Cero Energía" a un edificio que consumió energía producida con combustibles fósiles y a la vez produjo energía renovable, con un balance de cero o menor en un año. Es decir, la energía consumida anualmente de las redes eléctricas, producidas con combustibles fósiles, fue igual o menor que la energía que produjo el sistema de energía renovable, instalado en la edificación en un año.

BENEFICIOS ECONÓMICOS DE UN PAÍS, UNA EMPRESA O RESIDENCIA, REDUCIENDO EL CONSUMO ENERGÉTICO

Los beneficios económicos de los programas de conservación energéticas son enormes; estos se reflejan y benefician grandemente las economías de los países, Estados o provincias, municipios, negocios y residencias.

Para poder comprobar la efectividad de los ahorros económicos es importante medir todas las etapas de estos proyectos de conservación energética.

Uno de los países que ha sabido sacar buena partida a la eficiencia energética es Estados Unidos, donde los diferentes gobiernos e instituciones públicas y privadas han trabajado arduamente a través de los años, creando estándares de producción, códigos de construcción, estructuras económicas y educativas que les han permitido ir cambiando y mejorando el consumo de energía ineficiente a eficiente y, como resultado, ha mejorado la calidad ambiental, disminuyendo la cantidad de gases invernadero a través de toda la nación.

El gobierno de los Estados Unidos, a través del Departamento de Energía (Department of Energy, DOE), con su Programa Federal de Administración Energética (Federal Energy Management Program), y con la Agencia de Protección Ambiental (Environmental Protection Agency, EPA), han invertido una gran cantidad de recursos económicos, patrocinando programas de incentivos para dar eficiencia al consumo energético. Estos programas y fondos han sido dirigidos a ayudar a los Estados y municipalidades, así como también a las modificaciones de los sistemas de consumos con equipos obsoletos en las edificaciones, reemplazándolos o modificándolos con equipos de consumo más eficientes, la fomentación de la producción de equipos y vehículos de bajo consumo, el patrocinio de programas de auditorías energéticas, creaciones de programas de incentivos al consumidor, a través de las compañías suministradoras de energía, preparación de programas educativos a través de las universidades, escuelas, institutos técnicos y asociaciones de profesionales.

Entre algunos de los programas que han sido bien efectivos, podemos mencionar un programa instituido a través de las compañías suministradoras de energía, llamado Programa de Oferta Estándar de la Utilidad (Utility Standard Offers Progams), donde las utilidades ofertaban ser parte de la reducción de energía, comprando los kWh no consumidos en las edificaciones que modificaran los sistemas de consumo y redujesen el consumo significativamente, por cierto tiempo, especificado en un contrato. Para las utilidades es menos costoso comprar los kWh no consumidos a un precio menor que el que le costaba invertir para construir nuevas plantas generadoras y cumplir con las nuevas demandas energéticas producidas por el crecimiento de la economía.

Hay que dar crédito a varias asociaciones de profesionales e instituciones privadas que han dedicado muchos recursos económicos y humanos a la promoción, conservación y eficiencia energética. Dentro de estas podemos mencionar a la Asociación de Ingenieros de Energía (Association of Energy Engineers, AEE), con más de 40 años de haberse fundado y más de 18,000 profesionales dedicados al servicio de la eficiencia energética; la Universidad de Wisconsin, en Madison, con varios programas dedicados a la enseñanza de la eficiencia energética; la Asociación de Administración Energética (Energy Management Association, EMA), the American Society of Heating, Refrigeration and Air-Conditioning Engineers (ASHRAE); la Asociación Nacional de Ingenieros de Iluminación, (IESNA); el Concilio Americano para una Economía Energética Eficiente (The American Council for an-Energy-Effcient Economy, ACEEE); Agencia Internacional de energía, (AIE); CFE Media and Technology, que ofrece educación tecnológica a través de video conferencias y la publicación de varias revistas técnicas mensuales para mantener a los ingenieros y técnicos informados con las últimas informaciones tecnológicas; dentro de estas publicaciones podemos mencionar a Consulting Specifying Engineer, Plant Engineering, Control Engineering.

AHORROS ENERGÉTICOS EN LOS ESTADOS UNIDOS

A raíz de la crisis energética global, generada en los años 70, surgió una necesidad de encontrar soluciones a las problemáticas energéticas y reducir las dependencias del mercado internacional de suministro de energía. Desde entonces el Departamento de Energía de los Estados Unidos y otras agencias, gubernamentales y privadas, han creado códigos y estándares para modificar las edificaciones existentes y construir las nuevas edificaciones con altos estándares y controlar los desperdicios energéticos. La sociedad norteamericana se ha beneficiado grandemente utilizando el Estándar para Edificaciones (Energy Standard for Building) ASHRAE 90.1. Estos beneficios se reflejan en una reducción de más de un 50 % de la energía utilizada con referencia a los estándares requeridos en el 1975.

Para dar una orientación de la magnitud de ahorros que se pueden alcanzar, presentamos parte de un artículo publicado por ACEEE, donde provee números de la cantidad de billones de kWh de electricidad ahorrados en los 50 Estados de la Unión Americana.

En enero 22 del 2016, el Concilio Americano para una Economía Energética Eficiente (The American Council for an-Energy-Effcient Economy, ACEEE), publicó un artículo titulado "Los Ahorros energéticos continúan aumentando año tras año" ("Electricity savings keep rising, year after year") (Gillleo, 2016). Este artículo trata acerca de los programas administrados por las utilidades eléctricas y los Estados de la Unión Americana, que han conducido y compartido sustanciales programas de eficiencia por el país. Desde el principio del año 2000, el alcance y tamaño de estos proyectos han crecido dramáticamente.

El incremento de ahorros de electricidad se atribuye a nuevos programas implementados en ciertos años que han ido creciendo fijamente desde la pasada década. La mayoría de las medidas de eficiencias energéticas continúa generando ahorros para los negocios y residencias, por años después que son instalados; el impacto anual total de programas de eficiencia es dramático.

En el 2014, los programas de eficiencia energética ahorraron a los contribuyentes (negocios, residencias, departamentos gubernamentales y municipales) de los Estados Unidos más de 180 billones de kWh de electricidad. Alrededor de 26.5 billones de kWh de ahorros fueron de nuevas medidas implementadas ese año, mientras que 155 billones de kWh de ahorros adicionales fueron generados por medidas puestas en ejecución, en años anteriores. Esa larga escala de ahorros es equivalente a más de 4 % de la electricidad consumida en el año 2014 (Gillleo, 2016).

Los ahorros de electricidad están llamados a continuar en crecimiento en los diferentes Estados y municipios, en respuesta a metas de ahorros energéticos, y en las medidas que las utilidades aumenten y desarrollen nuevas y creativas formas de encaminar programas de eficiencia a sus consumidores. Estos ahorros de electricidad tienen un impacto económico real en los negocios y residencias: la eficiencia mantiene el dinero en el bolsillo de las personas, crea trabajos y reduce el impacto ambiental del uso energético. En la medida en que más utilidades se envuelven en eficiencia energética, como energía limpia, bajo-costo, y formas efectivas de responder a las demandas, podemos esperar que el ahorro de electricidad continúe en crecimiento.

Ahorros en el Estado de New Jersey en los condados que la compañía PSE&G suministra energía eléctrica

Para dar legitimidad a lo expuesto más arriba, queremos mostrar parte de los programas que se están implementando en el Estado de New Jersey. La Compañía PSE&G publica anualmente informaciones, con referencia a servicios básicos de generación y la contaminación del medio ambiente. En los informes anuales hemos visto cómo esta compañía ha patrocinado e implementado varios programas exitosos de conservación energética, la cual está contribuyendo grandemente a reducir las emisiones. Esto ha sido posible invirtiendo recursos económicos en medidas de conservación energética. Las medidas de conservación energética significan disminución en la demanda y menos cantidad de electricidad que tiene que ser generada evitando producir mayor cantidad de gases invernadero que contaminan el ambiente. En la publicación anual del 2008 y 20016, esta compañía divulgó el porcentaje de las fuentes energéticas y las emisiones contaminantes asociadas con los productos utilizados para generar la electricidad.

Para información de nuestros lectores hemos incluidos las tablas 2.8 y 2.9 (traducidos al español en las Tablas 2.8.1 y 2.9.1) con datos divulgados por la compañía suministradora de energía PSEG referentes a varios programas de conservación energética en los años 2008 y

2016 donde se puede observar y comparar los ahorros de kWh, la gran reducción de la generación eléctrica y de gases invernadero (Dióxido de Carbono, C02, Óxido de Nitrógeno, NOx y Dióxido de Azufre, SO2) en un periodo de 8 años.

Como puede observarse en las tablas 2.8 y 2.9, en los programas de conservación energética, patrocinados por esta compañía generadora, se evitaron de consumir más de 194 megavatios, hora de electricidad, y también las emisiones en casi 108 toneladas de Dióxido de Carbono CO2, 92 toneladas de Óxido de Nitrógeno, NOx y 214 toneladas de Dióxido de Azufre, SO_2. También hubo una reducción de las fuentes fósiles no renovables en un 8 por ciento, donde se redujo el uso de carbón mineral en un 20 por ciento. Hubo, además, un aumento en la producción de energías renovables, encabezado por la energía eólica, con un incremento de un 7 % y la energía solar con un 2.5 por ciento.

En la lección 20 mostramos los resultados obtenidos de un proyecto implementado por Johnson Control, administrado por el autor de este libro. El proyecto fue parte de los programas patrocinados por la Compañía Suministradora de Energía PSEG en varias escuelas del Distrito Escolar en Newark, Nueva Jersey.

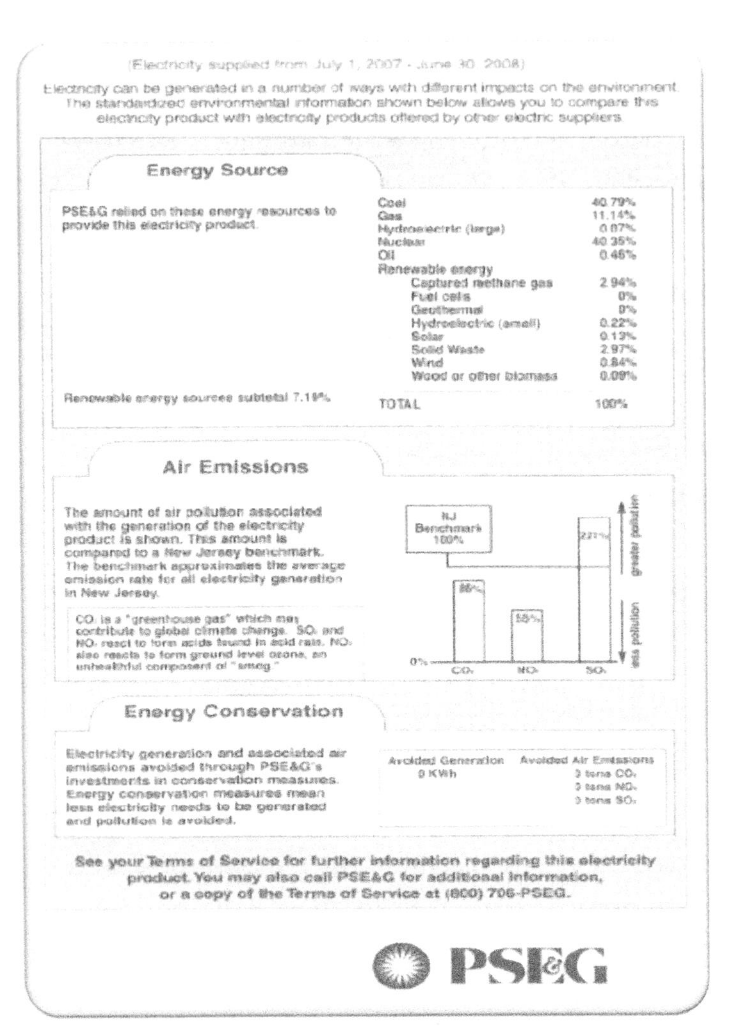

(Electricity supplied from July 1, 2007 - June 30, 2008)

Electricity can be generated in a number of ways with different impacts on the environment. The standardized environmental information shown below allows you to compare this electricity product with electricity products offered by other electric suppliers.

Energy Source

PSE&G relied on these energy resources to provide this electricity product.

Coal	40.79%
Gas	11.14%
Hydroelectric (large)	0.07%
Nuclear	40.35%
Oil	0.46%
Renewable energy	
Captured methane gas	2.94%
Fuel cells	0%
Geothermal	0%
Hydroelectric (small)	0.22%
Solar	0.13%
Solid Waste	2.97%
Wind	0.84%
Wood or other biomass	0.08%
TOTAL	100%

Renewable energy sources subtotal 7.19%

Air Emissions

The amount of air pollution associated with the generation of the electricity product is shown. This amount is compared to a New Jersey benchmark. The benchmark approximates the average emission rate for all electricity generation in New Jersey.

CO_2 is a "greenhouse gas" which may contribute to global climate change. SO_2 and NO_x react to form acids found in acid rain. NO_x also reacts to form ground level ozone, an unhealthful component of "smog."

Energy Conservation

Electricity generation and associated air emissions avoided through PSE&G's investments in conservation measures. Energy conservation measures mean less electricity needs to be generated and pollution is avoided.

Avoided Generation	Avoided Air Emissions
0 KWh	0 tons CO_2
	0 tons NO_x
	0 tons SO_2

See your Terms of Service for further information regarding this electricity product. You may also call PSE&G for additional information, or a copy of the Terms of Service at (800) 706-PSEG.

PSE&G

Tabla 2.8: Informaciones ambientales por servicios de generación básica de la compañía PSE&G, por electricidad suministrada durante el 1 de julio del 2007 al 30 de junio del 2008.

Información ambiental de la compañía PSE&G de New Jersey por servicios de generación básica. Electricidad suministrada del 1 de julio del 2007 al 30 de junio del 2008				
Fuentes Energéticas		Fuentes	Porcentaje	
La compañía PSE&G utilizo estos recursos energéticos para proveer estos productos eléctricos a sus usuarios	Fuentes fósiles no renovables	Carbón		40.79%
		Gas		11%
		Hidroeléctrica (Grande)		0.07%
		Nuclear		40.35%
		Petróleo		0.46%
	Total, Energía no Renovable		92.81%	
	Energía renovable	Gas Metano capturado		2.94%
		Celdas		0.00%
		Geotermal		0.00%
		Hidroeléctrica (pequeñas)		0.22%
		Solar		0.13%
		Desperdicios Solidos		2.97%
		Eólica (Viento)		0.84%
		Madera y otros productos Biomasa		0.09%
Total, Energía renovable			7.19%	
Total, de energía generada				100.00%

Emisiones contaminantes		Generación evitada kWh	Emisiones evitadas	
CO2	86%		CO2	0
NOx	55%		NOx	0
SO2	231%	0	SO2	0

Tabla 2.8.1: traducción en español de las informaciones ambientales por servicios de generación básica de la compañía PSE&G, por electricidad suministrada durante el 1 de julio del 2007 al 30 de junio del 2008.

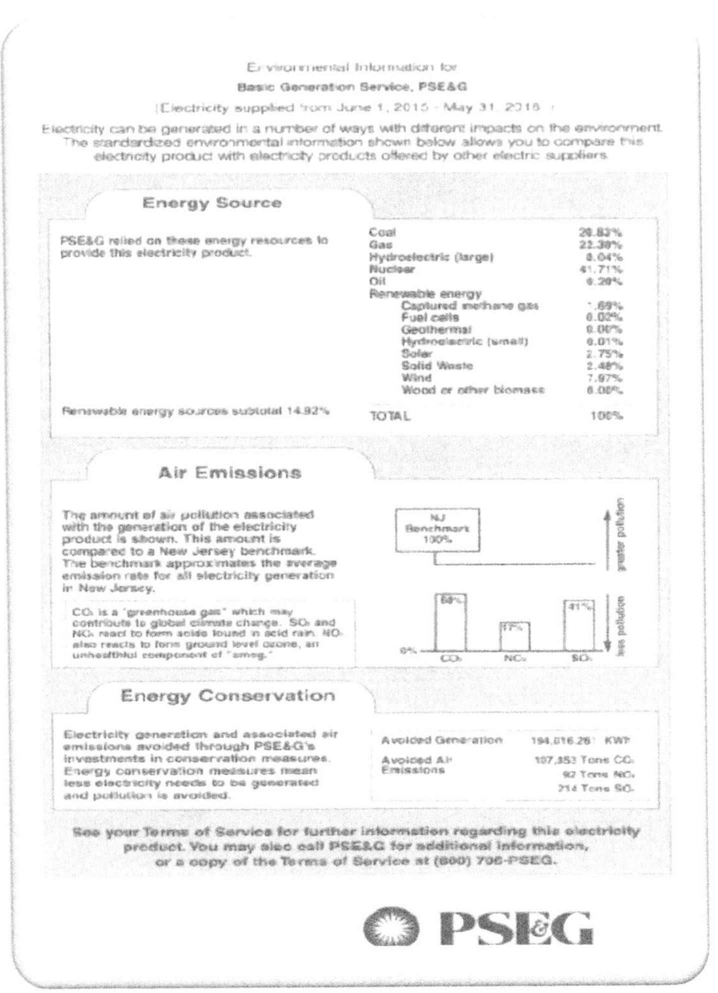

Environmental Information for

Basic Generation Service, PSE&G

(Electricity supplied from June 1, 2015 - May 31, 2016)

Electricity can be generated in a number of ways with different impacts on the environment. The standardized environmental information shown below allows you to compare this electricity product with electricity products offered by other electric suppliers.

Energy Source

PSE&G relied on these energy resources to provide this electricity product.

Coal	20.83%
Gas	22.30%
Hydroelectric (large)	0.04%
Nuclear	41.71%
Oil	0.20%
Renewable energy	
Captured methane gas	1.69%
Fuel cells	0.02%
Geothermal	0.00%
Hydroelectric (small)	0.01%
Solar	2.75%
Solid Waste	2.48%
Wind	7.97%
Wood or other biomass	0.00%
TOTAL	100%

Renewable energy sources subtotal 14.92%

Air Emissions

The amount of air pollution associated with the generation of the electricity product is shown. This amount is compared to a New Jersey benchmark. The benchmark approximates the average emission rate for all electricity generation in New Jersey.

CO_2 is a "greenhouse gas" which may contribute to global climate change. SO_2 and NO_x react to form acids found in acid rain. NO_x also reacts to form ground level ozone, an unhealthful component of "smog."

Energy Conservation

Electricity generation and associated air emissions avoided through PSE&G's investments in conservation measures. Energy conservation measures mean less electricity needs to be generated and pollution is avoided.

Avoided Generation	194,016,281 KWh
Avoided Air Emissions	107,353 Tons CO_2
	92 Tons NO_x
	214 Tons SO_2

See your Terms of Service for further information regarding this electricity product. You may also call PSE&G for additional information, or a copy of the Terms of Service at (800) 796-PSEG.

PSEG

Tabla 2.9: Informaciones ambientales por servicios de generación básica de la Compañía PSE&G, por electricidad suministrada durante el 1 de junio de 2015 al 31 de mayo del 2016.

Información ambiental de la compañía PSE&G de New Jersey por servicios de generación básica Electricidad suministrada del 1 de junio del 2015 al 31 de mayo del 2016				
Fuentes energéticas		**Fuentes**		**Porcentaje**
La Compañía PSE&G utilizo estos recursos energéticos para proveer estos productos eléctricos a sus usuarios	**Fuentes fósiles no renovables**	Carbón		20.83%
		Gas		22.30%
		Hidroeléctrica (Grande)		0.04%
		Nuclear		41.71%
		Petróleo		0.20%
	Total, energía no renovable		**85.08%**	
	Energía Renovable	Gas Metano capturado		1.69%
		Celdas		0.02%
		Geotermal		0.00%
		Hidroeléctrica (pequeñas)		0.01%
		Solar		2.75%
		Desperdicios Solidos		2.48%
		Viento		7.97%
		Madera y otros productos Biomasa		0.00%
Total, energía renovable			**14.92%**	
Total de energía generada				**100.00%**

Emisiones contaminantes Gases invernadero		Generación evitada kWh	Emisiones evitadas Toneladas	
CO2	**60%**		CO2	**107,853**
NOx	**17%**		NOx	**92**
SO2	**41%**	**194,016,261**	SO2	**214**

Tabla 2.9.1: Traducción en español de las Informaciones ambientales por servicios de generación básica de la Compañía PSE&G, por electricidad suministrada durante el 1 de junio de 2015 al 31 de mayo del 2016.

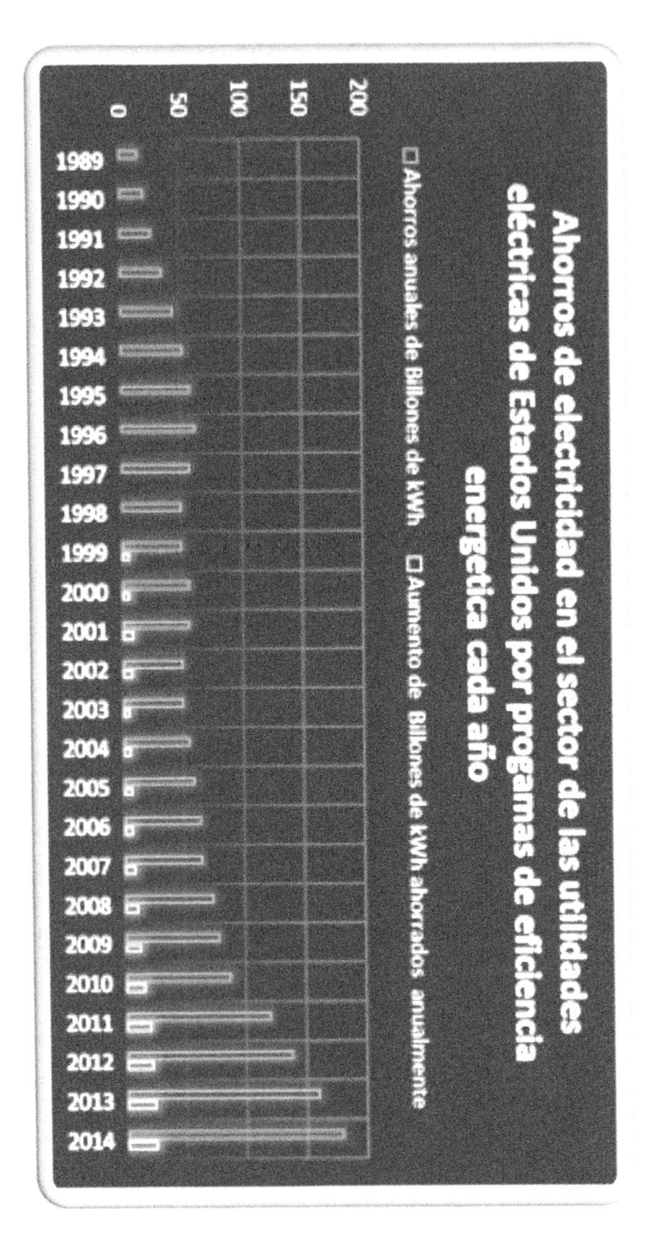

Ilustración 2.9: Análisis de datos publicados por ACEEE, en artículo del 22-1-16, y obtenidos de EIA, en su publicación anual de revisión energética. Este grafico muestra los incrementos de ahorros energéticos anuales en los 50 Estados de la nacion americana y su capital, Washington, DC.

BENEFICIOS ECONÓMICOS IMPLEMENTANDO UN PLAN DE CONSERVACIÓN DE ENERGÍA

Los beneficios económicos de un plan de conservación de energía son difíciles de captar, porque existen muchas variantes que pueden afectar el consumo y ahorro de energía, si los programas no son bien administrados. Por esta razón, se debe documentar y mantener un registro de cualquier alteración o modificación de los circuitos o equipos, medir el consumo y costos durante la planificación e implementación del proyecto.

Para ofrecer una idea de los beneficios económicos que se pueden obtener, hemos preparado una tabla simple, a la que hemos llamado "Beneficios que obtendrá su negocio al cambiar el consumo energético de rojo a verde". En la Tabla 2.10, les presentamos un estimado de la cantidad de dinero que podría ahorrar durante el año, reduciendo un porcentaje del consumo de energía.

Meses al año	Ahorro de 5 %	Dinero ahorrado en un año	Ahorro de 10 %	Dinero ahorrado en un año	Ahorro de 20 %	Dinero ahorrado en un año	Ahorro de 30 %	Dinero ahorrado en un año	Ahorro de 40 %	Dinero ahorrado en un año	Ahorro de 50 %	Dinero ahorrado en un año
12	0.05	$ 300.00	0.1	$ 600.00	0.2	$ 1,200.00	0.3	$ 1,800.00	0.4	$ 2,400.00	0.5	$ 3,000.00
12	0.05	$ 600.00	0.1	$ 1,200.00	0.2	$ 2,400.00	0.3	$ 3,600.00	0.4	$ 4,800.00	0.5	$ 6,000.00
12	0.05	$ 900.00	0.1	$ 1,800.00	0.2	$ 3,600.00	0.3	$ 5,400.00	0.4	$ 7,200.00	0.5	$ 9,000.00
12	0.05	$ 1,200.00	0.1	$ 2,400.00	0.2	$ 4,800.00	0.3	$ 7,200.00	0.4	$ 9,600.00	0.5	$ 12,000.00
12	0.05	$ 1,500.00	0.1	$ 3,000.00	0.2	$ 6,000.00	0.3	$ 9,000.00	0.4	$ 12,000.00	0.5	$ 15,000.00
12	0.05	$ 1,800.00	0.1	$ 3,600.00	0.2	$ 7,200.00	0.3	$ 10,800.00	0.4	$ 14,400.00	0.5	$ 18,000.00
12	0.05	$ 2,100.00	0.1	$ 4,200.00	0.2	$ 8,400.00	0.3	$ 12,600.00	0.4	$ 16,800.00	0.5	$ 21,000.00
12	0.05	$ 2,400.00	0.1	$ 4,800.00	0.2	$ 9,600.00	0.3	$ 14,400.00	0.4	$ 19,200.00	0.5	$ 24,000.00
12	0.05	$ 2,700.00	0.1	$ 5,400.00	0.2	$ 10,800.00	0.3	$ 16,200.00	0.4	$ 21,600.00	0.5	$ 27,000.00
12	0.05	$ 3,000.00	0.1	$ 6,000.00	0.2	$ 12,000.00	0.3	$ 18,000.00	0.4	$ 24,000.00	0.5	$ 30,000.00
12	0.05	$ 3,300.00	0.1	$ 6,600.00	0.2	$ 13,200.00	0.3	$ 19,800.00	0.4	$ 26,400.00	0.5	$ 33,000.00
12	0.05	$ 3,600.00	0.1	$ 7,200.00	0.2	$ 14,400.00	0.3	$ 21,600.00	0.4	$ 28,800.00	0.5	$ 36,000.00
12	0.05	$ 3,900.00	0.1	$ 7,800.00	0.2	$ 15,600.00	0.3	$ 23,400.00	0.4	$ 31,200.00	0.5	$ 39,000.00
12	0.05	$ 4,200.00	0.1	$ 8,400.00	0.2	$ 16,800.00	0.3	$ 25,200.00	0.4	$ 33,600.00	0.5	$ 42,000.00
12	0.05	$ 4,500.00	0.1	$ 9,000.00	0.2	$ 18,000.00	0.3	$ 27,000.00	0.4	$ 36,000.00	0.5	$ 45,000.00
12	0.05	$ 4,800.00	0.1	$ 9,600.00	0.2	$ 19,200.00	0.3	$ 28,800.00	0.4	$ 38,400.00	0.5	$ 48,000.00
12	0.05	$ 5,100.00	0.1	$ 10,200.00	0.2	$ 20,400.00	0.3	$ 30,600.00	0.4	$ 40,800.00	0.5	$ 51,000.00
12	0.05	$ 5,400.00	0.1	$ 10,800.00	0.2	$ 21,600.00	0.3	$ 32,400.00	0.4	$ 43,200.00	0.5	$ 54,000.00
12	0.05	$ 5,700.00	0.1	$ 11,400.00	0.2	$ 22,800.00	0.3	$ 34,200.00	0.4	$ 45,600.00	0.5	$ 57,000.00
12	0.05	$ 6,000.00	0.1	$ 12,000.00	0.2	$ 24,000.00	0.3	$ 36,000.00	0.4	$ 48,000.00	0.5	$ 60,000.00

Tabla 2.10: Beneficios que obtendría su empresa cambiando el consumo energético de rojo a verde.

Esta tabla les ofrece la información de poder elegir una cantidad de ahorro mensual para su negocio que podría convertirse en una meta de la cantidad de dinero que espera ahorrar durante el año.

Estas son las informaciones que aparecen en las diferentes columnas de la tabla 2.10, para obtener un porcentaje aproximado de los ahorros que podrían obtenerse al año:

1. Columna 1: Costo mensual
2. Columna 2: Doce meses del año
3. Columna 3: Cantidad de costo energético de 12 meses
4. Columnas 4,6,8,10,12, & 14: Porcentaje de ahorros
5. Columnas 5,7,9,11,13, & 15: Cantidad de dinero que podría ahorrar en un año

Ejemplos de cómo aplicar las columnas de la tabla de beneficios que obtendrá su negocio al cambiar el consumo energético:

Ejemplo 1

Paso #1:
Si las facturas de su empresa son de un promedio de $2,000 al mes, busque en la columna 1, donde aparece esta cantidad

Paso #2:
Multiplicando esta cantidad por 12 meses de la columna 2, le dará el resultado de $24,000, que aparece en la columna #3

Paso #3:

Si ahorra un 5 % de la cantidad que aparece en la columna 4, ahorraría $1,200, que aparece en la columna #5

Ejemplo 2

Paso #1:

Si las facturas de su empresa son de un promedio de $9,000 al mes, busque en la columna 1, donde aparece esta cantidad

Paso #2:

Multiplicando esta cantidad por 12 meses de la columna 2, le dará el resultado de $108,000, que aparece en la columna #3

Paso #3:

Si ahorra un 30 % del que aparece en la columna 10, ahorraría $32,400, que aparece en la columna #11

PARÁMETROS PARA MEDIR LA EFECTIVIDAD DE UN PROYECTO DE CONSERVACIÓN ENERGÉTICA

Cuando se considere mejorar el consumo energético de un edificio, es crítico entender cómo estén operando los sistemas que consumen energía en la edificación. Establecer un punto de referencia es el primer paso para comparar el consumo energético de la edificación en diferentes tiempos (consumo mensual, anual, temporada de verano o invierno) o con otra edificación similar.
Para garantizar el uso efectivo de la eficiencia energética, es necesario utilizar parámetros para medir la efectividad del proyecto.

Estos parámetros se utilizan antes, durante y después de realizar un Plan Maestro de Conservación de Energía, donde se cuantifica y comprueba la efectividad del proyecto. Estos parámetros son la intensidad de uso energético, intensidad de consumo energético, uso efectivo de potencia, observación del promedio de grados de las temperaturas diarias (HDD) y (CDD) para comparar el consumo con los cambios de temperaturas exteriores, medición y verificación (M&V) del consumo de energía.

INTENSIDAD DE USO ENERGÉTICO (IUE)

La intensidad de uso energético es una medida básica para medir el consumo energético de las estructuras o empresas, y sirve para comparar el consumo energético del establecimiento o el consumo con otras empresas similares a esta. Conociendo esta intensidad de uso energético, podemos deducir la eficiencia de la estructura o empresa que está siendo auditada.

Esta intensidad de uso energético es definida como la cantidad de BTU de energía utilizada anualmente, dividido por pies cuadrado en los espacios condicionados de las estructuras comerciales e industriales.

Esta intensidad de uso energético se obtiene tomando el consumo total energético (electricidad + gas + gasoil, etc.), convirtiéndolo a BTU y dividiéndolo por los pies cuadrados del establecimiento, para establecer el uso energético; este IUE puede utilizarse como base o punto de referencia de la edificación. En la tabla 2.11 presentamos valores promedio de Índice de Utilización Energética (EUI) en los Estados Unidos.

Use la siguiente ecuación para calcular el Índice de Utilización Energética:

$$IUE = (\textbf{Cantidad de BTU anual}) / (\textbf{Area en pies cuadrados})$$

Cantidad de BTU anual = suma de BTU por consumo de electricidad + gas + gasoil, etc.

Los kWh de electricidad pueden convertirse a BTU multiplicando KWH por 3.412 BTU/kWh.

Conversión de kWh a BTU

$$BTU = 3412\ x\ Consumo\ de\ KWH$$

El gas natural se convierte a BTU multiplicando la cantidad de un pie cúbico por 1,025 BTU.

$$BT = 1,025\ x\ Consumo\ de\ pies\ cubicos\ de\ Gas$$

Promedio de Índice de Utilización Energética (IUE) en los Estados Unidos

Sector de mercado	Tipo de propiedad	Lugar EUI ($KBTU/FT^2$)
Almacenes	Centro de distribución	22.7
Almacenes	Facilidades de almacenamiento personal	20.2
Almacenes	Almacenamientos no refrigerados	22.7
Almacenes	Almacenamiento Refrigerados	84.1
Bancos /Financieras	Sucursales de bancos	88.3
Centros de salud	Centro de cirugías ambulatorios	62
Centros de salud	Hospitales	234.3
Centros de salud	Hospitales especiales	234.3
Centros de salud	Oficinas médicas	51.2
Centros de salud	Centros de rehabilitación y terapias físicas	62
Centros de salud	Centros de cuidado de urgencia	64.5
Educación	Universidades	84.3
Educación	K-12	48.5
Educacion	Preescolar	64.8
Educación	Escuelas vocacionales	52.4
Hospedaje	Hotel	63
Hospedaje	Prisión /Cárcel	69.9
Hospedaje	Dormitorios residenciales	57.9
Lugar de reunión pública	Centro de convención	56.1
Lugar de reunión pública	Centros atléticos	56.2
Oficinas	Oficinas privadas	52.9
Servicios	Salones de belleza, Dry cleaning, etc	47.9
Servicios públicos	Cortes	101.2
Servicios publicos	Estación policial y bomberos	63.5
Servicios públicos	Bibliotecas	71.6

Tabla 2.11: Promedio típico de intensidad de uso energético en varios tipos de edificaciones en los Estados Unidos.

INTENSIDAD DE COSTO ENERGÉTICO (ICE)

La intensidad de uso energético solo toma en consideración el consumo, los costos incurridos en energía en las edificaciones son calculados con otra ecuación importante llamada Intensidad de Costos Energéticos.

La Intensidad de Costo Energético es el costo total incurrido anualmente en energía por pies cuadrado del espacio condicionado, utilizado por cada establecimiento o empresa.

Para computarizar la Intensidad de Costo Energético de una edificación, sume los costos de un año asociados en energía (electricidad + gas+ gasoil) y divídalos por los pies cuadrados de espacios condicionados de la edificación.

ICE = (Costo de energía anual) / (Área en pies cuadradros)

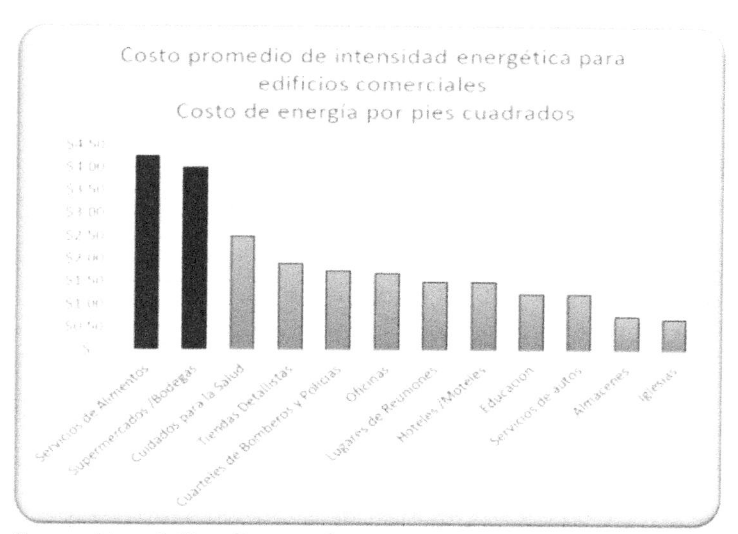

Ilustración 2.10: Costo de Intensidad Energética para edificaciones Comerciales de acuerdo con las informaciones del Departamento de Energía de los Estados Unidos.

USO EFECTIVO DE POTENCIA UEP (POWER USE EFFECTIVENESS, PUE)

Uso Efectivo de Potencia o (UEP) es una forma de medir la eficiencia en la infraestructura de un centro de datos en tecnología informática. La carga usada en tecnología informática es una parte fundamental de las mediciones de UEP.

$$UEP = \frac{Energia\ total\ consumida\ en\ la\ edificacion}{Energia\ consumida\ por\ los\ equipos\ de\ tecnologia\ informatica}$$

MEDICIÓN DEL PROMEDIO DE GRADOS DIARIOS DE TEMPERATURAS

La medición de la temperatura exterior del promedio de grados diarios es una medida muy útil para analizar la energía necesaria para enfriar o calentar una edificación. Es un concepto utilizado para medir el promedio de las temperaturas en el exterior y ajustarlas dentro de en una edificación para mantener un ambiente agradable, donde los seres humanos se sientan en confort durante las diferentes estaciones del año. Se considera que la temperatura deseada, o normal, dentro de una edificación, es de 70°F (21.11°C), y se estima que 5°F (2.78°C) es suministrada por energía calórica interna, producida por calor generado por las personas, alumbrado, equipos y aparatos del uso diario, por lo que se ha escogido como base una temperatura de 65°F (18.33°C). Estas temperaturas son específicas para diferentes localidades geográficas y son medidas separadas para medir los días específicos donde se tiene que proveer energía calórica por un sistema de calefacción o enfriamiento por un sistema de aire acondicionado.

Se ha determinado que el promedio de las temperaturas exteriores, por encima de 65°F (18.33°C), es un día de enfriamiento (Cooling Degree Day, CDD) donde hay que proveer enfriamiento a la edificación por unidades de aire acondicionado; y las temperaturas promedias, por debajo de 65°F (18.33°C), es un día de calor (Heating Degree Day, HDD), donde hay que proveer energía calórica.

Un Día Calórico (Heating Degree Day), con siglas en inglés HDD, es una medida designada para cuantificar la demanda de energía necesaria para calentar una edificación. Esto es el promedio de grados de temperatura durante el día por debajo de 65° Farenhit (18° Celsios) que la edificación necesita para calentarse.

$$\boldsymbol{HDD = 65°F - (\text{Temperatura promedio del día}) = 65°F - \frac{(T_h+T_l)}{2} = 18.3°C - \frac{(T_h+T_l)}{2}}$$

Día de Enfriamiento, o Cooling Degree Day, con siglas en inglés CDD, es una medida designada para cuantificar la demanda de energía necesaria para enfriar una edificación. Esto es el promedio de grados de temperatura durante el día por encima de 65° Farenhit (18° Celsios) que la edificación necesita para enfriarse.

$$\boldsymbol{CDD = (\text{Temperatura promedio del día}) - (65°F) = \frac{(T_h+T_l)}{2} - 65°F = \frac{(T_h+T_l)}{2} - 18.3°C}$$

HDD = Día de calentamiento (Heating Degree Day)

CDD = Día de enfriamiento (Cooling Degree Day)
65°F =18.33°C
$\boldsymbol{T_h}$ = Temperatura más alta registrada durante el día
$\boldsymbol{T_l}$ = Temperatura más baja registrada durante el día

MEDICIÓN Y VERIFICACIÓN (M&V)

Medición y Verificación (M&V) es el termino usado en la industria energética para medir y verificar los resultados de una iniciativa o proyecto de conservación energética. Especialmente, los ahorros energéticos o bien sea la cantidad de energía que se ha evitado en consumir, lo que arroja resultados de ahorros económicos.

Medición y Verificación (M&V) es la práctica de medir, computarizar y reportar los resultados de un proyecto de conservación energética. Las estrategias de mediciones y verificaciones son medios que proveen estimados con precisión de los ahorros energéticos, por medio de efectuar ajustes para contabilizar las fluctuaciones, permitiendo comparar la referencia de antes y después de los usos energéticos, bajos las mismas condiciones. Las actividades de M&V incluyen conducir una inspección del lugar, medición del consumo de energía, monitorización de los cambios de las variables independientes, tales como los cambios en las temperaturas exteriores del aire, cálculos de ingeniería y presentación de reportes de los avances del proyecto. Información adicional es presentada en la Lección 11.

REFERENCIAS

American Council for an Efficiency Economy. (2016).

ASHRAE. (1999). Energy Managemente Applications Hand book.

Castro, F. (2010). *Facilities Management Energy Reduction Program, Energy Usage and Cost Analysis of Neark Public Schools District during 2000 - 2009.* Newark, New Jersey.

Gillleo, A. (22 de January de 2016). Electricity savings keep rising, year after year. *American Council for an Energy Efficient Economy.*

IESNA, A. /. (2009). *Advance Energy Design Guide for K-12 Schools Buildings, Achieving 30% Energy Savings toward a Net Zero Energy Building.* ASHRAE.

IESNA, A. /. (2019). *Achiving Zero Energy, Advance Energy Design Guide for Small to Medium Office Building.* ASHRAE.

International Energy Agency. (s.f.).

Ken Sufka, A. E. (2014). *Energy Management Guideline.* Washington, DC.

Kennedy, C. /. (2012). *Guide to Energy Management, 7TH Edition.* Lilburn, Georgia: The Fairmont Press.

Lindeburg, M. R. (2009). *Engineering Unit Conversions, 4th Edition.* Belmont, CA: Professional Publications, Inc.

McMordie, R. K. (2012). *Solar Energy Fundamentals.*

National Renewable Energy Laboratory (NREL). (2006). Procedure for Measuring and Reporting Commercial Building Energy Performance. En M. D. D. Barley. www.nrel.gov/docs.

Office of Energy efficiency and Renewable Enegy, U. D. (October de 2017). *EnergySaver.gov.* Obtenido de energy.gov/eere.

Thumann, A. (2008). *Guide to Energy Conservation, Ninth Edition.* Lilburn, Georgia: The Fairmont Press, Inc.

Thumann, Albert W. J. (2008). Handbook of Energy Audits, Seventh Edition. Lilburn, Georgia: The Fairmont Press, Inc.

Turner, W. C. (2001). *Energy Management Handbook, Fourth Edition.* Lilburn, Georgia: The Farimont Press, Inc.

Ungar, S. N. (2019). *Halfway There: Energy Efficiency Can Cut Energy Use and Greenhouse Gas Emissions in Half by 2050.* Washington, D.C.: American Council for an Energy-Efficiency Economy, ACEEE.

Wisconsin, C. o. (1990). *Energy Conservation Booklet for Small Commercial Buildings.* Madison, Wisconsin: University of Wisconsin.

Lección 3

Comercialización y producción de energía eléctrica

Los principales componentes de la comercialización eléctrica son generación, transmisión y distribución. En algunos países, estos tres componentes son monopolizados y controlados por una institución dirigida por el gobierno central; en otros países, estas entidades son corporaciones independientes reguladas por los gobiernos federales o estatales.

En esta lección les presentamos una orientación de la comercialización y producción de potencia y energía eléctrica; la regulación y desregularización de la comercialización de energía en algunos lugares de los Estados Unidos; los principales componentes de la comercialización de energía eléctrica: generación, transmisión y distribución.

Para entender mejor los costos en las facturas eléctricas y cómo la eficiencia nos ayudaría con los ahorros energéticos y económicos, es importante conocer varios de los componentes que forman parte del sistema de generación, transmisión y comercialización de energía eléctrica; por esta razón ofrecemos algunas informaciones de la producción de potencia y energía eléctrica.

La comercialización de energía eléctrica de las compañías suministradoras a sus clientes generalmente es categorizada en términos de carga residencial, comercial e industrial. Las cargas residenciales incluyen viviendas residenciales y multifamiliares; las comerciales incluyen tiendas detallistas, supermercados, y todo tipo de intercambio de comercio con el público; las industriales incluyen factorías, almacenes, y otros lugares de producción.

Los componentes de las tarifas eléctricas pueden variar significativamente de acuerdo con el tipo de generación eléctrica que se esté utilizando. Esta puede ser energía renovable o producida por combustibles fósiles y vapor.
La comercialización de energía cuenta con tres componentes mayores que son generación, transmisión y distribución. Dentro de estos tres componentes existen otros renglones que forman partes del costo energético, los cuales influyen grandemente en las fluctuaciones de las tarifas facturadas al consumidor.

Los costos de producción energética se han elevado grandemente, y debido a esto las facturas de los usuarios han aumentado considerablemente en los últimos años. Las tarifas de potencia y energía se han duplicado, y hasta triplicado, en algunos lugares, por lo que ofrecemos algunas informaciones de los componentes que afectan las facturas de los usuarios.

Los componentes de comercialización son demanda de potencia y energía. Los efectos de incidencia en las facturas energéticas son descritos más adelante en lecciones subsiguientes a esta.

Regularización y desregularización de la comercialización de electricidad

En los Estados Unidos, las pólizas del sector eléctrico son impuesta por los cuerpos ejecutivos y legislativos del Gobierno Federal y el Gobierno Estatal. Varias instituciones del Gobierno Federal juegan un papel de importancia en la creación y ejecución de estas pólizas, como son el Departamento de Energía y la Agencia de Protección Ambiental, que se encarga de proteger el medio ambiente y la Comisión Federal de Comercio, encargada de la protección del consumidor y prevención de las prácticas anticompetitivas.

La energía es comercializada independientemente en cada Estado de la nación. Existen varias compañías generadoras y distribuidoras que generan y distribuyen energía. Algunos estados regularizan esta comercialización de energía, mientras otros los tienen desregulados.

En los Estados que mantienen la comercialización energética monopolizadas (reguladas), los abonados tienen que comprar la energía generada y distribuidas por las compañías asignadas por esos estados.

En los Estados (aproximadamente 16 Estados de la Nación) que tienen pólizas de compra de energía desreguladas, los abonados pueden elegir y comprar energía de las compañías suministradoras locales, o pueden comprar energía a distribuidores de energía generada en otros Estados, a través de intermediarios de energía llamados Suplidores Terceros de Energía (Third Party Suppliers).

La desregularización del sector eléctrico en los Estados Unidos comenzó en el 1992, con la creación del Acto de Póliza de Energía. En este acto energético, los Estados deciden si quieren aplicar estas pólizas a sus ciudadanos residentes, y esta consiste en la remoción de obstáculos, donde las utilidades pueden competir en el mercado por la comercialización eléctrica, y pueden hacer cargos por separado en las facturas de los abonados por la generación, transmisión y distribución eléctrica.

En los Estados que tienen pólizas de desregularización, las tarifas mensuales son presentadas en forma diferentes. Estas facturas presentan cargos por la energía suministrada y cargos por la energía transportada. Es recomendable que los abonados a estas compañías revisen sus facturas para comprobar que los cargos por la energía suministrada y transportada estén de acuerdo con los contratos firmados por los intermediarios terceros suplidores de energía.

Se recomienda a los usuarios que estén contemplando obtener estos contratos, que antes de firmar lean detenidamente cada línea descrita en el contrato. Algunos de estos contratos ofrecen precios fijos por el consumo de kWh durante la duración del contrato; sin embargo, otros ofrecen una tarifa fija durante los primeros meses, y después cambia a tarifa variable.

Hemos revisado varios contratos de algunos de nuestros clientes que optaron por comprar la energía eléctrica a compañías de terceros suplidores. En algunas de las revisiones, el costo de energía era fijo durante los primeros meses, resultando más bajo que el que ofrecía la utilidad distribuidora y luego, a partir del cuarto mes, el costo de la energía era variable resultando el costo de la energía facturada a un precio más elevado que el ofrecido por la utilidad distribuidora. Más adelante, les presentamos algunos ejemplos de los cargos que aparecen en estas facturas.

PRINCIPALES COMPONENTES DE LA COMERCIALIZACIÓN ELÉCTRICA

GENERACIÓN

La producción de electricidad es generada por la conversión de energía a través de fuentes diversas, de las cuales, la más comunes son fósiles (carbón, petróleo y gas) no renovables, uranio y fuentes renovables.
Los precios de comercialización de la generación de electricidad son afectados porque se tiene que hacer una gran inversión para construir una planta generadora. La inversión inicial comienza con la planificación de costos de compra de terrenos, permisos de la autoridades estatales y municipales, diseños y fabricación de plantas generadoras, precios de los combustibles, mantenimientos de los equipos de generación, impuestos, cumplimiento con códigos ambientales, empleomanía, inflación y ganancias para los inversionistas.

CAPACIDAD DE GENERACIÓN

En los Estados Unidos, las compañías generadoras y distribuidoras de energía tienen una obligación con sus abonados de mantener una capacidad de potencia en kilovatios, basada en lo que podría ser el máximo consumo en horas punta en temporadas de verano, por lo que hacen una revisión y estimación anual de la carga máxima que cada consumidor de edificaciones nuevas y existentes podrían requerir en su inmueble. Esto requiere que las compañías proveedoras tengan la disponibilidad de suministrar energía a sus abonados todo el tiempo.

TRANSMISIÓN

La electricidad es generada en las plantas generadoras a diferentes niveles de potencia, y transmitida desde sus orígenes a los usuarios, a través de las redes eléctricas. Las redes eléctricas trasladan esta potencia a larga distancia utilizando líneas de transmisión por varias millas para su distribución. Esta transmisión de electricidad es transformada a altos niveles de voltaje para reducir las pérdidas de potencia y luego transformada a bajo voltajes para su distribución.

Los costos de transmisión de electricidad son agregados a los gastos de facturación de los consumidores, siendo parte de la integración de los sistemas. Algunos de los componentes que contribuyen con estos costos son:

- Construcción de redes eléctricas interestatales o interprovinciales
- Adquisición de permisos y rentas de terrenos para colocar las torres de transmisión
- Construcción de Sub-Estaciones para elevar y reducir los voltajes y corrientes transmitidas para distribución a los usuarios
- Construcción de torres de soportes para las líneas de alta tensión
- Equipos y personal de mantenimiento

La obligación de las compañías que administran las redes eléctricas es similar a las compañías generadoras; estas tienen que mantener una capacidad de potencia en kilovatios que pueda subministrar a sus abonados basado en las posibles demandas máxima de potencia en horas punta, durante el verano. En los Estados Unidos, las redes están conectadas para transmitir energía a varios estados, como es el ejemplo de las redes PJM, que proporcionan energía a los Estados de Pennsylvania, New Jersey y Maryland.

La comercialización de electricidad interestatal está regulada por la Comisión Federal Regulatoria de Energía, que regula las ventas de electricidad al por mayor y las tarifas eléctricas. También regulan las licencias de las plantas hidroeléctricas.

Ilustración 3.1: Líneas de transmisión de alto voltaje y de distribución de las redes eléctricas en New Jersey.

Ilustración 3.2: Las líneas de transmisión eléctricas están siendo renovadas en el Estado de New Jersey para responder a las necesidades de las nuevas tecnologías inteligentes del siglo XXI.

DISTRIBUCIÓN

La distribución de la energía eléctrica es la parte del sistema eléctrico que conecta directamente con los abonados. Los costos de distribución también son agregados y pasados a los abonados en las facturas mensuales.

Las tarifas de distribución eléctricas son reguladas por las comisiones de utilidades públicas o por comisiones de servicios públicos a niveles estatales.

La distribución es fundamental en las redes eléctricas porque es la parte del sistema responsable de:

- Mantener oficinas y un personal de servicio a los clientes
- Mantener un personal y equipos de mantenimiento del sistema
- Instalar trasformadores para reducir el voltaje y la corriente para uso doméstico
- Instalar los metros (contadores) para medir el consumo
- Medir y contabilizar el consumo de los clientes mensualmente

En los Estados de la nación americana con pólizas de desregularización, los abonados que compran energía a través de terceros suplidores reciben los servicios por medio de las compañías locales de distribución.

REFERENCIAS

Beaty, D. G. (1993). *Standard Handbook for Electrical*

Engineers - Thirteenth Edition. McGraw Hill, Inc.

Floyd, T. L. (1993). *Principles of Electric Circuits, Fourth Edition.* New York: Macmillan Publishing Company.

Ken Sufka, A. E. (2014). *Energy Management Guideline.* Washington, DC.

Kennedy, C. /. (2012). *Guide to Energy Management, 7TH Edition.* Lilburn, Georgia: The Fairmont Press.

Patrick, S. W. (2009). *Electrical Power Systems Technology, Third Edition.* Lilburn, Georgia: The Fairmont Press, Inc.

Thumann, A. (2008). *Guide to Energy Conservation, Ninth Edition.* Lilburn, Georgia: The Fairmont Press, Inc.

Turner, W. C. (2001). *Energy Management Handbook, Fourth Edition.* Lilburn, Georgia: The Farimont Press, Inc.

Lección 4

CAUSAS INCIDENTES EN EL INCREMENTO DEL CONSUMO Y PRECIOS DE LOS COMBUSTIBLES

En esta lección les presentamos las causas incidentes en el incremento del consumo y los precios de los combustibles; el aumento poblacional; aumento industrial; crecimiento tecnológico; la tecnología inteligente trasformando el mundo industrial; incremento del transporte; incremento de los precios de los combustibles; eventos geopolíticos; inflación; comienzo de nueva era de eficiencia y conservación energética; efectos producidos a la economía y a la comercialización energética por la pandemia Coronavirus COVID-19 en el año 2020; propuesta de la Agencia Internacional de la Energía (AIE) y el Fondo Monetario Internacional (FMI) para crear el Programa de Recuperación de tres años para crear nueve millones de empleos y reducir las emisiones en el globo.

CAUSAS INCIDENTES EN EL CONSUMO DE COMBUSTIBLES

Hemos preparado un análisis describiendo algunas de las causas de mayor incidencia que han afectado directamente el incremento del consumo y los precios de los combustibles. Además, estas causas han cambiado el modo de vivir y de hacer negocio en el mundo.
A medida que aumentan las demandas de consumo de los combustibles y productos derivados de estos, también aumentan las demandas de producción, lo que ocasiona que aumenten los precios.

Como punto de partida, en la ilustración 4.1 podemos observar cómo el promedio de consumo de barriles de petróleo diario aumentó en el mundo de 38 millones de barriles, en el 1969, a 100 millones de barriles en el 2017.

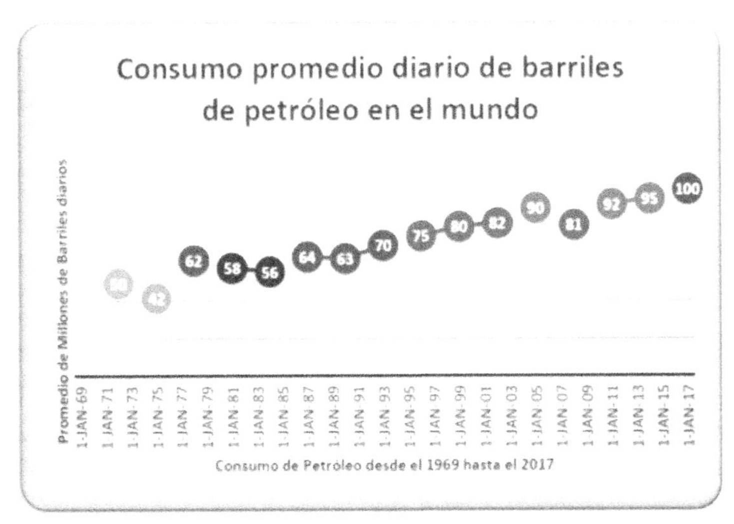

Ilustración 4.1: Consumo promedio diario de barriles de petróleo en el mundo, de 1969 a 2017.

Para dar seguimiento a nuestro análisis del punto de partida y presentar una respuesta a las consecuencias que han derivado los resultados mostrados en la ilustración 4.1, presentamos detalles de algunas de las causas que han disparado los incrementos de consumos y precios de los combustibles.

AUMENTO POBLACIONAL

El aumento poblacional es una de las causas mayores de los acrecentamientos de demanda, consumo y precios de los combustibles.

La población mundial se ha multiplicado de una manera vertiginosa. Como podemos apreciar en la tabla 4.1, en 1960 la cantidad de habitantes en el mundo era de tres billones, duplicándose en un periodo de 40 años, y se estima que para el 2050 la población mundial crecerá en un 30 por ciento, resultando una población de 9 billones de habitantes en la tierra.

A medida que la población aumenta, requiere y consume más alimentación, viviendas, agua potable, educación, energía, servicios, transportación y productos manufacturados.

Año	Crecimiento de habitantes en la Tierra
1960	3 billones de habitantes
1987	5 billones de habitantes
2000	6 billones de habitantes
2012	7 billones de habitantes
2017	7.6 billones de habitantes
2020	7.8 billones de habitantes
2050	Se estima que habrá 9 billones de habitantes

Tabla 4.1: Crecimiento de habitantes en la Tierra desde el año 1960.

AUMENTO INDUSTRIAL

El incremento industrial también ha contribuido grandemente con el consumo de los combustibles.

La Revolución Industrial trajo muchos cambios en la producción agrícola, la manufactura y la transportación. En la medida que la población ha ido aumentando y modernizando, las demandas por los productos procesados han incrementado también, ocasionando una necesidad de crecimiento en la producción manufacturera. Debido a este crecimiento, los países industrializados y los países en desarrollo se han visto obligados a implementar innovaciones y mejoras en la producción interna.

Esos cambios industriales han aumentado grandemente el consumo energético en el mundo. Se estima que la industria consume un cuarenta por ciento de la energía que se produce; la producción de alimentos y bebidas consumen el cinco por ciento de la energía global. El porcentaje de energía consumido por la industria está contribuyendo con la problemática ambiental, porque en 2017 originó cerca de un cuarto del dióxido de carbono (CO_2) producido en el mundo. También, este incremento industrial ha sido causante del aumento de producción y precios de los materiales. Los materiales son imprescindibles para la sociedad, con ellos fabricamos las edificaciones, infraestructuras, equipos y cosas que utilizamos a diario para facilitar las vidas de las personas. Históricamente, el desarrollo económico coincide con las demandas por el uso de materiales, resultando en aumento del consumo energético.

Crecimiento tecnológico

Cuando Michael Faraday invento la inducción electromagnética en 1831, nunca se imaginó el crecimiento que tendría la gran industria eléctrica, que se ha convertido en la dependencia principal de los seres humanos a nivel mundial. En la actualidad, dependemos de la electricidad en la mayoría de nuestras actividades diarias, directa o indirectamente. Utilizamos la electricidad en nuestros hogares, comercios, industrias, oficinas, hospitales, transportación, etc. También para alumbrarnos durante la oscuridad, conservar los alimentos refrigerados, mantener nuestros lugares donde habitamos a temperaturas agradables (se elevan a grados más altos cuando hace frio y se reducen a grados más bajo cuando hace calor), la transportación aérea, marítima y terrestre, la medicina (instrumentos médicos), la computación y comunicación, y muchos más, que por razones de espacio no vamos a mencionar.

Con los avances tecnológicos, la comunicación se ha desarrollado de una manera tal que nos permite comunicamos más rápido y ser más productivo a nivel personal, empresarial y profesional.

Las altas demandas de la Industria han creado la necesidad de una producción más rápida y efectiva, impulsando un crecimiento tecnológico. Este crecimiento tecnológico ha motorizado la economía, la comunicación y el transporte mundial.

Las modernizaciones e innovaciones tecnológicas han cambiado el diario vivir de los seres humanos. Los adelantos en la comunicación y la tecnología digital han revolucionado el mundo; algunos ejemplos son las computadoras, la comunicación satelital, los teléfonos celulares, la manufactura industrial y muchos otros.

La información tecnológica está facilitando la integración industrial conectando los equipos de manufacturas industriales a través de sensores y equipos computarizados con la facilidad de comunicar y conectar los sistemas de producción de una industria interna y externamente.

La tecnología inteligente está transformando el mundo industrial

La nueva Revolución Industrial está comenzando; esta se llama las "Cosas Industriales del Internet", en terminología inglesa "Industrial Internet of Things, (IIoT)". El objetivo principal de las Cosas Industriales del Internet es crear un sistema cohesivo de aparatos y aplicaciones capaces de compartir data, perfectamente a través de máquinas y lugares, para ayudar a las empresas a optimizar la producción y poder descubrir nuevas oportunidades de ahorrar en los costos.

Esta revolución tecnológica es la automatización o intercomunicación de los equipos eléctricos y mecánicos para observar el estado de mantenimiento y consumo de energía de los aparatos y equipos individuales o de un sistema.

La industria está integrando la transformación digital en sus operaciones, lo que le permite observar con rapidez la producción y, al mismo tiempo, los costos operacionales para ofrecer productos de mejor calidad y a precios más competitivos. Las compañías que no están modificando sus maquinarias o modernizando sus equipos, se están volviendo obsoletas, con una producción lenta, mientras que aquellas que están modificando sus sistemas están obteniendo una producción con mayor rapidez, lo que les permite ser más competitivos en el mercado actual.

Las Cosas Industriales del Internet (IIoT) están utilizando la comunicación para mejorar la producción en la industria; los equipos eléctricos y mecánicos instalados en una edificación pueden ser automatizados, comunicándose con otras máquinas o con los seres humanos. Las maquinarias y equipos pueden comunicarse y recibir instrucciones de otro equipo para que comience o pare de operar, y los administradores/operadores de edificios y factorías de producción pueden observar las condiciones de cada equipo interconectado al sistema.

Esta tecnología ofrece las ventajas de integrar, automatizar y observar las localidades y los sistemas, al mismo tiempo que están en operación donde se puede prestar atención y supervisar la producción de uno o varios productos, y al mismo tiempo contabilizar los inventarios existentes de una empresa.

Con la tecnología industrial del Internet, las empresas tienen las ventajas de colectar y archivar informaciones electrónicamente donde pueden rastrear y procesar estas informaciones con más facilidad y rapidez en el momento que las necesiten. En la mayoría de los casos, los sistemas pueden ser ajustados remotamente para mejorar la eficiencia y confiabilidad.

La Tecnología Industrial del Internet (IIoT), con la automatización en la industria de los equipos eléctricos y mecánicos instalados, ofrece las ventajas de supervisar e informar a los administradores las condiciones de cada equipo interconectado al sistema para brindar mejor mantenimiento y así evitar roturas imprevistas. Esta tecnología ofrece las ventajas de observar las localidades y los sistemas al mismo tiempo que están en uso donde se puede prestar atención, supervisar la producción de uno o varios productos y contabilizar los inventarios existentes de una empresa.

Presentamos más detalles de las cosas industriales del Internet en la lección 19.

INCREMENTO EN EL TRANSPORTE

Es inminente que, al crecer la población, las necesidades aumentan, especialmente el transporte, que es unas de las prioridades comunitarias. El transporte es vital en el diario vivir de las sociedades modernas, este contribuye a movilizar a los ciudadanos, las mercancías, la producción agrícola e industrial de un lugar a otro a nivel mundial.

Estamos viviendo en un mundo energizado que requiere una transportación más rápida y segura. La transportación ha hecho que el mundo sea más pequeño y se mueva con mayor rapidez. Las personas pueden viajar en el interior de un pueblo, de pueblo a pueblo en fracción de minutos, o moverse de ciudad a ciudad, o de un país a otro en pocas horas. Hemos visto cómo la transportación ha cambiado hasta en las zonas rurales de los países en desarrollo, donde el medio de movilidad utilizado por los agricultores era con caballos y burros, y en la actualidad utilizan camionetas y motocicletas.

Otro aspecto del desarrollo transportista es que las personas pueden comprar cualquier artículo en lugares remotos, a través del comercio digital o virtual, incluyendo países internacionales, y puede recibir la mercancía al día siguiente. Esta movilidad tiene una demanda grandísima, lo que ocasiona que también los precios fluctúen de acuerdo con el tipo de demanda y servicio.

Recientemente, debido a la pandemia Covi-19 que ha afectado al mundo, hemos visto que, mientras el comercio presencial estaba casi paralizado, el comercio virtual en línea, a través del Internet, ha tenido un crecimiento extraordinario; las ventas aumentaron grandemente para las compañías bien establecidas como Amazon, Google y muchas otras. A consecuencia de poca presencia de compradores en los negocios, muchas empresas tuvieron que reinventarse para poder mantenerse operando, incluyendo los supermercados y tiendas de efectos diversos que están utilizando el método de ventas en línea, lo que ha aumentado el medio de transporte de mercancía en las áreas urbanas.

A medida que la población crece y la clase media continúa expandiéndose, se viaja más y se comercializa más, aumentando las necesidades de que la transportación se mueva más rápido.

De acuerdo con la Organización de las Naciones Unidas, por primera vez en la historia, más de la mitad de la población mundial vive en zonas urbanas, lo que significa que la producción agrícola e industrial, de alguna manera, tiene que ser trasportada de las zonas rurales a las urbanas con rapidez, aumentando las demandadas de todos los medios de transporte y, por consiguiente, el consumo de energía.

Todas esas necesidades del transporte han elevado grandemente las demandas por los combustibles, contribuyendo al aumento de consumo de los carburantes utilizados para energizar los vehículos de transportación.

Debemos señalar que, debido a pólizas impuestas a las industrias productoras de medios de transportación en los Estados Unidos, se han producido grandes avances en la tecnología aplicada al transporte, y se han creado estándares para reducir las emisiones que producen los vehículos, aviones, embarcaciones y otros medios de transportación; estos son más eficientes y consumen menos combustibles.

Causas incidentes en el incremento de los precios de los combustibles

El incremento en los precios de los combustibles a nivel mundial ha sido motivado por los varios factores antes mencionados, las grandes demandas causadas por el aumento poblacional, industrial, tecnológico y transportación; pero también existen otros factores que han influido grandemente con estos incrementos, como son los problemas geopolíticos generados por las confrontaciones de los países del Oriente Medio y Mundo Árabe, especulaciones e inflación.

En el 1950, Estados Unidos era autosuficiente en términos de producción energética, produciendo y refinando suficiente combustible para abastecer sus necesidades energéticas. Siendo los Estados Unidos el mayor consumidor de petróleo en el mundo, y debido a que la producción podía satisfacer las demandas, el precio del barril del petróleo permaneció estable durante varios años.

En 1958 crecieron las demandas energéticas en los Estados Unidos y ahí comenzaron las necesidades de importar petróleo crudo, debido a que la producción nacional no era suficiente para abastecer las demandas energéticas del mercado y a la vez conservar una reserva nacional para el futuro.

En 1960 se creó la Organización de Países Exportadores de Petróleo (OPEC). Esta fue creada en septiembre del 1960 por un acuerdo de cinco países en Bagdad, Iraq, y fue firmado por cuatro países islámicos, Irán, Iraq, Kuwait, Arabia Saudita, y Venezuela; luego se unieron otros y en la actualidad su totalidad es de 13 países.

La base principal de este acuerdo fue agrupar a los países que tuvieran una exportación sustancial neta de petróleo crudo para coordinar y unificar a los países miembros y así estabilizar y regularizar (en otras palabras, controlar) la producción y el mercado petrolífero.

La OPEC suple alrededor de un 40 % del petróleo que se consume en el mundo y aumenta y reduce la producción, de acuerdo con las demandas para controlar las fluctuaciones y precios en el mercado.

El crecimiento demográfico, la gran demanda del petróleo y sus productos derivados, la creación de la OPEC, los eventos geopolíticos, los conflictos en el Medio Oriente y el Mundo Árabe han sido los mayores elementos contribuyentes a la crisis energética mundial y el aumento del precio de los combustibles.

En el 1971, la producción petrolera nacional en los Estados Unidos, alcanzó el máximo nivel y se produjo el final del control de los precios preferenciales del petróleo para los Estados Unidos, finalizando el control del mercado del combustible para los Estados Unidos.

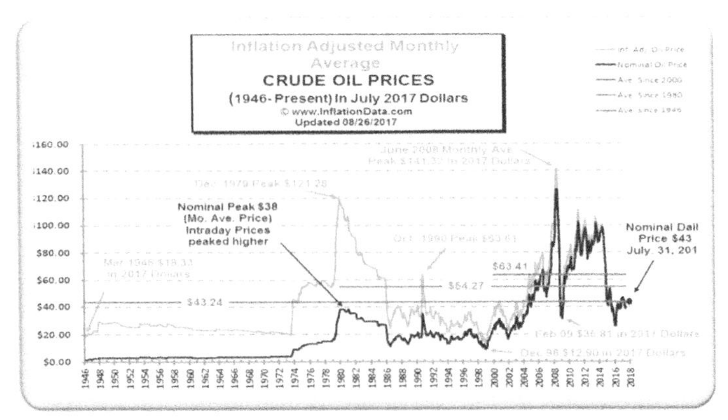

Ilustración 4.2: Ajuste mensual inflacionario con relacion a los precios del petroleo y el valor del dolar de 1946 a 2017, presentado por www.inflationData.com.

EVENTOS GEOPOLÍTICOS

En el mes de octubre del 1973, comenzaron los problemas geopolíticos durante la guerra de Yom Kippur, entre los países árabes y Egipto, en contra de Israel. En ese entonces, Estados Unidos brindó apoyo a Israel y los miembros de los países árabes, pertenecientes a la Organización de Países Exportadores de Petróleo (OPEC), impusieron un embargo y decidieron parar la exportación de petróleo a los Estados Unidos. Este embargo indujo a un aumento de los precios energéticos, creando una crisis a nivel mundial que a su vez trajo muchos problemas económicos a la mayoría de los países del mundo, afectando la producción en las grandes economías, el transporte masivo, los consumidores y los productos derivados del petróleo.

Otros de los eventos geopolíticos que han contribuido con el aumento del precio de los combustibles mundialmente son:

- 1978 – Revolución de Irán
- 1980 – Guerra entre Irán e Irak
- 1990 – Guerra en el Golfo Pérsico
- 2001 – Tragedia y destrucción de las Torres Gemelas o Centro de Comercio de Estados Unidos (World TRADE Center).
- 2004 – Invasión a Irak

En la ilustración 4-3 podemos observar una gráfica publicada por *WTRG Economics* que muestra las fluctuaciones de los precios del barril de petróleo, de acuerdo con eventos geopolíticos ocurridos desde el 1973 hasta el 2007.

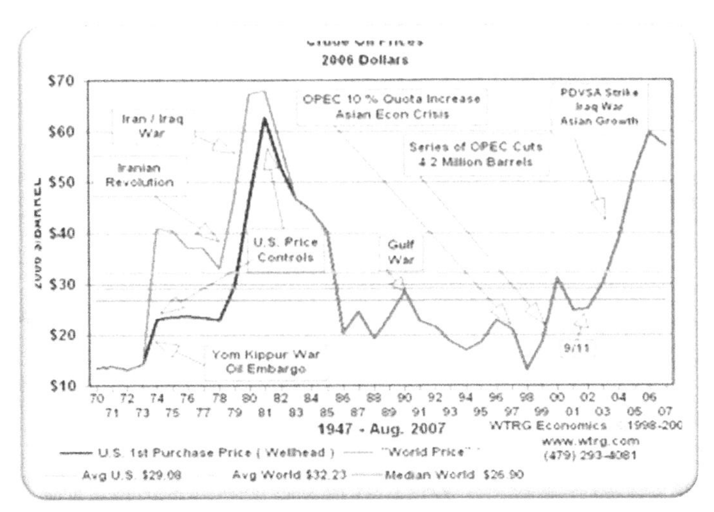

Ilustración 4.3: Eventos geopolíticos que han contribuidos con los incrementos de los precios del petróleo desde 1970 hasta 2007, de acuerdo con WTRG Economics publicado en www.wtrg.com.

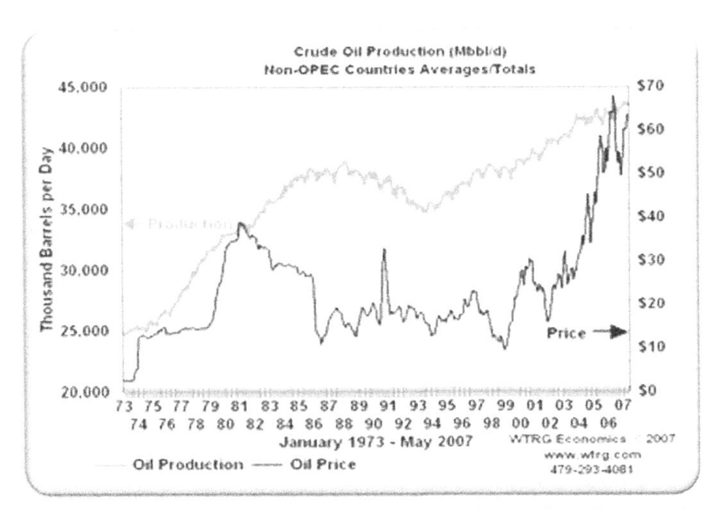

Ilustración 4.4: Promedio de producción de barriles de petróleo de los países no pertenecientes a la OPEC desde 1973 a 2007, de acuerdo con www.strg.com.

Inflación

El aumento inflacionario también ha contribuido grandemente al incremento del precio de los combustibles a nivel mundial, debido a que, en la medida que aumenta la inflación, el valor monetario pierde valor con respecto al valor de compra de bienes y servicios. Esto incluye la compra de materiales y servicios operacionales.

Comenzando en el año 1946, el precio ajustador inflacionario del barril de petróleo era de US$ 18.33; estos precios estuvieron relativamente estables hasta el 1973. Los mayores aumentos del barril de petróleo se han producido en los años 1979, con un valor de US$ 121.28, alcanzando el máximo nivel récord de US$ 141.32, en junio del 2008.

Un dato muy interesante de destacar es que, a medida que los precios de los carburantes han incrementado, la inflación también ha aumentado, alcanzando porcentajes altísimos. La ilustración 4-2, publicada por www.inflationData.com en agosto 26 de 2017, nos muestra los efectos ocurridos con los ajustes inflacionarios mensuales con relación a los precios del petróleo y los valores del dólar desde 1946 hasta 2017.

Tasas monetarias, transacciones internacionales y los efectos inflacionarios

Las tasas monetarias son el centro de las transacciones internacionales y afectan las economías de los países del mundo, de acuerdo con los valores internacionales. La globalización ha internacionalizado la economía donde esta juega un efecto dominó con las tasas cambiarias en las exportaciones e importaciones de las naciones.

Los países dependientes de las importaciones son muy vulnerables porque, de acuerdo con las variaciones de las tasas cambiarias, los incrementos son pasados directamente a los productos importados e indirectamente a la producción doméstica y, por tanto, a los consumidores, afectando los precios de los productos y la inflación doméstica.

Las naciones que no producen petróleo, carbón o gas natural están sujetos a tener precios extremadamente altos en la comercialización energética y los productos derivados de esta. La economía y la inflación son afectadas directa o indirectamente porque la producción, en general, es dependiente del uso energético. Un ejemplo es la depreciación del dólar, unas de las monedas más estables del mundo.

- Depreciación del valor del US dólar.

- Valor del dólar en 1971
    - Un dólar de 1971 equivale a $6.54 en 2021
- Valor del dólar en 1981
    - Un dólar de 1981 equivale a $3.02 en 2021
- Valor del dólar en 2008
    - Un dólar de 2008 equivale a $1,24 en 2021
- Valor del dólar en 2017
    - Un dólar de 2017 equivale a $1.08 en 2021

AUMENTO DE PRODUCTOS Y MATERIALES INDISPENSABLES DEBIDO A LA INFLACIÓN

Los materiales de construcción son fundamentales en el avance de la sociedad y el desarrollo económico. Históricamente, el crecimiento social ha coincidido con las demandas por las materias primas y materiales utilizados en la infraestructura, construcción e industria.
Otros elementos contribuyentes con los incrementos inflacionarios son:

- **Construcción de nuevas plantas generadoras**
    - ❑ Para cubrir la creciente demanda de energía eléctrica, nuevas plantas generadoras tuvieron que ser construidas
- **Aumento en los precios del acero**
    - ❑ Los precios del acero aumentaron desproporcionadamente
- **Aumento en los precios del cobre**
    - ❑ Los precios del cobre aumentaron grandemente y con él también los precios de los motores, alambres y cables
- Aumento en los precios de equipos de mantenimiento
- Aumento en las demandas tecnológicas
- Aumento en los Impuestos
- Aumento en salarios de la empleomanía

CRECIMIENTO POR DEMANDAS DE MATERIALES CLAVES PARA LA POBLACIÓN

La utilización de materiales ha crecido considerablemente en los últimos años donde las demandas por el acero se han triplicado; por el cemento han crecido siete veces, y por el plástico han incrementado sobre diez veces. Este crecimiento por el uso de materiales coincide con el desarrollo económico y el aumento poblacional. En la medida que la población mundial se multiplica, así mismo crecen las demandas por las infraestructuras y servicios.
Un gran problema para la humanidad es el incremento del uso de productos plásticos, porque han facilitado el modo de embasamiento de varios productos utilizados por las industrias procesadoras y el empaque de los productos terminados; pero a la vez han creado una gran contaminación al ambiente, incluyendo a los océanos y las especies marinas. El problema ecológico es tan grande que muchas ciudades de los Estados Unidos y establecimientos comerciales han optado por reducir o eliminar los empaques en fundas plásticas.

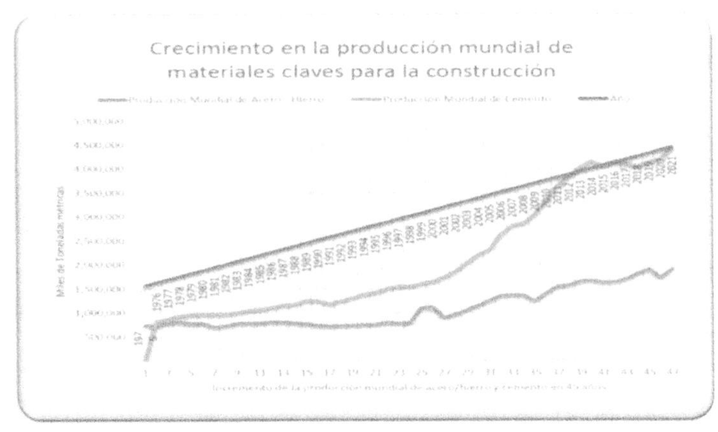

Ilustración 4.4: Crecimiento de materiales de construcción claves para la población. Fuente de datos: U.S. Department of Interior, U.S. Geological Survey.www,usgs.gov/centers/nmic.

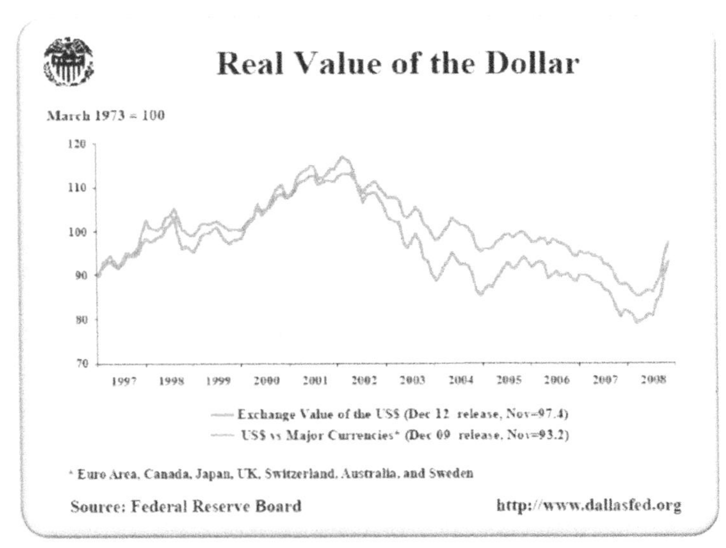

Ilustración 4.5: Valor real del dólar desde 1973 hasta 2008.

AUMENTO EN LA CONTAMINACIÓN AMBIENTAL

Las plantas generadoras de electricidad que operan con combustibles fósiles producen gran cantidad de contaminación al medio ambiente, y el Gobierno Federal ha impuesto un mandato de regulaciones federales para disminuir la contaminación del ambiente.
Este mandato ha ocasionado que las plantas generadoras de electricidad hayan tenido que modificar los sistemas de generación, con equipos modernos, para disminuir la contaminación ambiental.

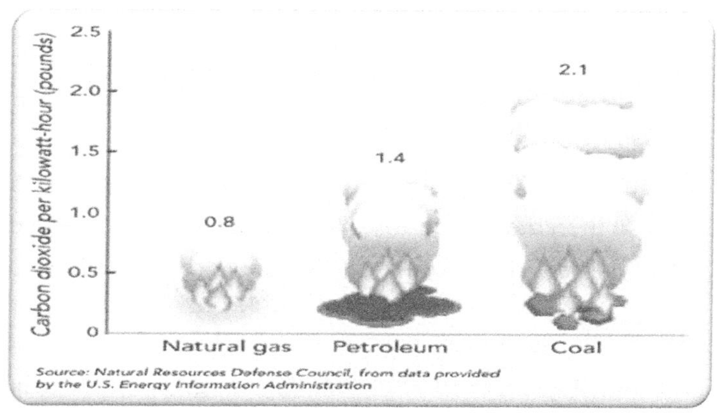

Ilustración 4.6: La grafica presenta la producción en libras de dióxido de carbono por cada KWh en la produccion de energía eléctrica con gas natural, petroleo y carbón.

De acuerdo con la Administración de Informaciones de los Estados Unidos, esta gráfica muestra la cantidad de dióxido de carbono producido por cada kWh generado por gas natural, petróleo y carbón.

AUMENTO EN LOS SERVICIOS, PARA MANTENER LA CONSISTENCIA EN LOS SISTEMAS

Las plantas generadoras de energía eléctricas en los Estados Unidos están obligadas a mantener un servicio consistente que provea a sus clientes. De acuerdo con las regulaciones federales y estatales, para evitar que los usuarios tengan irregularidades (voltajes por encima o por debajo del establecido en el contrato) en los niveles de potencias y frecuencias, las compañías suministradoras de energía tienen que mantener un más (+) o menos (-) de un 10 % de variante en el voltaje que ofrecen a sus clientes, y 0.01 % en la frecuencia de 60 ciclos.

COMIENZO DE UNA ERA NUEVA DE EFICIENCIA Y CONSERVACIÓN ENERGÉTICA

Las causas mencionadas anteriormente, provocaron las crisis e incrementos en los precios energéticos y, a su vez, han trasformado la forma de hacer negocio en el mundo.

Antes de la crisis energética de los años 70, los combustibles y la producción de energía eran de bajos costos, los arquitectos e ingenieros diseñaban las edificaciones y los espacios sin tomar en cuenta los altos consumos y costos energéticos. Los ingenieros diseñaban los aparatos, maquinarias, motores, enseres eléctricos, luminarias, materiales de construcción, vehículos, aviones y barcos con una eficiencia mínima, ocasionando grandes consumos de energía.

En la medida del avance de la crisis, se generó el "comienzo de una nueva era", conceptualizándose esfuerzos en busca de soluciones que se concentraron en crear estrategias, pólizas y códigos para conservar energía, mejorando las eficiencias energéticas. Esto condujo a un entrenamiento masivo a los arquitectos e ingenieros para que diseñaran las edificaciones, aparatos y maquinarias con mayor eficiencia, con el fin de ahorrar energía. También comenzó la producción masiva de la manufacturación de equipos y aparatos más eficientes con un menor consumo de energía.

Simultáneamente, comenzó la educación a los consumidores, para disminuir el consumo, principalmente en los Estados Unidos, el mayor consumidor de energía en el mundo.

Este concepto se ha expandido a nivel mundial, principalmente en los países desarrollados. Muchos de los países subdesarrollados no le están dando mucha importancia a este concepto de estrategias de conservación energética, y sus economías están desperdiciando muchos recursos económicos que podrían ser utilizados en otros proyectos que beneficien a su población.

Estadísticas publicadas por British Petroleum (BP) dicen que en 1967 el mundo consumió alrededor del equivalente a 4 billones de toneladas métricas de petróleo, aumentándose en 2015 a 13.5 billones. Esto significa que el consumo de los combustibles energéticos en el mundo se triplicó en un periodo de 48 años.

De acuerdo con un informe publicado en el 2016 por el Concilio Americano para una Economía Eficiente-Energética (American Council for an Energy-Efficient Economy) del 1980 al 2014 el uso energético aumento en los Estados Unidos en un 26 %; sin embargo, en el mismo periodo el Producto Nacional Interno Bruto aumentó en 149 por ciento.

La intensidad energética, es definida como la cantidad de energía utilizada para producir un dólar del producto nacional interno bruto, siendo un factor común para combinar estas dos variables.

Además de la contribución con la economía, esta nueva era de eficiencias energéticas ha sido de gran valor a la población mundial, al disminuir la producción de gases invernadero, la contaminación ambiental y el calentamiento del globo.

EFECTOS PRODUCIDOS A LA ECONOMÍA Y A LA COMERCIALIZACIÓN ENERGÉTICA POR LA PANDEMIA CORONAVIRUS COVID-19 EN 2020

EFECTOS PRODUCIDOS POR LA PANDEMIA CORONAVIRUS COVID-19

Es de suma importancia tocar un tema de salubridad que apareció en el mundo inesperadamente "La pandemia del Coronavirus o COVID-19", en la cual la humanidad ha sido grandemente afectada a nivel global. El impacto de la pandemia ha sido desbastador y extremadamente difícil para todas las naciones, impactando la salud, la economía y cambiando el modo de vivir de los habitantes del mundo.

Durante la pandemia han ocurrido muchas implicaciones de salubridad, donde las camas de hospitales, los servicios médicos y medicina no han sido suficientes para los pacientes y, aún peor, en ocasiones, las funerarias no han tenido espacios para recibir a los muertos.

Los problemas económicos y financieros han sido desbastadoras para los países, Estados, ciudades y pueblos que han tenido que cerrar sus operaciones productivas y financieras, produciendo efectos muy negativos a la economía, y se espera que la situación económica mundial empeore aún más. Como consecuencia de esta pandemia, millones de personas han perdido sus empleos y muchas empresas han tenido que cerrar sus puertas temporalmente; algunas definitivamente, por lo que se espera que después que pase la pandemia la recuperación de la economía será muy lenta. Todos estos efectos creados por la pandemia COVID-19 han sido llamados por la comunidad científica como "Anthropausia".

La "Anthropausia" es el nombre que los científicos le han dado al lapso global o reducción en las actividades humanas durante la pandemia COVID-19

Al momento de escribir este libro, han pasado varios meses, desde el inicio de la pandemia, y una de las consecuencias graves es que aún no se ha determinado el tiempo de duración y cuáles serán los efectos y el tiempo donde el diario vivir retorne a la normalidad, porque siguen apareciendo variantes del virus que son más resistentes a los medicamentes y vacunas establecidas para reducir sus efectos. La pandemia ha alterado y cambiado el modo de vivir de todos los ciudadanos del mundo, por lo que se cree que es imperante que las personas, empresas grandes y pequeñas y los gobernantes evalúen cómo sus modos operativos han sido afectados. Estos tendrán que reevaluar y ajustar sus modos y costos operacionales, con visión hacia el futuro inmediato, para poder mantener una estabilidad que les proporcione los medios de operaciones, de acuerdo con los cambios actuales; de lo contrario, tendrán que cerrar sus puertas definitivamente.

Problemas en la economía ocasionados por la pandemia Covid-19

El Coronavirus ha reducido las economías de los países, en algunos casos llevándolas a un punto de recepción. Las economías de los países son sustentadas por diferentes medios de producción, los cuales sostienen los niveles económicos, de acuerdo con las contribuciones tributarias de sus contribuyentes.

Las producciones económicas son diferentes para cada región o país, donde algunos centran sus economías, en la producción de la industria, agricultura, turismo, etc., por la cual todo tipo de producción está conectado directa o indirectamente con el transporte terrestre, marítimo y aéreo. Cuando hay un colapso o cierre (paro) total o parcial de las actividades productivas, se paraliza la economía como sucedió en el mundo en los meses de marzo, abril, mayo y junio de 2020, durante la peor crisis de la pandemia Covid-19. A consecuencia de la paralización de la economía, millones de personas perdieron sus empleos, debido a que muchas empresas tuvieron que cerrar sus puertas u operar con un personal reducido hasta en un 90 %, otros tantos millones tuvieron que ingeniársela y trabajar virtualmente desde sus hogares.

Otros de los problemas creados por la pandemia fueron grandes gastos que las ciudades, Estados, provincias y naciones tuvieron que incurrir para satisfacer las necesidades sanitarias y de salud, surgidas a raíz de la pandemia. Muchas de las entidades gubernativas se les agotaron los fondos que tenían destinados para cubrir las necesidades sanitarias y salubres, teniendo que alterar y redirigir fondos presupuestados para ciertos fines determinados y cubrir las necesidades emergentes.

En momentos donde la pandemia ha ido mermando en algunas regiones del mundo, las actividades económicas comenzaron a operar de un 25 a 40 % en ciertos lugares, pero todavía es temprano para enumerar las cuantiosas pérdidas económicas de las empresas y países; además, desconocemos cuál será el tiempo para una recuperación económica en su totalidad.

Tenemos que destacar que hay muchas agencias y organismos nacionales e internacionales que globalmente se encuentran investigando los efectos económicos, sociales y ambientales de la Anthropausia COVID-19, para encontrar soluciones a estas contrariedades. Estas agencias están planificando propuestas de programas para ayudar a los gobernantes de los diferentes países y estamentos gubernamentales a trabajar y presupuestar con base en una recuperación de salubridad, económica y social en el menor tiempo posible, creando empleos y robusteciendo sus economías.

LA AGENCIA INTERNACIONAL DE LA ENERGÍA Y EL FMI PROPUSIERON UN PROGRAMA DE RECUPERACIÓN DE TRES AÑOS PARA CREAR NUEVE MILLONES DE EMPLEOS Y REDUCIR LAS EMISIONES EN LA TIERRA

La Agencia Internacional de Energía (AIE), en colaboración con el Fondo Monetario Internacional (FMI), difundió una propuesta de programa de recuperación sostenible global. Se trata de un plan de inversiones verdes centralizadas en el sector energético para los próximos tres años. Estas dos organizaciones estimaron que servirá para crear nueve millones de empleos en el mundo y para que las emisiones de gases de efecto invernadero, que se desplomaron por el confinamiento, no reboten con fuerza cuando finalice lo peor de esta crisis provocada por la pandemia Covid-19.

El plan contempla varias medidas y empezaría a aplicarse en 2021, requiriendo una inversión global de alrededor de un billón de dólares anuales (0,9 billones de euros, el 0,7% del PIB mundial) hasta 2023. En esa cantidad se incluyen los fondos públicos y la financiación privada que se movilizaría con la aplicación de las políticas gubernamentales que se proponen.

LAS DEMANDAS ENERGÉTICAS DURANTE LA PANDEMIA COVID-19

La pandemia ha afectado los precios del petróleo, gas natural y otros carburantes que cayeron, llevando estos al borde de un colapso.

De acuerdo con un reporte publicado por la Agencia Internacional de Energía (AIE), la pandemia del Covid-19 representa el choque más grande del sistema energético global, en más de siete décadas, en el cual la demanda del año 2020 empequeñeció el impacto de la crisis financiera de 2008, con una declinación récord en emisiones de carbono en casi un 8%. El reporte se refiere a que la demanda energética global se desplomó en el 2020, siendo el impacto más grande desde la Segunda Guerra Mundial.

Este reporte provee una revisión del impacto extraordinario, creado por la pandemia Covid-19 en todos los carburantes mayores. Realizaron un análisis basado en más de 100 días de datos reales y algunos datos estimados de cómo el consumo energético y las emisiones de dióxido de carbono (CO_2) evolucionaron y cómo seguirían evolucionando a través del paso del resto de los días de 2020. Esto ha sido un choque histórico para el mundo energético, una crisis económica y de salud sin paralelo y la caída en la demanda por casi todos los carburantes, especialmente el carbón mineral, petróleo y gas natural. Solamente la energía renovable ha sido estable en las caídas del uso eléctrico.

La Revisión de Energía Global, es el proyecto en el que las demandas energéticas y las emisiones relacionadas al 2020 fueron basadas, asumiendo las condiciones de paralizaciones implementadas alrededor del mundo, en respuesta de que la pandemia progresivamente ha ido disminuyendo en la mayoría de los países en los meses subsiguientes de esta, acompañado por una recuperación económica gradual.

El reporte del proyecto apuntó que la demanda energética caería un 6% en el otoño del 2020, o sea, siete veces más del declive, después de la crisis financiera de 2008. En términos absolutos, el declive es un antecedente, donde las economías de los países desarrollados posiblemente verían el declive más grande, donde las demandas energéticas caerían en 9% en los Estados Unidos, y un 11% en los países de la Unión Europea. El impacto de la crisis de las demandas energéticas dependerá fuertemente de la duración y de las medidas estrictas impuestas por cada país, para controlar la propagación del virus.

De acuerdo con el reporte la Agencia Internacional de Energía (AIE), se encontró que cada mes, durante la Anthropausia mundial, a un nivel del mes de abril de 2020, se redujo la demanda anual energética global en 1.5%.

Cambios en los patrones y niveles de niveles de consumo de electricidad durante la paralización, resultaron en una reducción significante en la demanda general de electricidad.

La paralización total empujó hacia abajo la demanda eléctrica en un 20%, o quizás mayor, con menor impacto en los lugares que fueron paralizados parcialmente.

Esta paralización afectó grandemente a las empresas petroleras donde ocurrió algo histórico, que el valor del crudo llegó a cotizarse en términos negativos.

REACTIVACIÓN DE LA ECONOMÍA EN 2021

A medida que han ido disminuyendo los niveles de personas afectadas por el Covid-19, en los meses de verano y otoño de 2021, la economía se ha ido reactivando, causando un incremento en las demandas de las materias primas y los niveles de producción, lo que está causando escasez de algunos productos en el mercado y a la vez aumentando los niveles inflacionarios y un incremento en los precios del petróleo.

(2017, August 20). Retrieved from www.inflationData.com.

earthobservatory.nas.gov/Features/GlobalWarning. (2016, April 20).

earthobservatory.nasa.gov/Features/Global Warming. (2016, april 20).

Federal Reserve Board. (n.d.). Retrieved from http://www.dollarsfed.org.

Gillleo, A. (2016, January 22). Electricity savings keep rising, year after year. *American Council for an Energy Efficient Economy.*

How Technology works. (2019). New York: DK publishing.

International Energy Agency. (n.d.).

Ken Sufka, A. E. (2014). *Energy Management Guideline.* Washington, DC.

Kennedy, C. /. (2012). *Guide to Energy Management, 7TH Edition.* Lilburn, Georgia: The Fairmont Press.

Natural Resources Defense Council. (n.d.). Retrieved from U.S Energy Information Administration.

Office of Energy efficiency and Renewable Enegy, U. D. (October 2017, October). *EnergySaver.gov.* Retrieved from energy.gov/eere.

Turner, W. C. (2001). *Energy Management Handbook, Fourth Edition.* Lilburn, Georgia: The Farimont Press, Inc.

Ungar, S. N. (2019). *Halfway There: Energy Efficiency Can Cut Energy Use and Greenhouse Gas Emissions in Half by 2050.* Washington, D.C.: American Council for an Energy-Efficiency Economy, ACEEE.

WTRG Economics 1998-2007. (2007). Retrieved from www.wtrg.com.

Lección 5

ANÁLISIS ECONÓMICOS

En esta lección ofrecemos una orientación de las aplicaciones más fundamentales de cuando se realiza un proyecto de conservación energética. Analizaremos la aplicación de ingeniería en la conservación Energética; técnicas de análisis Económicos; tiempo que tomará recuperar la inversión; periodo analítico; análisis del ciclo de vida y costos de una edificación; sistemas y equipos; programas para incentivar la conservación energética; análisis financiero de la inversión a realizarse; guías de rendimientos diseñadas por ASHRA/IESNA y DOE para ahorrar energía en las edificaciones nuevas y Existentes; recuperación del capital o tiempo de retorno de la inversión; valor del dinero con referencia al tiempo; interés; análisis económico simple; interés simple y compuesto; ganancias que obtendría un empresario en 5 años, aplicando los análisis realizados en los ejemplos 5.1, 5.2 y 5.3; alternativas de financiamiento; análisis de costos operacionales; terminologías energéticas; evaluación de las facturas energéticas; y verificación de ahorros después de implementar un proyecto de conservación energética.

Un análisis económico es la base principal para poner en ejecución un proyecto de administración Energética.

La economía es la base principal para diseñar e implementar un proyecto de eficiencia energética. Así como la aplicación de la "Ley Fundamental de Conservación energética", la energía se transforma, no se destruye.

"La energía más barata es la que no se consume"

"La energía más cara es la que se desperdicia"

Para poder implementar un proyecto de conservación energética exitoso que arroje resultados positivos, es necesario comparar los factores económicos antes, durante y después de implementado el proyecto. Los resultados de estos factores son los que determinarán el éxito o fracaso del proyecto.

APLICACIÓN DE INGENIERÍA EN LA CONSERVACIÓN ENERGÉTICA

Los proyectos de conservación energética se basan en la implementación de estrategias y eficiencias de consumo energético, aplicando conceptos de ingenierías económica, mecánica, eléctrica, plomería y otras ramas de la ingeniería. Estos conceptos se enfocan en elaborar procesos técnicos y financieros para asegurar que los sistemas eléctricos y mecánicos operen eficientemente para obtener resultados positivos económicamente.

La conservación energética es fundamentada en la aplicación de verdaderos beneficios financieros, calculados con referencia a los valores económicos actuales y futuros, con proyecciones a reducir los costos de operaciones y aumento de las ganancias de las empresas o entidades que implementen estos proyectos. En los planes diseñados para conservar energía hay que asegurarse que las medidas referidas sean comparables con otras opciones de inversiones, en caso de resultados fallidos para recuperar el capital invertido.

Estos procesos ayudan a entender y comparar el "Valor del dinero de acuerdo con la época"; en otras palabras, nos proyectan informaciones para tomar decisiones, de acuerdo con el dinero que se va a invertir, el tiempo de recuperación de la inversión y las posibles ganancias que generaría el proyecto.

TÉCNICAS DE ANÁLISIS ECONÓMICOS

IMPORTANCIA DE LOS ANÁLISIS ECONÓMICOS PARA LOS EMPRESARIOS

La mayoría de los empresarios no tienen mucho tiempo para dedicarlo a administrar los gastos operacionales, por lo cual, a final de año, hacen un presupuesto para el año siguiente, basado en los costos operacionales de ese año fiscal; pero tampoco dedican mucho tiempo analizando los beneficios económicos que pueden conseguir reduciendo los costos operacionales. En las empresas grandes, donde existe una economía robusta, los dueños y administradores se enfocan en proyectos para aumentar las ventas, y tienen departamentos que se ocupan de administrar los costos de operaciones y mantenimiento, mientras que en las empresas medianas y pequeñas que tienen economías débiles, los propietarios y administradores se enfocan en cortar gastos operacionales, ahorrar dinero y sobrevivir lo mejor que puedan, de acuerdo con las situaciones momentáneas.

Invertir dinero para ahorrar dinero es difícil para las empresas pequeñas, especialmente en los países donde la economía es débil, porque no siempre se cuenta con capital disponible para invertir. Conseguir préstamos a bajos intereses no es fácil, debido a que las instituciones financieras exigen ciertas garantías con base en el dinero que desembolsarían para cualquier proyecto.

Proyectos de eficiencia energética y la instalación de energía renovable están funcionado en los Estados Unidos y han mejorado la economía de muchos pequeños negocios.

De acuerdo con el programa de ENERGY STAR, el 30% del promedio de las facturas energéticas han sido pagadas por los beneficios obtenidos, eliminando los desperdicios energéticos. El financiamiento de estos proyectos ha sido una forma de capturar el valor de dar eficiencia y de emplear dinero en ahorro de energía, instalando equipos de alta eficiencia, suplementándolos con la instalación de energía renovable.

Los pequeños comerciantes generalmente encuentran muchas dificultades para conseguir préstamos o financiamiento para los proyectos de conservación de energía, y cuando los ostentan son con altos intereses y pagaderos a corto plazo.

El gobierno de los Estados Unidos ha facilitado y creado varios programas, tales como el Acto de Recuperación e Reinversión de 2009 (American Recovery and Reinvestment Act of 2009 (ARRA)), para ayudar a los comerciantes de empresas pequeñas a financiar proyectos de eficiencia energéticas suministrándole préstamos a bajos interés.

¿QUÉ TIEMPO TOMARÁ PARA RECUPERAR MI INVERSIÓN?

Antes de comenzar los proyectos de conservación o eficiencia energética, la mayoría de las veces, los clientes se preguntan ¿cuál será el capital para invertir y el tiempo que tomará recuperar su inversión? y ¿cuál sería el beneficio de la empresa después de invertir cierta cantidad de dinero?
El primer paso es analizar las facturas para comparar el consumo de energía y el costo energético mensual o anual, y efectuar una evaluación visual alrededor de la edificación

para observar las condiciones de los equipos que consumen energía.
Esta evaluación económica nos orientará a determinar si hay factibilidad de la ejecución del proyecto. El tiempo para recuperar la inversión dependerá del consumo y costo de energía, el capital que se invierta en las modificaciones de los sistemas y la cantidad de energía que se logre reducir mensualmente, la cual determinaría el tiempo para recuperar la inversión. En la sección de análisis económicos analizaremos algunos ejemplos de retorno de la inversión.

PERIODO ANALÍTICO

El tiempo de estudio (periodo analítico) de un proyecto económico se hace para obtener mejores resultados del análisis. El periodo analítico es generalmente determinado con objetivos específicos, tales como el estudio del tiempo y costo de uso (Ciclo de Vida) que se planea obtener, el tiempo que tomará para recuperar la inversión (Retorno de Inversión), o que tomará para pagar algún préstamo que se tome al realizar el proyecto.

ANÁLISIS DEL CICLO DE VIDA, COSTOS DE UNA EDIFICACIÓN, SISTEMAS Y EQUIPOS

Análisis de ciclo de vida y costo es un método de evaluación con opciones de conservación energética sobre la vida de un sistema, a través del costo durante el ciclo de duración.

El ciclo de vida y costo es un análisis del costo total de un sistema, aparato, edificación, maquinaria, etc., sobre su anticipada duración y uso. A esto también se le llama “análisis económico en ingeniería" o uso total del tiempo de duración en que se mantiene la propiedad y un sumario económico.

Este análisis de ciclo de vida y costo ha arrojado un énfasis nuevo en la identificación de todos los costos asociados con un sistema. Los costos más comunes que se agregan a este ciclo son:

- Costo inicial de instalación
- Costos de mantenimiento
- Costos de operación
- Escalamiento de intereses de los combustibles
- Inflación
- Intereses de las inversiones
- Valor del inmueble al final del ciclo de vida
- Otros gastos que se haya incurrido en la vida de este sistema o equipo

Cuando se efectúa un análisis de la vida y el costo para diseñar la instalación de un sistema en la preparación y planificación de un proyecto, se estudia cuál sería el costo, la eficiencia y el tiempo de duración del sistema o edificación donde se considera la mejor factibilidad, y se escoge la mejor opción dentro de los sistemas estudiados; también se toma en consideración la disponibilidad de capital que el propietario disponga para invertir en el proyecto. Una vez efectuado el análisis, se considera la mejor factibilidad y se escoge la mejor opción, ya sea modificar o reemplazar el o los sistemas estudiados.

El estudio analiza lo siguiente:

- Funcionamiento actual del sistema o equipo
- Eficiencia del sistema o equipo
- Costo de mantenimiento del sistema o equipo
- Costo para incurrir reemplazando el sistema o equipo
- Tiempo que tomaría para recuperar la inversión

Las empresas de hoy están buscando reducir costos operacionales y optando por adoptar tecnologías nuevas más eficientes. Por lo regular, se recomienda modificar o reemplazar un sistema o equipo, dependiendo del estado del equipo, tomando en cuenta la calidad de mantenimiento que se haya empleado en este durante su vida de servicio.

PROGRAMAS PARA INCENTIVAR LA CONSERVACIÓN ENERGÉTICA

Los Estados Unidos y muchos de los países del mundo han creado programas de incentivos económicos para dar asistencia a las empresas y comunidades, en general, para reducir el consumo de energía en las edificaciones. Estos programas ofrecen incentivos para mejorar el rendimiento del consumo energético a través de asistencia técnicas y financiera, patrocinadas por el gobierno central, estatal y municipal, préstamos a una taza de bajos intereses, cobertura de pago de auditorías energéticas. También, las compañías suministradoras de electricidad ofrecen incentivos a sus clientes, con el propósito de reducir el consumo de sus abonados, porque es menos costoso reducir las demandas de electricidad que instalar nuevas plantas generadoras.

ANÁLISIS FINANCIERO DE LA INVERSIÓN

El rendimiento y plan de acción para un proyecto de conservación energética deben de estar alineados con las opciones financieras disponibles de la organización.
El Departamento de Energía de los Estados Unidos recomienda que, cuando se vaya a realizar un proyecto de conservación energética, se tomen los siguientes cuestionamientos en consideración:

- ¿Cuál es el mejor procedimiento a la hora de tomar la decisión de un análisis económico?
- ¿Cuáles son los criterios económicos que el proyecto necesita satisfacer?
- ¿Quién podría ser un socio externo del proyecto que ofrecería incentivos financieros?
- En caso de que haya un socio externo, ¿cuál sería el nivel de capital que potencialmente se adquiriría?
- ¿Cuál es la fuente primaria de capital u opción de contrato de rendimiento?

Guías de rendimientos diseñadas por ASHRAE/IESNA y DOE para ahorrar energía en las edificaciones nuevas y existentes

De acuerdo con varios estudios realizados por ASHRAE/IESNA, el Instituto de Arquitectos de Estados Unidos, Green Building Council y el Departamento de Energía de Estados Unidos, prepararon varias guías avanzadas para ser utilizadas por diferentes edificaciones comerciales, con el fin de diseñar los nuevos edificios o modificar los existentes, donde podrían ahorrar hasta un 50 % de la energía utilizada, con la intención de alcanzar en el futuro un consumo energético neto de cero en las edificaciones.

Para confirmar que cada decisión contribuyera con los ahorros energéticos, modelos de conservación energética fueron preparados para acoplarse con una serie de análisis financieros, con el fin de demostrar cuáles Medidas de Conservar Energía (MCE) podrían ofrecer mejores resultados. Las tres medidas típicas incluyen lo siguiente:

1. Análisis de Costo del Ciclo de Vida (ACCV) de un proyecto es el método de cálculo que agrega el costo inicial seleccionado en un número de años de los costos energéticos y mantenimiento, incluyendo el reemplazamiento de los equipos y estimados inflacionarios de las edificaciones existentes. La opción que presente el costo más bajo durante el ciclo de vida usualmente es la que se escoge si esta cae dentro del presupuesto

seleccionado. ACCV es el método financiero más usado por los propietarios de Instituciones para planificar las operaciones de los edificios

2. Periodo de Devolución de Pago Simple (DPS) es el método de calculación que divide el incremento del costo inicial por los ahorros netos operacionales anuales (ahorros en costos de energía y mantenimiento), para determinar cuánto tiempo tomara para recuperar la inversión

3. Amortización Sencilla (AS) es un cálculo que toma el razonamiento de los ahorros de energía en un predefinido número de años, menos el costo del capital divido por el capital invertido

$$\boldsymbol{RI} = (\boldsymbol{Ahorros\ enérgeticos\ sobre\ X\ años} - \boldsymbol{Costo\ del\ capital}) / \boldsymbol{Costo\ del\ capital}$$

X = Número de años predefinido

RECUPERACIÓN DEL CAPITAL INVERTIDO O TIEMPO DE RETORNO DE INVERSIÓN

En los proyectos de eficiencia energética uno de los métodos más comunes es analizar cuál sería la factibilidad, cantidad de dinero a invertir y el tiempo en el que el dinero invertido se recuperaría. La Amortización Sencilla es el tiempo requerido para recuperar el capital invertido. A partir del punto donde la inversión retorna, entonces se comienza a obtener ganancias. A esta Amortización Sencilla también se le llama, en inglés, Forma Simple de Pago del Capital Invertido (Simple Pay Back). Este concepto de retorno de la inversión, generalmente se usa cuando el capital está limitado y es importante conocer que pronto se recuperará el capital invertido.

Este se calcula de la siguiente forma:

Amortización Sencilla (AS):

$$\boldsymbol{AS = (Costo\ Inicial)/(Ahorros\ Anuales)}$$

Ejemplo 5.1:

En un proyecto de eficiencia energética, el propietario invierte $25,000.00 dólares para modificar las luces de su establecimiento, y la factura de electricidad se reduce de $2,200.00 dólares mensuales a $1,200.00. Este proyecto ahorraría $1000 dólares mensuales, o sea $12,000.00 anuales. Si el empresario tiene el capital disponible para invertirlo sin tener que tomar préstamo.

La inversión se recuperaría:

$$RI = 25000/12000 = 2.08 \text{ años}$$

El capital se recuperaría aproximadamente en 2 años y 1 mes.

VALOR DEL DINERO CON REFERENCIA AL TIEMPO

El dinero no tiene un valor fijo con referencia al tiempo, la renta o interés de su uso cambia y tiene que ser pagado de acuerdo con el valor y las condiciones económicas actual del tiempo.

El proceso de tomar dinero y encontrar su valor equivalente en algún tiempo en el futuro es llamado cálculos del "valor en el futuro"; estos cálculos son los mismos que se usan para determinar los efectos del interés compuesto.

El proceso de tomar dinero y encontrar su valor equivalente en el tiempo actual, con referencia al futuro, es llamado cálculos del "valor presente o actual"; estos cálculos son los factores inversos a los que se usan para determinar los valores en el futuro.

VALOR ACTUAL (VA)

El Valor Actual de cualquier suma de dinero es el valor corriente comparado con el valor del futuro, de acuerdo con el capital fluyente a una cantidad específica con la tasa de interés actual.

Valor Actual Neto (VAN) = $(VA_{Beneficios}) - (VA_{Costos})$

Asumiendo que una inversión con un Valor Actual Neto (VAN) positivo arrojara ganancias y un Valor Actual Neto (VAN) negativo arrojara perdidas.

ANÁLISIS DEL PRESENTE O "VALOR ACTUAL"

En los proyectos de eficiencia energética es muy importante considerar el valor del dinero actual para poder analizar y estimar los posibles efectos del interés e inflación, y utilizar estos parámetros para medir posibles resultados del o los proyectos.

Es bien sabido, en análisis económicos, que el valor del dinero varía de acuerdo con el tiempo. El valor económico del dinero hoy es más valioso que la misma cantidad de dinero en los próximos años; esto es debido a los intereses y a la inflación.

El interés es la ganancia retornada para la entidad prestamista del dinero que obtenemos de los préstamos y la inflación es la perdida en el poder de compra del dinero.

ANÁLISIS DEL FUTURO O "VALOR EN EL FUTURO"

Los costos de la administración e implementación de un proyecto energético se justifican en términos de costos evitados en consumo energéticos. Los costos son generados al principio del proyecto y los beneficios y ahorros ocurren en un futuro no muy lejano. Las cantidades de dinero por costos de preparación e implementación y ganancias producidas se originan en tiempos diferentes, por lo que hay que compararlos a un determinado tiempo del proyecto. Esto se debe a que el dinero cambia de valor con el tiempo y los cálculos tenemos que producirlos de acuerdo con el tiempo cuando este ocurre.

Existen varias ecuaciones para calcular los valores de capitales en los tiempos presentes y futuros, con las que se calculan los intereses de la inversión, valor del dinero en los diferentes tiempos (presente y futuro), valores inflacionarios, incrementos energéticos, costos de mantenimiento y costos de administración del proyecto. En los análisis presentados más adelante solamente vamos a presentar ecuaciones básicas, para que los lectores que no manejan conceptos profundos de economía puedan interpretar los principios básicos de administración de un proyecto de conservación energética.

La ecuación básica para el valor de una inversión en el futuro es la siguiente:

$$F_n = P + I_n$$

F_n = Valor de la inversión en el año final del proyecto en el Futuro

P = Valor de la inversión en el Presente.

I_n = Interés acumulado sobre el periodo de años

n= número de años durante el presente y futuro

INTERÉS

La mayoría de los análisis económicos consideran el porcentaje de beneficios que arrojara el proyecto, basados en los costos del interés al tomar dinero prestado, la inflación, el tiempo y valor del dinero.

Los cálculos se hacen considerando la tasa de interés, inflación, y valor del dinero en el momento que se prepara el análisis y el lapso de duración del proyecto.

El tiempo y valor del dinero reflejan el hecho de que el dinero que se recibe hoy tiene más valor que la misma cantidad que se recibirá un año después, porque el dinero estará disponible para reinvertirlo en otro proyecto.

La inflación (escalamiento de los precios) disminuye el valor de compra o el valor para la inversión del dinero en el futuro, en otras palabras, el año próximo se compra menos con la misma cantidad de dinero que compramos hoy.

El interés es bien importante, porque determina una de las variantes que afectan los beneficios de los proyectos de eficiencia energética. Los intereses se pueden calcular de formas simples o compuestos.

Dos factores que afectan los cálculos del interés son: la cantidad del dinero y el tiempo.

La expresión $(1 + i)^n$ es llamada factor de la cantidad de pago simple compuesto, donde i es el interés y **n** es la cantidad de años.

Si tomamos prestado $15,000 dólares a un interés de un 10 % anual, pagaríamos en retorno lo siguiente:

En un año, **15,000 x** $\mathbf{(1+0.10)^1} = \mathbf{\$16,500}$

En cinco años, **15,000 x** $\mathbf{(1+0.10)^5} =$
$\mathbf{\$15,000\ x\ 1.61} = \mathbf{\$24,157.65}$

ANÁLISIS ECONÓMICO SIMPLE

En proyectos de eficiencia o conservación energética es importante analizar cuáles serían los resultados de factibilidad y económicos que se obtendrían.

El análisis económico simple estaría enfocado en:

- El estudio de factibilidad económica que resulte con beneficios económicos para el propietario
- La discusión con el propietario acerca de ganancias, riesgos y la inversión del proyecto
- La observación de ver si el propietario cuenta con la capacidad de capital para invertir en el proyecto, sin la necesidad de tomar préstamos a instituciones financieras
- La observación y calculaciones de la recuperación del capital invertido en el menor tiempo posible

INTERÉS SIMPLE

El Interés Simple es calculado donde las ganancias de los intereses solo se aplican una vez al final del monto original del préstamo.

$$I = P \times n \times i$$

I = Interés acumulado en cierto número de años
P = Principal o cantidad de dinero original
n= número de años del periodo del préstamo
i= tasa de interés aplicable

Ejemplo 5.2:

Si el empresario del proyecto que analizamos previamente, en el ejemplo 5.1, considera realizar el proyecto y decide tomar un préstamo a una entidad financiera por la cantidad de $25,000 dólares/pesos, por una duración de 4 años con una tasa de interés simple de un 10 % anual.

Cuando analizamos el proyecto que previamente computamos el retorno de la inversión de $25,000.00 obtuvimos que la inversión se recuperaría en 2.08 número de años. En el caso de que el empresario tomase un préstamo a un interés simple de 10 % anual el retorno de la inversión sería.

CÁLCULO DEL INTERÉS

El Interés Simple sería:

$$\boldsymbol{I = P\,x\,n\,x\,i}$$

$$\boldsymbol{I = 25000\,x\,4\,x\,0.10 = \$10,000}$$

Al final del año 4 pagaría los $25,000 dólares del capital, más $10,000 del interés, o sea $35,000 dólares el pago total. El retorno de la inversión sería:

$$\boldsymbol{RI = (Costo\ Inicial + interest)/(Ahorros\ Anuales)}$$

$$\boldsymbol{RI = (25000 + 10000)/12000 = 2.92\ años}$$

El valor/costo en el futuro al final del proyecto sería:

$$F_n = P + I_n$$

$$\boldsymbol{F_n = 25,000 + 10,000 = \$35,000}$$

INTERÉS COMPUESTO

El Interés Compuesto se calcula agregando la cantidad prestada, más las ganancias de los intereses calculados anualmente, de acuerdo con la duración del préstamo. Anualmente, el interés se agrega a la cantidad principal resultando en una nueva cantidad principal al final de cada año.

Ejemplo 5.3:
Analizando el mismo proyecto que analizamos previamente donde computamos el Interés Simple; si la entidad financiera otorga el préstamo utilizando el interés compuesto, resultaría en lo siguiente:

Interés compuesto simple:

$$\mathbf{I = (1 + i)^n}$$

$$\mathbf{I = (1 + 0.10)^4 = 1.4641}$$

El costo total al final del año 4 sería de:

$$\mathbf{Costo = \$25,000 \ x \ 1.4641 = \$36,602,50}$$

APLICANDO LA ECUACIÓN PARA ENCONTRAR VALORES (FLUJO DE CAPITAL) EN EL FUTURO OBTENDRÍAMOS:

Esta ecuación es utilizada para determinar cómo convertir el valor de una suma de dinero del presente a un determinado número de años en el futuro.

$$F_n = P\,x\,(1 + i)^n$$
$$F_n = 25000\,x\,(1 + 0.1)^4 = 36{,}602.50$$

F= Futuro
P = Principal o cantidad de dinero original
n = Número de años del periodo del préstamo
i = tasa de interés aplicable

En los cálculos previos, el retorno de la inversión de $25,000.00 para modificar el alumbrado del establecimiento, observamos que la inversión se recuperaría en 2.08 número de años, si el capital o costo del proyecto es cubierto por el propietario; en el caso de que el propietario tomase un préstamo a un interés simple pagadero en 4 años, el retorno de la inversión se recuperaría en 2.92 años.
En el caso de que el empresario tomase un préstamo con un Interés Compuesto de 10 % anual en cuatro años, observamos que el costo total incluyendo los intereses sería de **= $36,602,50**.

En este caso el retorno de la inversión se obtendría en 3.05 años.

$$RI = (\$36{,}602{,}50\,)/(\$12{,}000) = 3.05\ años$$

Unas de las ventajas del propietario de la oficina es que utilizó dinero prestado para mejorar el alumbrado de la oficina y recuperaría la inversión en un lapso de 3 años. Los cálculos con detalles anuales pueden observarse en la tabla 5-10 que aparece más abajo.

Cálculo de interés compuesto de un Préstamo de $25,000 con un interés de un 10 por ciento a un periodo de 4 años			
Año	A Cantidad original al principio del año	B = i x A Interés acumulado al final del año	C = A + B Cantidad adeudada al final del año
	P	P x i	P + P x i
1	$25,000	$25,000 x .10 = $2,500	$27,500
2	P + P x i $27,500	(P + P x i) x i $27,500 x 0.10 =$2,750	$30,250
3	$30,250	$30,250 x 0.10 =$3,025	$33,275
4	$33,275	$33,275 x 0.10 =$3,327.50	$36,602.50

Tabla 5.10: Cálculo de interés compuesto de un Préstamo de $25,000 con un interés de un 10 por ciento a un periodo de 4 años.

Ganancias que obtendría en 5 años el empresario en los análisis de los ejemplos 5.1, 5.2 y 5.3.

Ejemplo 5.4:

Si el empresario no efectúa el proyecto, los resultados en 5 años serían los siguientes:

1. **Gastos de energía eléctrica en 1 año =**
   $2,200 mensuales x 12 meses = $26,400

2. **Gastos energía eléctrica en 5 años**
   $26,400 anuales x 5 = $132,000

"Este sería el costo de no hacer nada".

Ejemplo 5.5:

Si el empresario invierte el capital ($25,000) para cubrir el costo del ejemplo 5.1, los resultados en 5 años serían los siguientes:

1. **Gastos en energía eléctrica =**
   $1,200 mensuales x 12 meses = $14,400

2. **Gastos en energía en 5 años =**
   $14,400 x 5 = $72,000

3. **Reducción en gastos de energía eléctrica =**
   $132,000 - $72,000 = $60,000

4. **Ganancias en 5 años =**
   Reducción de gastos – Inversión de Capital =
   $60,000 - $25,000 = $35,000

Estas ganancias se están siendo calculadas sin tomar en cuenta los incrementos energéticos anuales y los efectos inflacionarios.

Ejemplo 5.6:

Si el empresario toma el capital ($25,000) prestado con un interés simple de un 10% anual, a una entidad financiera para cubrir el costo del ejemplo 5.2, los resultados en 5 años serían los siguientes:

1. **Gastos en energía eléctrica =**
   $1,200 mensuales x 12 meses = $14,400

2. **Gastos en energía en 5 años =**
   $14,400 x 5 = $72,000

3. **Pago de capital e interés a la entidad financiera en 4 años = $35,000**

4. **Reducción en gastos de energía eléctrica en 5 años = $132,000 - $72,000 = $60,000**

5. **Ganancias en 5 años =**
   $60,000 – $35,000 = $25,000

Ejemplo 5.7:

Si el empresario toma el capital ($25,000) prestado, con un interés compuesto de un 10% anual, a una entidad financiera para cubrir el costo del ejemplo 5.3, los resultados en 5 años sería el siguiente:

1. **Gastos en energía eléctrica =**
   $1,200 mensuales x 12 meses = $14,400

2. **Gastos en energía en 5 años =**
   $14,400 x 5 = $72,000

3. **Pago de capital e interés a la entidad financiera = $40,262.75**

4. **Reducción en gastos de energía eléctrica = $132,000 - $72,000 - $36,602,50 = $19,737.25**

5. **Ganancias en 5 años = $19,737.25**

La diferencia de las ganancias de los ejemplos 5.6 y 5.7 es que los intereses aplicados por la entidad financiera fueron simples en el primero, y compuestos en el segundo resultando en menos ganancias en el periodo de los 5 años.

ALTERNATIVAS DE FINANCIAMIENTO Y COMPRA DE EQUIPOS

Varios métodos financieros han sido desarrollados desde que comenzó la crisis energética en los años 1970-71, como alternativas para impulsar los avances económicos y financiar los proyectos de conservación energética.

Los métodos más comunes actualmente para financiar un proyecto de eficiencia energética podrían ser una:

INVERSIÓN DIRECTA EN EFECTIVO

Inversión directa donde el propietario del proyecto financia el proyecto. El método más simple para financiar e implementar un proyecto de eficiencia energética, donde la organización, empresa o propietario inicialmente tome el nivel de riesgo y use dinero en efectivo para comprar los equipos y pagar por las instalaciones y servicios necesarios e implementar el proyecto.

La ventaja de utilizar este método es que la mayor parte de las ganancias va directamente al empresario, como podemos observar en los resultados obtenidos en el ejemplo 5.5.

La desventaja es que, al principio del proyecto, el empresario invierte y se reduce la liquidez del dinero efectivo. Por lo regular este método es usado cuando los proyectos presentan un retorno de la inversión en corto tiempo.

El propietario del proyecto tiene otras alternativas que generalmente reducen la inversión del capital inicial o el nivel de riesgo; y esto sería utilizando capital prestado de una institución financiera o un inversionista.

Estas alternativas podrían ser:

- Préstamos bancarios o de instituciones crediticias
- Programas de compartir las ganancias
- Financiamiento a bajos intereses, por Instituciones gubernamentales
- Compartimiento de los costos y ganancias
- Programas de arrendamientos

Todas las cláusulas de costos, mantenimientos y ganancias deben de ser específicamente descritas en el contrato para cada proyecto.

PRÉSTAMOS BANCARIOS

Una vez realizados los análisis donde los estudios y factibilidades del proyecto indican que la inversión sería productiva y arrojaría resultados positivos, las instituciones bancarias realizan préstamos para la adquisición e instalación de equipos y la implementación del proyecto. Este método es muy bueno, porque las organizaciones, empresas o propietarios, no tienen que utilizar el efectivo para implementar estos planes. Generalmente, los bancos o instituciones financieras requieren un inicial de un 20 a 25 % del total del proyecto.

Ahorros compartidos entre un inversionista y el propietario del proyecto

En estos acuerdos, el equipo es comprado e instalado por un inversionista que hace un contrato, o acuerdo de arrendamiento, con los propietarios de establecimientos, para compartir las ganancias que produzca el proyecto. Los ahorros o producción económica se determinan con la medición de kWh consumidos durante el uso del o los equipos especificados en el contrato; la reducción de kWh se multiplica por el precio del kWh de la factura actual del suministrador de energía, arrojando la cantidad de dinero producida durante ese periodo de consumo.

Al finalizar el contrato, dependiendo de las cláusulas establecidas en este, el inversionista puede desmontar los equipos o venderlo al propietario a un costo módico. Estos métodos o acuerdos están siendo muy efectivos, especialmente cuando los propietarios carecen de fondos para invertir o tienen algunas incertidumbres acerca de los beneficios futuros que generaría el proyecto.

Financiamiento con préstamos de bajo interés directamente por empresas suministradoras de equipos

En este método, el suministrador ofrece el equipo con un financiamiento especial a una tasa de interés igual o menor de la tasa de interés actual, reduciendo el costo de propiedad. Este costo es comparado con el costo de compra actual con otras alternativas.

También existen programas de financiamientos de bajos intereses, patrocinados por Instituciones gubernamentales, para ayudar a los empresarios a reducir el consumo energético y así contribuir con la descarbonización, disminuyendo la contaminación ambiental.

PROGRAMAS DE ARRENDAMIENTO

Un programa de arrendamiento es esencialmente un préstamo en el que el inversionista retiene el título legal de propiedad de los equipos instalados durante el tiempo definido en el contrato.

En estos programas, bajo un contrato con términos definidos de costo y tiempo, el usuario renta el o los equipos y el suministrador instala y le da mantenimiento al equipo, reteniendo el derecho de propiedad. El resultado del arrendamiento es que la transacción de obtener nuevos equipos se puede hacer con un bajo inicial de capital y costos de mantenimiento, pero a un costo anual más elevado del costo regular, si el equipo fuese comprado con capital propio

PROGRAMAS DE CONTRATO DE RENDIMIENTO (PERFORMANCE CONTRACT)

Un Contrato de Rendimiento es un acuerdo con una compañía privada llamada Compañía de Servicios Energético, termino inglés "Energy Service Company (ESCO)", la cual administra proyectos para mejorar las eficiencias energéticas en las edificaciones. Estas compañías asumen los riesgos de inversión y desarrollan los proyectos, se encargan de proporcionar las inversiones económicas, la planificación e implementación.

Los ahorros en costos energéticos que genera el proyecto son usados para cubrir los costos de este. Las ganancias que se generan son compartidas en un tiempo estipulado en el contrato, entre el propietario y la Compañía de Servicios Energéticos. Estas compañías son asociados del propietario, por la duración del proyecto, siendo responsables por el mantenimiento de los equipos durante la duración especificada en el contrato.

La compañía de servicios hace una auditoría energética de la edificación o establecimiento, diseña el proyecto, obtiene los recursos económicos, compra e instala los equipos, se encarga de administrar las finanzas y del mantenimiento de los equipos utilizados en el proyecto.

COSTOS OPERACIONALES

Es muy importante contabilizar los costos operacionales, porque con estos datos se mide la efectividad del cualquier proyecto de eficiencia energética.

De acuerdo como su organización compra y utiliza la energía tiene un impacto significante en los costos operacionales y en las ganancias de fin de año. Las empresas necesitan supervisar permanentemente los costos de energía y mantenimiento de equipos, para tratar de mantener los costos de operación al mínimo posible, con una producción sostenible, minimizando las pérdidas de energía.

El mantenimiento de los equipos tiene impactos financieros en las ganancias y pérdidas de una empresa. Estos mantenimientos pueden ser la diferencia de las ganancias del año fiscal de cada empresa.

Es de suma importancia darles servicios de mantenimientos a los equipos para mantenerlos funcionando y que operen con una eficiencia máxima; de este modo consumen la menor cantidad de energía posible. Si estos no se mantienen operando eficientemente, pueden fallar y ocasionar perdidas a las empresas.

Ejemplos:

1. La falla de un refrigerador utilizado para mantener las carnes, helados y otras mercancías frescas en un supermercado en época de verano cuando las temperaturas exteriores alcanzan un nivel elevado,

indiscutiblemente causa perdidas al negocio porque las carnes se dañarán y los helados se derritirán

2. Si el aire acondicionado de una habitación de un hotel en temporada de verano no funciona es difícil que la habitación se rente a un cliente

COSTOS DE MANTENIMIENTO

Los costos de mantenimiento son basados en las necesidades de mantener los equipos de las empresas en operación y en buenas condiciones. Este costo de mantenimiento en compañías grandes o pequeñas es minimizado si se implementa un programa de mantenimiento preventivo.

Muchas empresas no dan seguimiento de mantenimiento y la mayoría de las veces los equipos ofrecen pobre rendimiento, porque no son mantenidos adecuadamente. Algunas ocasiones dejan de funcionar por falta de un mantenimiento apropiado. Toda empresa debe de tener un departamento o un encargado para ejercer las funciones de supervisión del mantenimiento de los equipos.

El objetivo de un plan efectivo de mantenimiento es:

1. Mantener los equipos en óptimas condiciones para minimizar las reparaciones
2. Mantener y reparar los equipos a un costo económico dentro del presupuesto de la empresa

El propósito de un buen mantenimiento de los equipos es el de obtener el beneficio máximo con los menores esfuerzos y costos posibles. Los presupuestos para salarios, equipos nuevos y materiales del uso diario frecuentemente no son suficientes para dar un mantenimiento efectivo. Esto ocasiona un reto constante para el encargado de mantenimiento que siempre tiene que ingeniársela para hacer las cosas con más efectividad.

Las operaciones de mantenimiento son administradas más eficientemente, organizando dos componentes de trabajo:

1. **Organización del trabajo**
    a. La organización del trabajo significa establecer prioridades donde los trabajos críticos reciban atención primero y después crear un orden de prioridades para dar seguimiento a las otras tareas, de acuerdo con su orden prioritario para completar el compromiso
2. **Organización del personal**
    a. En caso de que la empresa tenga más de una persona para las labores de mantenimiento, debe de organizarse un esquema con descripción de trabajo donde cada empleado conozca cuáles son sus responsabilidades y funciones diarias en la empresa

Dándole seguimiento a esos formatos organizativos de mantenimiento, se obtienen mejores resultados de productividad para administrar el personal, equipos y materiales.

Cuando se efectúa un proyecto de conservación energética es de suma importancia dar mantenimiento a los equipos para un buen funcionamiento de estos y obtener un rendimiento y máxima eficiencia.

Estos sistemas se encuentran en todas las empresas y organizaciones que consumen energía, bien sea un supermercado, hotel, hospital, oficina, almacén, escuela y otros lugares que por razón de espacio no vamos a mencionar. El mantenimiento a los sistemas que utilizan energía debe de efectuarse en forma rutinaria basado en un calendario que determine el tiempo de revisión de los equipos y lugares que son afectados por el consumo energético. Un programa de mantenimiento de los equipos puede ahorrar gran cantidad de dinero a las empresas.

Recomendamos a los encargados de mantenimiento de las empresas seguir los siguientes procedimientos para obtener mejores rendimientos y resultados en los equipos de sus empresas.

1. Examinar las condiciones actuales de los equipos de su empresa.
    a. Un listado de condición de estos equipos podría ser:
        i. Refrigeradores (cantidad de refrigeradores y productos que refrigeran)
        ii. Motores (cantidad de motores y áreas de servicios)
        iii. Aires acondicionados (condiciones de los filtros)
        iv. Condiciones de Luminarias (cantidad de lámparas fundidas)
2. Preparar un listado de las tareas rutinarias de mantenimiento de los equipos, incluyendo el tiempo que le tomaría efectuar dicha tarea.

a. Listado de tareas rutinarias podría ser:
    i. Cambiar los filtros de los aires acondicionados
    ii. Lubricar los motores
    iii. Limpiar la escarcha de los refrigeradores
    iv. Cambiar lámparas fundidas
    v. Inspeccionar las baterías

3. Elaborar un calendario de fechas cuando debe de inspeccionar los equipos, incluyendo el tiempo estimado que debe de tomar para efectuar cada tarea.
    a. Sugerencia para elaborar un calendario de inspección
        i. Mayo 1, (cambiar los filtros de los aires acondicionados)
        ii. Primera semana del mes (limpiar las escarchas en los refrigeradores)
        iii. Segunda semana del mes (lubricar los motores)
        iv. Última semana del mes (inspeccionar el agua en las baterías)
4. Elaborar un sistema de monitoreo para dar seguimiento y asegurar que los equipos estén funcionando correctamente.
    a. Confeccione un registro y mantenga una relación archivada con fecha y descripción de todos los servicios ofrecidos a los equipos.

REDUCCIÓN DE COSTOS OPERACIONALES

"Reduciendo los Costos Operacionales aumenta el Margen de Ganancias".

De acuerdo con el Manual Estrella para Edificaciones (Energy Star Building Manual):

> "Reduciendo un 10 % en los costos energéticos en un Supermercado puede aumentar las ganancias netas hasta en un 16 %."

COSTOS ENERGÉTICOS

Análisis de las facturas eléctricas

Cuando se está haciendo un análisis económico energético, la pieza más importante es conocer cuáles son las tarifas que la utilidad eléctrica impone por cargos de energía en los diferentes horarios del día. Las tarifas eléctricas incluyen costos relacionados con la generación (operación de las plantas generadoras), transmisión (uso de las redes eléctricas para transportar la electricidad), costo de los combustibles (carbón mineral, aceite, gas, etc.), administración y distribución (personal administrativo encargado de mantener y operar el sistema eléctrico para el uso), y otros cargos permitidos por la superintendencia reguladora de electricidad para cubrir gastos relacionados con la producción eléctrica.
¿Cuánto paga la Empresa mensualmente por el consumo de electricidad?

Es importante determinar la cantidad promedio mensual que la empresa consume en gastos de energía.

¿Cuál es el costo promedio de energía por kilovatio-hora (kWh)?

Por lo regular, las compañías suministradoras de electricidad tienen tarifas asignadas que van aumentando o reduciendo el costo por kWh de electricidad, de acuerdo con la cantidad de kilovatios consumidos durante el periodo mensual. Estas tarifas son aplicadas, a partir de los precios determinados por las compañías generadoras de electricidad, basados en costos de producción y ganancias, y después de ser aprobadas por la Comisión Nacional de Energía.

¿Cuál es el costo por Potencia Máxima (kilovatio (KW)?

El costo por la tarifa eléctrica varía, de acuerdo con lo establecido por la Superintendencia de Electricidad o la Comisión Estatal de Energía.

¿Cuál otro cargo es aplicado a la factura?

Otros cargos aplicados a las facturas eléctricas son:

a. Costo mensual por el servicio (costo fijo)
b. Cargo de energía
c. Cargos por Demanda de Potencia
d. Cargos por penalidad de Factor de Potencia
e. Cargos financieros por atraso
f. En algunos lugares, otros cargos son aplicados para cubrir costos destinados

a obras sociales aprobadas por la Comisión Nacional de Energía

Terminologías energéticas

Es de suma importancia que el administrador energético conozca las terminologías que aplican las compañías suministradoras de electricidad, gas y agua, para aplicar los cargos en las facturas correspondientes, de acuerdo con las cantidades consumidas por el establecimiento.

i. **Kilovatio-hora (kWh)**
    - Un kilovatio-hora es el consumo de mil vatios en una hora

ii. **Kilovatio (KW) (Potencia Eléctrica o Demand Charges)**
    - Un kilovatio es la medida de potencia eléctrica de mil vatios. Las compañías eléctricas asignan cierta cantidad de kilovatios a cada cliente, de acuerdo con la cantidad del máximo consumo de cada inmueble, con el propósito de generar la capacidad de potencia necesaria para cubrir las necesidades de consumo, con base en el número de usuarios conectados a las redes eléctricas

iii. **Cargos por Demanda de potencia (Potencia Eléctrica o Demand Charges)**

Demanda de Potencia es un cargo impuesto a los establecimientos comerciales e industriales por el uso de Kilovatios (KW) mensualmente. Esto es basado en la demanda máxima (punta) de cada mes, medida por el contador durante un intervalo de 15 o 30 minutos

EVALUACIÓN DE LAS FACTURAS ENERGÉTICAS

Las evaluaciones de los proyectos de eficiencia energética tienen que comenzar con un examen detallado y analítico de las facturas energéticas del consumo y costo de energía del establecimiento o empresa, de los últimos 12 a 24 meses previos al análisis.

- **Las compañías suministradoras de electricidad y gas aplican tarifas diferentes a los usuarios, dentro de las cuales se incluyen residenciales, comerciales, industriales, tensión baja, tensión alta etc. Las tarifas son aplicadas de acuerdo con el consumo del establecimiento, por lo cual los propietarios o administradores de empresas deben conocer cuál es la tarifa que está siendo aplicada a su residencia o empresa. Las siguientes informaciones del uso energético deben de estar claras en el entendimiento de un administrador para obtener el máximo rendimiento del consumo energético de su empresa:**

¿Cuál es la tarifa aplicada a mi residencia o empresa?

La producción eléctrica aumenta anualmente de acuerdo con los costos que se incurren para generar, transportar y distribuir la energía. Estos aumentos son pasados al consumidor y son incluidos en las facturas mensuales y la mayoría de las veces el consumidor pasa estos aumentos por desapercibidos, por razones de tiempo o desconocer cuales son los cargos detallados en estas. Para ser más explícitos, presentamos tablas con detalles de los precios incluidos en las facturas energéticas. Las tarifas varían, de acuerdo con los costos de la producción de energía, regulaciones de las autoridades estatales o municipales y ganancias de inversionistas, cuando la producción de energía es producida con capital privado. Las tablas y modelos presentados han sido escogidos, basándose en precios tarifarios de la compañía PSE&G, suministradora de energía del Estado de New Jersey, USA, y la Superintendencia de Energía de la Republica Dominicana.

TARIFA FIJA

En la tarifa fija, el costo por kWh es el mismo, como su nombre lo implica. Si su empresa o residencia consume 100 kWh, el costo por kWh es el mismo consumiendo 1500 kWh.

TARIFA VARIADA O ESCALONADA

Las tarifas variadas, o en escalón, tienen varios niveles de precios y son aplicadas por las compañías suministradoras a los establecimientos comerciales y residenciales. Estas tarifas pueden ser en incremento, cuando el precio por kWh aumenta cada vez que alcanza cierto nivel de consumo, en una escala de precios ascendentes o descendente, cuando el precio por kWh disminuye cada vez que alcanza cierto nivel de consumo en una escala de precios descendente. Esto se especifica de acuerdo con los contratos firmados por el consumidor y las compañías suministradoras.

TARIFA RESIDENCIAL

Las tarifas residenciales pueden ser fijas, pero mayormente son aplicadas en bloques o escalonadas. Además, existen las tarifas de Servicios Residenciales de Calentamiento y de Carga Residencial Administrada.

TARIFA RENSIDENCIAL EN BLOQUES (ESCALON)

1. **Tarifa Escalonada Residencial impuesta por PSE&G, una de las Compañías que suministra energía eléctrica y gas al Estado de New Jersey, USA**

En los Estados Unidos, el costo promedio del kWh es de 12 centavos; en algunos Estados de la nación, el kWh cuesta 10 centavos; en otros 14 y en otros hasta 24.3 centavos.

Las tarifas residenciales en bloques o escalón, aplicados por PSE&G, tienen un precio por kWh, ascendente y descendente, por cierta cantidad de kWh consumida; una vez alcanzada la cantidad asignada, el kWh consumido alcanza el precio del segundo escalón, elevando o disminuyendo el costo por kWh.

En las Tablas 5.1, 5.2, 5.3, y 5.4 mostramos las tarifas impuestas por la compañía suministradora PSE&G, de New Jersey. En las tablas aparecen las tarifas aplicadas a los servicios residenciales, servicios residenciales de calefacción y servicios por cargas residencial administrada. La tabla 5.1 corresponde a los precios aplicables a partir del 1 de enero de 2009, la tabla 5.2 a las tarifas aplicables a partir del 23 de enero de 2010, la tabla 5.3 a las tarifas aplicables a partir del 1 de enero de 2017 y la tabla 5.4 a las tarifas aplicables a partir de junio 1 de 2017.

TARIFA RESIDENCIAL por cargos de electricidad de la compañía PSE&G Tarifa puesta en efecto a partir de enero 1 del 2009			
Sumario por cargos de Suministro y transportación de la energía eléctrica	Residential Services (RS)	Residential Heating Services (RHS)	Residential Load Management (RLM)
Cargos	Servicios residenciales	Servicios residenciales de calentamiento	Carga residencial administrada
Servicio mensual	$ 2.43	$ 2.43	$ 13.98
0-600 kWh - Verano	$ 0.180763	$ 0.198607	
Sobre 600 KWH - Verano	$ 0.194504	$ 0.216755	
kWh verano - Fuera de Punta			$ 0.256363
KWH verano - Fuera de Punta			$ 0.122280
0-600 KWH - Invierno	$ 0.174722	$ 0.156983	
Sobre 600 kWh - Invierno	$ 0.174722	$ 0.138151	
Invierno – Punta			$ 0.196395
Invierno - Fuera de Punta			$ 0.112564

Periodo de las horas Punta está definido como las horas de 7:00 AM a 9:00 PM (EST) de lunes a viernes. Durante las horas de Invierno (Daylight Saving Time), los horarios serán movidos una hora hacia delante (7:00 AM a 8:00 AM y 9:00 PM a 10:00 PM). Todas las demás horas son definidas como periodo Fuera de Punta. Verano es definido como los meses de junio a septiembre. Invierno es definido como los meses de octubre a mayo.

Tabla 5.1: Tarifa residencial por cargos de electricidad de la compañía PSE&G, puesta en efecto en enero 1 del 2009.

PUBLIC SERVICE ELECTRIC AND GAS COMPANY
EFFECTIVE June 23, 2010
ELECTRIC SERVICE

	RESIDENTIAL SERVICE (RS)	RESIDENTIAL HEATING SERVICE (RHS) (Closed)	RESIDENTIAL LOAD MGMT SERVICE (RLM)	WATER HEATING SERVICE (WH) (Closed)	WATER HEATING STORAGE SERVICE (WHS)
Delivery Charges – including Capital Adjustment Charges (CAC):					
Service Charge including CAC:	$2.46	$2.46	$14.19	--	$0.57
Distribution Charges: $/kWh					
0-600 Summer (1) including CAC	$0.035588	$0.052286	--	--	--
0-600 Winter (1) including CAC	0.039307	0.034870	--	--	--
Over 600 Summer (1) including CAC	0.039738	0.057867	--	--	--
Over 600 Winter (1) including CAC	0.039307	0.014869	--	--	--
Summer On-Peak (1 & 2) including CAC	--	--	$0.059909	--	--
Summer Off-Peak (1 & 3) including CAC	--	--	0.015082	--	--
Winter On-Peak (1 & 2) including CAC	--	--	0.016662	--	--
Winter Off-Peak (1 & 3) including CAC	--	--	0.015662	--	--
Common Use including CAC	--	$0.057857	--	--	--
All Use including CAC	--	--	--	$0.046986	$0.001559
Societal Benefits Charge (4)	$0.007136	$0.007135	$0.007135	$0.007135	$0.007136
Non-utility Generation Charge (4)	$0.004096	$0.004095	$0.004095	$0.004187	$0.004187
Securitization Transition Charges (TBC + MTC-Tax) (4)	$0.012066	$0.012058	$0.012066	$0.012068	$0.012058
System Control Charge	$0.000000	$0.000000	$0.000000	$0.000000	$0.000000
RGGI Recovery Charge (4)	$0.000719	$0.000710	$0.000719	$0.000719	$0.000718
Electric Supply Charges					
Basic Generation Service: $/kWh					
0-600 Summer (1 & 4)	$0.122381	$0.117496	--	--	--
0-600 Winter (1 & 4)	0.122651	0.105009	--	--	--
Over 600 Summer (1 & 4)	0.132120	0.130645	--	--	--
Over 600 Winter (1 & 4)	0.122651	0.105009	--	--	--
Summer On-Peak (1, 2 & 4)	--	--	$0.167822	--	--
Summer Off-Peak (1, 3 & 4)	--	--	0.084248	--	--
Winter On-Peak (1, 2 & 4)	--	--	0.172833	--	--
Winter Off-Peak (1, 3 & 4)	--	--	0.079857	--	--
Summer Use (1 & 4)	--	--	--	$0.114386	$0.095493
Winter Use (1 & 4)	--	--	--	0.101723	0.082906
Reconciliation Charge	Determined Monthly	Determined Monthly	Determined Monthly	Determined Monthly	Determined Monthly

otes;
ll Charges are on a monthly basis, include all applicable taxes; and are applied on a per customer, per kilowatt, or per kilowatthour basis, as pplicable. Capital Adjustment Charges (CAC) are designed to recover the revenue requirements associated with the acceleration of electric capit xpenditures and are applicable to Service Charges, Distribution kWh Charges, and Demand Charges. See Tariff for Provisions of all Rate Schedul

) Summer is defined as the months of June through September. Winter is all other months. (2) RLM – On-Peak Hours = 7 a.m. to 9 p.m. (EST) on.-Fri. (3) RLM – Off-Peak Hours = All Other (4) Charge may change periodically. Refer to PSEG Web site for current charge.

Tabla 5.2: Tarifas Eléctrica Residencial de la Compañía Suministradora de Gas y Electricidad de New Jersey efectiva en junio 23, 2010.

TARIFA RESIDENCIAL por cargos de electricidad de la compañía PSE&G Tarifa puesta en efecto a partir de enero 1 del 2017			
Sumario por Cargos de Suministro y transportación de Energía eléctrica	**Residential Services (RS)**	**Residential Heating Services (RHS)**	**Residential Load Management (RLM)**
Cargos	Servicios Residenciales	Servicios Residenciales de Calentamiento	Carga Residencial Administrada
Servicio mensual	**$ 2.43**	**$ 2.43**	**$ 13.97**
0-600 kWh - Verano	$ 0.176596	$ 0.154087	
Sobre 600 kWh – Verano	$ 0.190415	$ 0.173079	
kWh verano - Fuera de Punta			$ 0.306681
kWh verano - Fuera de Punta			$ 0.077358
0-600 kWh – Invierno	$ 0.170418	$ 0.139246	
Sobre 600 kWh – Invierno	$ 0.170418	$ 0.117783	
Invierno – Punta			$ 0.242705
Invierno - Fuera de Punta			$ 0.080653

El periodo de las horas Punta está definido como las horas de 7:00 AM a 9:00 PM (EST), de lunes a viernes. Durante las horas de Invierno (Daylight Saving Time), los horarios serán movidos una hora hacia delante (7:00 AM a 8:00 AM y 9:00 PM a 10:00 PM). Todas las demás horas son definidas como periodo Fuera de Punta. Verano es definido como los meses de junio a septiembre. Invierno es definido como los meses de octubre a mayo.

Tabla 5.3: Tarifa Residencial por cargos de electricidad de la compañía PSE&G, puesta en efecto en enero 1 del 2017.

EFFECTIVE JUNE 1, 2017

	Residential Service (RS)	Residential Heating Service (RHS) (Closed)	Residential Load Mgmt Service (RLM)	Water Heating Service (WH) (Closed)	Water Heating Storage Service (WHS)
Delivery Charges					
Service Charge:	$2.43	$2.43	$13.97	--	$0.56
Distribution Charges: $/kWh					
0-600 Summer (1)	$0.040934	$0.053456	--	--	--
0-600 Winter (1)	0.035636	0.034563	--	--	--
Over 600 Summer (1)	0.045018	0.059501	--	--	--
Over 600 Winter (1)	0.035636	0.012855	--	--	--
Summer On-Peak (1& 2)	--	--	$0.064365	--	--
Summer Off-Peak (1 & 3)	--	--	0.015126	--	--
Winter On-Peak (1& 2)	--	--	0.015126	--	--
Winter Off-Peak (1 & 3)	--	--	0.015126	--	--
Common Use	--	$0.059501	--	--	--
All Use	--	--	--	$0.048931	$0.000166
Societal Benefits Charge (4)	$0.007881	$0.007881	$0.007881	$0.007881	$0.007881
Non-utility Generation Charge (4)	(0.000140)	(0.000140)	(0.000140)	(0.000099)	(0.000099)
System Control Charge	0.000000	0.000000	0.000000	0.000000	0.000000
Solar Pilot Recovery Charge (4)	0.000073	0.000073	0.000073	0.000073	0.000073
Green Programs Recovery Charge (4)	0.000980	0.000980	0.000980	0.000980	0.000980
Electric Supply Charges					
Basic Generation Service: $/kWh					
0-600 Summer (1&4)	$0.122214	$0.093505	--	--	--
0-600 Winter (1&4)	0.122156	0.098738	--	--	--
Over 600 Summer (1&4)	0.131959	0.106535	--	--	--
Over 600 Winter (1&4)	0.122156	0.098738	--	--	--
Summer On-Peak (1, 2 & 4)	--	--	$0.220998	--	--
Summer Off-Peak (1, 3 & 4)	--	--	0.054040	--	--
Winter On-Peak (1, 2 & 4)	--	--	0.208774	--	--
Winter Off-Peak (1, 3 & 4)	--	--	0.058063	--	--
Summer Use (1&4)	--	--	--	$0.055399	$0.054962
Winter Use (1&4)	--	--	--	0.058166	0.058665
Reconciliation Charge	Determined Monthly	Determined Monthly	Determined Monthly	Determined Monthly	Determined Monthly

Notes:
All Charges are on a monthly basis, include all applicable taxes; and are applied on a per customer, per kilowatt (kW) or kilowatt-hour (kWh) basis, as applicable. See Tariff for Provisions of all Rate Schedules.
(1) Summer is defined as the months of June through September. Winter is all other months.
(2) RLM - On-Peak Hours = 7 a.m. to 9 p.m. (EST) Mon.-Fri.
During Daylight Savings Time, all times will move ahead one hour (7 a.m. to 8 a.m. and 9 p.m. to 10 p.m.).
(3) RLM - Off-Peak Hours = All Other.
(4) Charge may change periodically. Refer to **pseg.com/tariffs** for current charge.

Tabla 5.4: Tarifas Eléctrica Residencial de la Compañía Suministradora de Gas y Electricidad de New Jersey, efectiva en julio 1, 2017. Aquí se describen otros cargos (beneficios sociales, generación, recuperación de programa piloto de energía solar, recuperación de Programa Verde) que la utilidad incluye para recuperar fondos utilizados en programas de ayuda comunitaria.

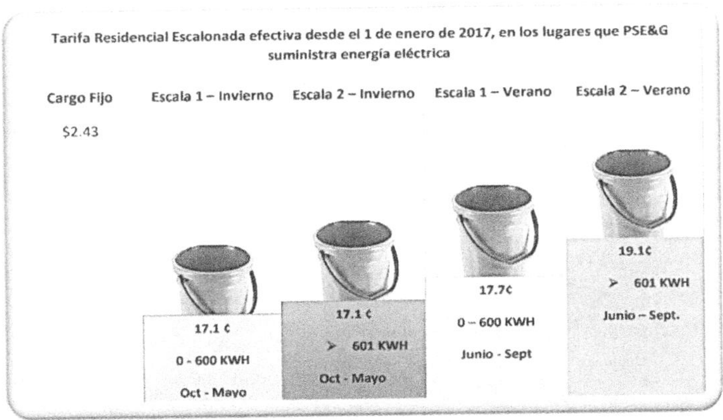

Ilustración 5.1: Tarifa Residencial Escalonada efectiva desde el 1 de enero de 2017, en los lugares que PSE&G suministra la energía eléctrica en New Jersey, Estados Unidos.

2. Tarifa Residencial Escalonada BTS-1 en República Dominicana

En la República Dominicana las Tarifas Residenciales son establecidas por las Superintendencia de Electricidad e impuestas por las distribuidoras eléctricas (EDES). Estas tarifas son aplicadas en formas ascendentes y muchos de los clientes de las EDES reciben un subsidio del Gobierno Central que reduce las facturas mensuales con indexes establecidos, de acuerdo con la variación de precios de energía y materiales utilizados en la generación, transmisión y distribución de electricidad.

Tarifa establecida por la Superintendencia de Electricidad en República Dominicana
TARIFAS DE REFERENCIA Y APLICADA
ENERO - MARZO 2020

Cuadros tarifarios - Enero - Marzo 2020

TARIFA	CONCEPTO	UNIDAD	TARIFAS DE REFERENCIA			TARIFAS A APLICAR
			A EDESUR	B EDENORTE	C EDEESTE	D EDES
BTS-1	**Cargo Fijo**					
	Consumo mensual de 0 hasta 100 kWh	RD$/Cliente mes	45.68	36.64	41.75	37.95
	Consumo mensual de 101 kWh en adelante	RD$/Cliente mes	45.68	36.64	41.75	137.25
	Cargos por energía:					
	Los Primeros kWh entre 0 - 200	RD$/KWH	10.46	11.39	11.04	4.44
	Los siguientes kWh entre 201 - 300	RD$/KWH	10.46	11.39	11.04	6.97
	Los siguientes kWh entre 301 - 700	RD$/KWH	10.46	11.39	11.04	10.86
	Los siguientes kWh 701 o mayor	RD$/KWH	10.46	11.39	11.04	11.10
BTS-2	**Cargo Fijo**	RD$/Cliente mes	45.68	36.64	41.75	137.67
	Cargos por energía:					
	Los Primeros kWh entre 0 – 200	RD$/KWh	10.46	11.39	11.04	5.97
	Los siguientes kWh entre 201 – 300	RD$/KWh	10.46	11.39	11.04	8.62
	Los siguientes kWh entre 301 – 700	RD$/KWh	10.46	11.39	11.04	11.3
	Los siguientes kWh 701 o mayor	RD$/KWh	10.46	11.39	11.04	11.49

Tabla 5.5: Tarifa Residencial por cargos de Electricidad establecida por la Superintendencia de Electricidad en República Dominicana.

Tarifa Residencial Escalonada BTS-1 en la República Dominicana - 2020

Cargo Fijo	Escala 1	Escala 2	Escala 3	Escala 4
Consumo Mensual RD$ 0 – 100 kWh = 37.95 Sobre 100 kWh = 137.25	0-200 KWH RD$ 4.44	0-200 KWH RD$ 4.44	301-700 KWH RD$ 10.86	>701 KWH RD$ 11.10

Ilustración 5.2: Tarifa Escalonada BTS-1 Residencial en la República Dominicana, como aparece en la tabla tarifaria no. 5.5.

1. Si una Residencia consume 100 kWh en un mes, pagaría RD$ 481.95, $37.95 por cargo fijo, más 100 x $4.44 = $444.00 por cargo de consumo de energía
2. Si la misma Residencia consume 101 kWh en un mes, pagaría RD$ 583.69, la cubeta de cargo fija se llenó con 100 kWh, en cálculo anterior, y pasaría al próximo renglón de $135.25, por consumo mensual y cargo fijo, más 101 x $4.44 = RD$ 448.44 por cargos y consumo de energía
3. Si la misma Residencia consume 300 kWh en un mes, pagaría RD$ 2,228.25, $135.25 por consumo mensual por cargo fijo, más 300 x $6.97 = RD$ 2,091.00, por cargos por consumo de energía. En este caso, la cubeta de los 200 kWh se llenó y pasó a la escala tarifaria de 201 a 300 kWh
4. Si la misma Residencia consume 301 kWh en un mes pagaría RD$ 3,404.11, $135.25 por consumo mensual, por cargo fijo, más 301 x $10.86 = RD$ 3,268.86, por cargos y consumo de energía. En este caso, la cubeta de los 201 a 300 kWh se llenó y pasó a la escala tarifaria de 301 a 700 kWh
5. Si la misma Residencia consume 701 kWh en un mes pagaría RD$ 7,916.35, $135.25, por consumo mensual y cargo fijo y 701 x $11.10 = RD$ 7,781.10, por cargos y consumo de energía. En este caso, la cubeta de los 301 a 700 kWh se llenó y pasó a la escala tarifaria de 701 kWh en adelante

3. Tarifa Escalonada BTS-2 para negocios pequeños en República Dominicana

La Tarifa BTS-2 para negocios pequeños en República Dominicana es similar a la residencial, con la diferencia de que los cargos por kWh son un poco más elevados.

Como puede apreciarse en la tabla no. 3, los cargos varían de la siguiente forma:

- Tarifa fija por el servicio es el mismo de RD$ 137.25
- El consumo de energía de 0 a 200 kWh de RD$ 4.44 residencial a RD$ 5.97 comercial
- Los siguientes 201 a 300 kWh de RD$ 6.97 residencial a RD$ 8.62 comercial
- Los siguientes 301 a 700 kWh de RD$ 10.86 residencial a RD$ 11.30 comercial
- Después de 701 kWh en adelante de RD$ 11.10 residencial a 11.49 comercial

Los ejemplos que presentamos más arriba con las tarifas residenciales pueden ser utilizados para calcular los cargos por el consumo de las escalas presentadas para negocios pequeños. En la ilustración no. 5.2 ofrecemos un cuadro similar al presentado en la ilustración no. 5.1, donde podemos apreciar el próximo cargo a aplicar, una vez que se llena la cubeta con el máximo de kWh, perteneciente a esa escala.

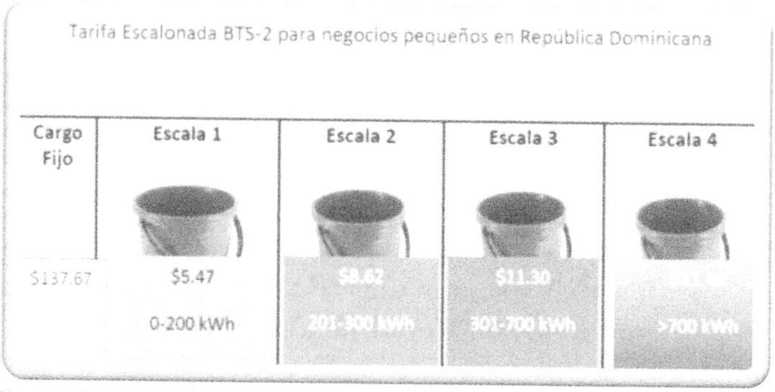

Tarifa Escalonada BTS-2 para negocios pequeños en República Dominicana

Cargo Fijo	Escala 1	Escala 2	Escala 3	Escala 4
$137.67	$5.47	$8.62	$11.30	[illegible]
	0-200 kWh	201-300 kWh	301-700 kWh	>700 kWh

Ilustración 5.3: Tarifa Escalonada BTS-2 para negocios pequeños en República Dominicana, como aparece en la tabla tarifaria no. 5.5.

Tarifa eléctrica residencial de servicios de calefacción en New Jersey

La Tarifa Eléctrica Residencial para calefacción es un servicio que ofrece PSE&G a sus clientes, exclusivo para la calefacción. Esta tarifa es ascendente en la temporada de verano y descendente en la temporada de invierno.
De acuerdo con la información de las tablas No. 5.1 y 5.2, los cargos en las tarifas se aplican de la siguiente forma:

Tarifa de verano ascendente en el año 2009, tabla no. 5.1.

0-600 kWh - $ 0.198607
Sobre 600 kWh - $ 0.216755

Tarifa de invierno descendente en el año 2009, tabla no. 5.1.

0-600 kWh - $ 0.156983
Sobre 600 kWh - $ 0.138151

Tarifa de verano ascendente en el año 2017, tabla no. 5.2.

0-600 kWh - $ 0.154087
Sobre 600 kWh - $ 0.173079

Tarifa de invierno descendente en el año 2017, tabla no. 5.2.

0-600 kWh - $ 0.139246
Sobre 600 kWh - $ 0.117783

Como pudo observarse, en el verano, el costo de esta tarifa aumenta después de que sobrepasa los 600 kWh, y en el invierno disminuye después de que sobrepasa los 600 kWh.

TARIFA RESIDENCIAL ADMINISTRADA TIEMPO-DEL-DÍA (TIME-OF-DAY)

Esta Tarifa de Tiempo del Día es también llamada Carga Residencial Administrada (Residential Load Management, RLM), y está disponible para los clientes residenciales que voluntariamente quieran comprar y administrar la energía, de acuerdo con sus preferencias y necesidades.

Esta tarifa varía los precios entre las horas punta y fuera de punta en las temporadas de verano e invierno. Si el cliente escoge esta tarifa pagará un costo más alto en las horas punta (7 a.m. a 9 p.m.), de lunes a viernes, y un costo más bajo durante las horas fuera de punta (9 p.m. a 7 a.m.), incluyendo las 24 horas de los sábados y domingos.

En las tablas no. 5.1, 5.2, 5.3 y 5.4 Tarifas Residenciales por Cargos de Electricidad del Estado de New Jersey, podemos observar que la cuarta columna tiene los cargos por energía, pertenecientes a la Carga Residencial Administrada de los años 2009, 2010 y 2017. Los costos por kWh no son escalonados, estos costos son aplicables, de acuerdo con el consumo en horas de punta y fuera de punta en las temporadas de verano e invierno. La compañía que suministra el servicio le provee un Metro (Contador) que indica el consumo, con base en los diferentes horarios diarios.

Los usuarios que tienen estos contratos utilizan la energía el mínimo posible durante las horas de punta y el máximo durante las horas fuera de punta.

Ejemplo:

Si usted tiene un contrato bajo esta tarifa y su residencia consume 700 kWh en un mes, 500 kWh durante las horas de punta y 200 kWh durante las horas fuera de punta, su factura tendría el costo siguiente:

Si es durante un mes de verano los cargos serían:

500 kWh x $0.306681 = $153.34
200 kWh x $0.077358 = $ 15.47
$168.81

Si en lugar de consumir 500 kWh durante las horas de punta, consume 300 KWH y 400 KWH durante las horas fuera de punta, la factura tendría el siguiente costo:

300 KWH x $0.306681 = $ 92.00
400 KWH x $0.077358 = $ 30.94
$122.94

Una reducción de $45.87. Esto quiere decir que usted controla el consumo de su residencia, dependiendo de cómo consuma la energía eléctrica. Las personas que tienen estos contratos optan por utilizar las lavadoras de ropa y platos y otros enseres eléctricos durante las horas fuera de punta.

Tarifa interrumpible

En esta opción, las compañías suministradoras de energía aplican una tarifa más barata, con el compromiso de poder interrumpir el servicio al cliente, o le exige reducir el consumo a un predeterminado nivel acordado en un contrato. Generalmente, las compañías suministradoras hacen estas interrupciones algunas veces al año, en ocasiones, cuando la demanda energética es muy grande. Es bien sabido que los precios energéticos varían cada año, y para que pueda comparar la variación de los precios de la energía eléctrica en los últimos años, les presentamos varias tablas, mostrando incrementos de los costos energéticos de algunos años desde el 2005. En estas comparaciones mostramos las tarifas y los aumentos de los costos energéticos de la compañía PSE&G del Estado de Nueva Jersey, Estados Unidos, y las compañías EDEESTE, EDENORTE, y EDESUR de la Superintendencia de Energía de Republica Dominicana.

TARIFAS COMERCIALES E INDUSTRIALES EN NEW JERSEY

Tarifa de Servicios Generales de Potencia y Alumbrado (General Lighting and Power Service (GLP)

Esta tarifa de servicios Generales de Potencia y Alumbrado es aplicable a los negocios y pequeñas industrias en el Estado de New Jersey. Los cargos son impositivos por servicios de Transporte (Delivery) y servicios por suministro (Electric Supply Charges).
Las tablas 5.7, 5.8, 5.9 y 5.10 muestran los cargos por las tarifas de Servicios Generales de Potencia y Alumbrado, Servicios Secundarios de Alta Potencia y Alumbrado (LPL-S), Servicios Primarios de Alta Potencia y Alumbrado (LPL-P) y Servicios de Alta tensión.

Cargos por servicios de transporte energético aplicables a los pequeños negocios:

- Cargos por el servicio
- Cargos por distribución de Kilovatios
  - Demanda anual $/KW
    - Estos cargos son aplicables mensualmente por el consumo mayor de demanda de un mes durante un periodo de 12 meses
  - Cargos por demanda de verano $/KW
- Cargos por distribución de Kilovatios-hora
  - Verano 1
  - Invierno 1
- Cargos por beneficios sociales
- Cargos por otros artículos de transmisión
- Cargos por seguridad, transición e impuestos

Cargos por servicios de suministro aplicables a los pequeños negocios

- **Servicios básicos por generación $/kWh**
  - Verano
  - Invierno
- **Cargos por Capacidad: $/kW obligación de generación**
  - **Estos cargos garantizan que genere la cantidad de kW comprometida con cada usuario del sistema de la red de**
  - Verano
  - invierno
- **Cargos por transmisión**
  - **$/kW por obligación de transmisión**
    - **Estos cargos garantizan la transmisión de kW comprometida con cada usuario de la red de transmisión**

Cargos por transporte y suministro para usuarios de Servicios Secundarios de Alta Potencia y Alumbrado (LPL-S).

Los servicios Secundarios de Alta Potencia y Alumbrado (LPL-S) son ofrecidos a grandes consumidores de energía. En estos servicios la utilidad ofrece y da mantenimiento a los servicios primarios y transformadores, los usuarios obtienen los servicios secundarios.

Cargos por Transporte y Suministro para Usuarios de Servicios Primarios de Alta Potencia y Alumbrado (LPL-P)

Los servicios Primarios de Alta Potencia y Alumbrado (LPL-P) son ofrecidos a grandes consumidores de energía. En estos servicios la utilidad ofrece los servicios primarios, los usuarios son responsables de comprar, instalar los transformadores y dar mantenimiento a los servicios primarios y secundarios.

PUBLIC SERVICE ELECTRIC AND GAS COMPANY
EFFECTIVE JUNE 1, 2005
ELECTRIC SERVICE

	General Lighting and Power Service (GLP)	Large Power and Lighting Service Secondary (LPL-S)	Large Power and Lighting Service Primary (LPL-P)	High Tension Service [illegible] (HTS-S)	High Tension Service High Voltage (HTS-HV)	Building Heating Service (HS) (Closed)
Delivery Charges						
Service Charge	[illegible]	[illegible]	[illegible]	[illegible]	[illegible]	[illegible]
Service Charge – Unmetered	[illegible]	—	—	—	—	—
Service Charge – Night Use	[illegible]	—	—	—	—	—
Service Charge – Primary Distribution	—	—	18.93	—	—	—
Distribution Kilowatt Charges $/kW						
Annual Demand Charge	[illegible]	[illegible]	[illegible]	[illegible]	[illegible]	
Summer Demand Charge (1)	[illegible]	[illegible]	[illegible]	[illegible]	[illegible]	
Distribution Kilowatthour Charges $/kWh						
Summer (1)	[illegible]	—	—	—	—	[illegible]
Winter (1)	[illegible]	—	—	—	—	[illegible]
Night Use (2)	[illegible]	—	—	—	—	—
All Use	—	[illegible]	[illegible]	[illegible]	[illegible]	—
Default Supply Service Availability Charge	[illegible]	[illegible]	[illegible]	[illegible]	[illegible]	[illegible]
Societal Benefits Charge (5)	[illegible]	[illegible]	[illegible]	[illegible]	[illegible]	[illegible]
Non-Utility Generation Transition Charges (5)	[illegible]	[illegible]	[illegible]	[illegible]	[illegible]	[illegible]
Securitization Transition Charges (TBC + MTC-Tax) (5) / Amortization of Excess Depreciation Reserve / System Control Charge	[illegible]	[illegible]	[illegible]	[illegible]	[illegible]	[illegible]
Electric Supply Charges						
Basic Generation Service $/kWh						
Summer (1 & 5) / Winter (1 & 5) / Night Use – Summer / Night Use – Winter	[illegible]	—	—	—	—	—
Summer On-Peak / Summer Off-Peak / Winter On-Peak / Winter Off-Peak	—	[illegible]	—	—	—	—
Summer On-Peak / Summer Off-Peak / Winter On-Peak / Winter Off-Peak	—	[illegible]	—	—	—	—
All Use	Determined Hourly [illegible]	Determined Hourly [illegible]	Determined Hourly	Determined Hourly	Determined Hourly	Determined Hourly [illegible]
Summer Use / Winter Use	—	—	—	—	—	[illegible]
Reconciliation Charge	Determined Monthly	Determined Monthly	Determined Monthly	Determined Monthly	Determined Monthly	Determined Monthly
Capacity Charges $/kW Generation Obligation						
Summer / Winter	[illegible]	[illegible]	[illegible]	[illegible]	[illegible]	—
Summer / Winter	[illegible]	[illegible]	—	—	—	[illegible]
Transmission Charges $/kW Transmission Obligation	[illegible]	[illegible]	[illegible]	[illegible]	[illegible]	[illegible]

	Body Politic Lighting Service (BPL)	Body Politic Lighting Service from Publicly Owned Facilities (BPL-POF)	Private Street and Area Lighting Service (PSAL)
Facilities Charges / Maintenance Charges / Delivery Charges	[illegible]	[illegible]	[illegible]
Distribution Kilowatthour Charges $/kWh			
All Use	[illegible]	[illegible]	[illegible]
Societal Benefits Charge / Non-Utility Generation Transition Charge	[illegible]	[illegible]	[illegible]
Securitization Transition Charges / Amortization of Excess Depreciation Reserve / System Control Charge	[illegible]	[illegible]	[illegible]
Electric Supply Charges			
Basic Generation Service $/kWh: Summer Use / Winter Use	[illegible]	[illegible]	[illegible]
Reconciliation Charge	Determined Monthly	Determined Monthly	Determined Monthly
[illegible]	See Rate Schedule		See Rate Schedule

Notes: [illegible]

Tabla 5.6: Tarifa eléctrica comercial de la compañía Suministradora de Gas y Electricidad de New Jersey, efectivo junio, 2005.

PUBLIC SERVICE ELECTRIC AND GAS COMPANY
RATES EFFECTIVE JULY 1, 2014
ELECTRIC SERVICE

Delivery Charges

Electric Supply Charges

Delivery Charges

Electric Supply Charges

Tabla 5.7: Tarifa eléctrica comercial de la compañía Suministradora de Gas y Electricidad de New Jersey, efectiva en julio 1, 2014.

PSE&G	
PSE&G Electric	
Uso	Metro
Lectura actual agosto 7	58355
Lectura actual julio 9	54886
Total, kWh	3469
Demandas por distribución	
Demanda Anual kW	14.4
Demanda de verano	14.4
Demandas Medida	
Demanda kW	14.4
Capacidad suministrada	
Generación kW	12.87
Transmisión kW	12.02

Agosto 2012			
Cuenta no. 00 000 000 00		Factura no. 000000000000	
Cargos			
Transporte		Tarifa : GLP	
Cargos por el servicio		$	4.38
Cargos por distribución			
Demanda anual	14.40 kW @ $4.236805558		61.01
Demanda de verano	14.40 kW @ $7.86250002		113.22
Cargos por kWh	2631 kWh @ $0.020197643		53.14
Próximo	838 kWh @ $0.020262530		16.98
Beneficios sociales	3469 kWh @ $0.009247622		32.08
Transición de seguridad	3469 kWh @ $0.010608244		36.80
Subtotal de transporte		$	**317.61**
Suministro			
Capacidad BGS			
Generación	12.87 kW @ $6.008547009		
Transmisión	12.02 kW @ $2.684692180		
Energía BGS			
Cargos	2631 kWh @ $0.075750665		
Próximos	838 kWh @ $0.072947494		
Subtotal de suministro		$	**370.03**
Total, por cargos eléctricos		$	**687.64**

Ilustración 5.4: Factura eléctrica del mes de agosto (Tarifa GLP de verano) del 2012.

PSE&G

Agosto 2014 — Tarifa comercial

Cuenta no. 00 000 000 00 — Factura no. 00000000000

PSE&G Electric

Uso	Metro
Lectura actual agosto 7	58355
Lectura actual julio 9	54886
Total, kwh	3469

Demandas por distribucion	
Demanda Anual kW	14.4
Demanda de verano	14.4

Demandas Medida	
Demanda kW	14.4

Capacidad Suministrada	
Generacion kW	12.87
Transmision kW	12.02

Cargos			
Transporte			Tarifa-GLP
Cargos por el servicio			$4.24
Cargos por distribución			
Demanda anual		14.40 kW @ $4.278740157	$61.61
Demanda de verano		14.40 kW @$7.941732283	$114.36
Cargos por kWh		2769 kWh @ $0.020197643	$55.93
	Próximo	700 kWh @ $0.020262530	$14.18
Beneficios sociales		3469 kWh @ $0.008655126	$30.02
Seguro de transición		3469 kWh @ $0.011717710	$40.65
	Subtotal de transporte		**$321.00**
Suministro			
Capacidad BGS			
Generación		12.87 kW @ $5.572153735	$ 71.71
Transmision		12.02 kW@ $5.181744750	$ 62.28
Energía BGS			
Cargos		2769 kWh @ $0.068757244	$ 190.39
	Proximos	700 kWh @ $0.0725400000	$ 52.78
	Subtotal de suministro		**$377.17**
Total, por cargos eléctricos			**$698.17**

Ilustración 5.5: Comparación de la Factura eléctrica mostrada en la ilustración 5.4 con el consumo del 2012 y Tarifa de verano del 2014.

PSE&G

Agosto 2018

Cuenta no. 00 000 000 00 — Factura no. 000000000000

PSE&G Electric

Uso	Metro
Lectura actual agosto 7	58355
Lectura actual julio 9	54886
Total, kWh	3469
Demandas por distribución	
Demanda anual kw	14.4
Demanda de verano	14.4
Demandas Medida	
Demanda kW	14.4
Capacidad suministrada	
Generación kW	12.87
Transmisión kW	12.02

Cargos		
Transporte		Tarifa - GLP
Cargos por el Servicio		$4.22
Cargos por Distribución		
Demanda Anual	14.40 kW @ $4.32800000	$62.32
Demanda de Verano	14.40 kW @$8.038000000	$115.75
Cargos por kWh	2769 kWh @ $0.010163000	$ 28.14
Próximo	700 kWh @ $0.042099000	$ 29.47
Beneficios Sociales	3469 kWh @ $0.008655126	$ 30.02
Seguro de Transición	3469 kWh @ $0.011717710	$ 40.65
Subtotal de transporte		**$310.57**
Suministro		
Capacidad BGS		
Generación	12.87 kW @ $9.3339000000	$120.19
Transmisión	12.02 kW @ $9.392400000	$112.90
Energía BGS		
Cargos	2769 kWh @ $0.068757244	$190.39
Próximos	700 kWh @ $0.075400000	$52.78
Subtotal de suministro		**$476.26**
Total, por cargos eléctricos		**$786.83**

Ilustración 5.6: Comparación de la factura eléctrica mostrada en la ilustración 5.5, con el consumo de 2012 y tarifa de verano de 2018.

TARIFA ELECTRICA Rep. Dominicana | 1-Jul-14

Tarifa establecida por la Superintendencia de Electricidad		Tarifa sin subsidio (RD$)	Tarifa con subsidio (RD$)
BTS1 RESIDENCIAL	Cargo Fijo		
	Consumo mensual de 0 hasta 100 kWh	41.51	37.95
	Consumo mensual de 101 kWh en adelante	150.09	137.25
	Energía		
	0-200 kWh	10.08	4.44
	201-300 kWh	10.08	6.97
		12.42	10.86
	>700 kWh	12.42	11.10
BTS2 COMERCIOS PEQUEÑOS	Cargo fijo	102.19	137.07
	Energía		
	0-200 kWh	10.08	5.97
	201-300 kWh	10.08	8.62
	301-700 kWh	12.42	11.3
	>700 kWh	12.42	11.49
BTD	Cargo Fijo	235.66	224.53
	Energía	8.06	7.37
	Potencia máxima	1086.99	993.99
BTH	Cargo fijo	179.7	224.53
	Energía	7.92	7.2
	Potencia máx. Fuera de punta	277.05	253.35
	Potencia máx. en horas de Punta	1544.93	1412.74
MTD1	Cargo fijo	235.66	224.53
	Energía	8.06	7.81
	Potencia máxima	459.14	485.98
MTD2	Cargo fijo	235.66	224.53
	Energía	8.06	7.38
	Potencia máxima	340.4	340.39
MTH	Cargo fijo	179.7	224.53
	Energía	7.92	7.26
	Potencia máxima	106.42	97.33
	Potencia máx. en horas de punta	1077.43	985.26

Tabla 5.7: Tarifas eléctricas en República Dominicana a partir del 1 de julio de 2014.

EDESUR, EDEESTE y EDENORTE a los Usuarios del Servicio Público de Distribución de Electricidad, servidos desde circuitos interconectados al SENI según el siguiente cuadro:

TARIFA	CONCEPTO	UNIDAD	TARIFAS DE REFERENCIA OCT -DIC 2021			TARIFAS A APLICAR OCTUBRE 2021
			EDESUR	EDENORTE	EDEESTE	
BTS-1	Cargo Fijo por Rangos de Consumo:					
	(i) Consumo mensual de 0 hasta 100 kWh	RD$	51.10	40.97	46.70	37.95
	(ii) Consumo mensual de 101 kWh en adelante	RD$	51.10	40.97	46.70	137.25
	Cargos por Energía:					
	(i) Los primeros kWh entre 0 y 200	RD$/kWh	11.95	12.72	11.91	4.44
	(ii) Los siguientes kWh entre 201 y 300	RD$/kWh	11.95	12.72	11.91	6.97
	(iii) Los siguientes kWh entre 301 y 700	RD$/kWh	11.95	12.72	11.91	10.86
	(iv) Consumo de 701 kWh o mayor, todos los kWh a	RD$/kWh	11.95	12.72	11.91	11.10
BTS-2	Cargo Fijo	RD$	51.10	40.97	46.70	137.67
	Cargos por Energía:					
	(i) Los primeros kWh entre 0 y 200	RD$/kWh	11.95	12.72	11.91	5.97
	(ii) Los siguientes kWh entre 201 y 300	RD$/kWh	11.95	12.72	11.91	8.62
	(iii) Los siguientes kWh entre 301 y 700	RD$/kWh	11.95	12.72	11.91	11.30
	(iv) Consumo de 701 kWh o mayor, todos los kWh a	RD$/kWh	11.95	12.72	11.91	11.49
BTD	Cargo Fijo	RD$	81.89	65.00	74.16	224.53
	Cargo por Energía	RD$/kWh	7.55	7.52	7.19	7.37
	Cargo por Demanda Máxima Potencia	RD$/kW	1,750.37	2,326.42	2,057.51	993.99
BTH	Cargo Fijo	RD$	81.89	65.00	74.16	224.53
	Cargo por Energía	RD$/kWh	7.55	7.52	7.19	7.26
	Cargo Demanda Máxima de Potencia HFP	RD$/kW	888.64	1091.10	945.55	253.35
	Cargo Demanda Máxima de Potencia HP	RD$/kW	1,839.81	2,474.23	2,194.48	1,412.74

MTD-1	Cargo Fijo	RD$	90.09	87.05	82.27	224.53
	Cargo por Energía	RD$/kWh	6.75	6.82	6.45	7.81
	Cargo por Demanda Máxima Potencia	RD$/kW	647.27	1079.24	1105.23	485.98
MTD-2	Cargo Fijo	RD$	90.09	87.05	82.27	224.53
	Cargo por Energía	RD$/kWh	6.75	6.82	6.45	7.38
	Cargo por Demanda Máxima Potencia	RD$/kW	647.27	1079.24	1105.23	340.39
MTH	Cargo Fijo	RD$	90.09	87.05	82.27	224.53
	Cargo por Energía	RD$/kWh	6.75	6.82	6.45	7.26
	Cargo Demanda Máxima de Potencia HFP	RD$/kW	220.03	328.16	430.36	97.33
	Cargo Demanda Máxima de Potencia HP	RD$/kW	735.29	1,210.51	1,277.38	985.26

Tabla 5.8: Tarifas eléctricas en República Dominicana, a partir del mes de agosto de 2021.

EVALUACIÓN DE CONSUMO Y FACTURACIÓN DE GAS

Tarifa de gas residencial	
Invierno	
Primer 1 ccf / mes	$5.12
Próximos 2.9 Mcf / mes	$5.347 / Mcf
Próximos 7 Mcf / mes	$3.530 / Mcf
Verano	
Primer 1 ccf / mes	$5.12 / Mcf
Próximos 2.9 Mcf / mes	$5.347 / Mcf
Próximos 7 Mcf / mes	$3.633 / Mcf
El periodo de verano incluye los meses de mayo a octubre. El periodo de invierno incluye los meses de noviembre a abril.	

La tarifa de gas residencial es ascendente/descendente.

Tarifa de gas comercial	
Invierno	
Primer 1 ccf / mes	$6.79
Próximos 2.9 Mcf / mes	$5.734 / Mcf
Próximos 7 Mcf / mes	$5.386 / Mcf
Próximos 90 Mcf / mes	$4.372 / Mcf
Próximos 1900 Mcf / mes	$4.127 / Mcf
Próximos 6000 Mcf / mes	$3.808 / Mcf
Sobre 8000 Mcf / mes	$3.762 / Mcf
Verano	
Primer 1 ccf / mes	$6.79 / Mcf
Próximos 2.9 Mcf / mes	$5.734 / Mcf
Próximos 7 Mcf / mes	$5.386 / Mcf
Próximos 90 Mcf / mes	$4.372 / Mcf
Próximos 1900 Mcf / mes	$4.127 / Mcf
Próximos 6000 Mcf / mes	$3.445 / Mcf
Sobre 8000 Mcf / mes	$3.399 / Mcf
El periodo de verano incluye los meses de mayo a octubre. El periodo de invierno incluye los meses de noviembre a abril.	

Tarifa de gas industrial	
Primer 1 ccf / mes	$19.04
Próximos 2.9 Mcf / mes	$5.490 / Mcf
Próximos 7 Mcf / mes	$5.386 / Mcf
Próximos 90 Mcf / mes	$4.372 / Mcf
Próximos 1900 Mcf / mes	$4.127 / Mcf
Próximos 6000 Mcf / mes	$3.445 / Mcf
Sobre 8000 Mcf / mes	$3.399 / Mcf
El periodo de verano incluye los meses de mayo a octubre. El periodo de invierno incluye los meses de noviembre a abril.	

VERIFICACIÓN DE AHORROS

Proceso de verificación de los ahorros obtenidos después de implementar un proyecto de Conservación Energética

La verificación de los ahorros es muy importante en un programa de conservación energética, pues esto comprueba los resultados del proyecto. Los siguientes pasos son importantísimos para la comprobación del efecto de este:

- Los ahorros energéticos en las edificaciones son un poco difíciles de medir y comprobar, porque siempre hay que seguir muy de cerca si se conecta o agrega algún equipo adicional, o se desconecta o deja de funcionar cualquier aparato, lo que ocasionaría la ausencia del uso energético
- **Medición de consumo al iniciar el proyecto.** Medir y analizar el consumo de energía antes de iniciar el proyecto. Es la etapa conocida como punto de partida; o sea las bases actuales del

consumo, para poder comparar el aumento o disminución del gasto de energía después de implementarse el proyecto

- **Medición del consumo durante la Implementación del proyecto**. En esta etapa del programa se:

    - Modifican o cambian los equipos para mejorar la eficiencia y reducir el consumo. También se recomienda mejorar el mantenimiento de los equipos, en caso de que fuese necesario

    - Basado en las deficiencias observadas se comienzan a implementar las estrategias recomendadas para mejorar las conductas de los usuarios, en término de cambiar ciertos patrones del uso de los equipos que consumen energía

- **Medición del consumo después de la implementación del proyecto.** Después de modificar los equipos y realizar las implementaciones recomendadas, es imperante medir los parámetros de consumo y mejorías en servicios de las áreas que se han modificado para verificar los resultados del proyecto
- **Supervisión de consumo y facturas energéticas**. El consumo de energía tiene que ser supervisado durante la ejecución del programa, para verificar que las estrategias y cambios realizados durante la etapa de implementación están dando los resultados que fueron proyectados durante la etapa de planificación

- De acuerdo al Manual *Estrella para Edificaciones (Energy Star Building Manual)*, los ahorros energéticos se reflejan en las ganancias y pérdidas de una empresa al reducir los costos operacionales, mientras que directamente aumentan las ganancias. El costo anual en energía para operar un Supermercado o cualquier espacio comercial generalmente es equivalente a las ganancias netas
    - Los espacios comerciales reflejan un cambio de uno a dos por ciento de las ventas anuales

REFERENCIAS

ASHRAE. (1999). Energy Managemente Applications Hand book.

ASHRAE STAFF, S. P. (2011). *Advance Energy Design Guide for Highway Lodging, Achieving 30% Energy Savings toward a Net Zero Energy Building.* W. Stephen Comstock.

Energy, U. D. (2011, Septiembre). Advance Energy Retrofit Guide.

IESNA, A. /. (2019). *Achiving Zero Energy, Advance Energy Design Guide for Small to Medium Office Building.* ASHRAE.

IESNA, A. A. (2015). *Advance Energy Design Guide for Grocery Stores, Achieving 50% Energy Savings toward a Net Zero Energy Building.* ASHRAE.

IESNA, A. /. (2014). *Advance Energy Design Guide for Medium to Big Box Retail Buildings, Achieving 50% Energy Savings toward a Net Zero Energy Building.*

IESNA, A. /. (2009). *Advance Energy Design Guide for Small Hospitals and Healthcare Facilities, Achieving 30% Energy Savings toward a Net Zero Energy Building.* ASHRAE.

IESNA, A. /. (2008). *Advance Energy Design Guide for Small Retail Buildings.* ASHRAE.

Ken Sufka, A. E. (2014). *Energy Management Guideline.* Washington, DC.

Kennedy, C. /. (2012). *Guide to Energy Management, 7TH Edition.* Lilburn, Georgia: The Fairmont Press.

Office of Energy efficiency and Renewable Enegy, U. D. (October 2017). *EnergySaver.gov.* Retrieved from energy.gov/eere.

Thumann, A. (2008). *Guide to Energy Conservation, Ninth Edition.* Lilburn, Georgia: The Fairmont Press, Inc.

Turner, W. C. (2001). *Energy Management Handbook, Fourth Edition.* Lilburn, Georgia: The Farimont Press, Inc.

DC: U.S. Department of Energy, Office of Energy Efficiency & Renewable Energy.

Wisconsin, C. o. (1990). *Energy Conservation Booklet for Small Commercial Buildings.* Madison, Wisconsin: University of Wisconsin.

Lección 6
Fuentes energéticas

En esta lección ofrecemos algunas orientaciones del funcionamiento de las fuentes de energía eléctricas; el valor de las fuentes energéticas con relación a la supervivencia de la humanidad y la vida moderna; fuentes acumuladoras de energía y el gran potencial que tienen para ahorrar energía, aplicando la Ley de Conservación Energética; y los tipos de fuentes acumuladoras de energía.

Fuentes energéticas y la ley de conservación de energía

De acuerdo con la primera ley de termodinámica, la energía puede ser trasformada, pero no creada ni destruida, por lo que esta debe de ser movilizada por alguna fuerza motriz que la impulse para efectuar un trabajo, lo que se define como la "Ley de Conservación de Energía".
Es necesario entender lo básico y los elementos fundamentales en la energía eléctrica. Cuando una corriente eléctrica fluye por una resistencia, energía es disipada en forma de calor. Esa energía fluyente es lo que se conoce como potencia eléctrica, la cual es expresada en vatios o en la palabra inglesa *watt*.
Un vatio es la cantidad de potencia cuando un Joule de energía es consumido en un segundo.
Potencia es la razón de transferir el trabajo energético
1 kilovatio = 1000 vatios

La energía eléctrica es expresada con la unidad vatio-hora (Wh):

- Potencia y energía están relacionadas con el tiempo
- ***Energía es la cantidad de trabajo producido en cierto tiempo***

Energía (Wh) = P x T

P = Potencia (W)
T = Tiempo (hr)

Simplemente, la energía es el resultado de la potencia multiplicada por el tiempo que se utiliza:
1 kilovatio-hora (kWh) = (1000 W) x (1 Hora)

FUENTES PRODUCTORAS DE ENERGÍA ELÉCTRICA

Las fuentes que producen energía eléctrica pueden presentarse en varias formas.

- **Reacción química**. Una batería convierte energía química a energía eléctrica
- **Reacción Nuclear**. El uranio es transformado a través de fisión (separación de un núcleo de uranio en una reacción nuclear) para producir energía, esta moviliza turbinas y generadores para producir electricidad
- **Vapor.** El vapor mueve las turbinas de un generador para generar energía eléctrica
- **Luminosidad.** Una celda fotovoltaica convierte la luz solar en energía eléctrica

- **Energía mecánica**. Energía eléctrica producida por el movimiento de un generador impulsado por un motor a base de combustible
- **Energía eólica.** Energía eléctrica producida por el movimiento de turbinas impulsadas por el viento
- **Energía hidroeléctrica.** Energía eléctrica producida por el movimiento de turbinas a través del movimiento de las aguas
- **Energía geotérmica.** Energía geotérmica es una reserva natural de vapor y agua caliente que se encuentra en el subsuelo de la tierra y puede ser utilizada para generar electricidad o proveer calefacción y enfriamiento directo a una edificación
- **Energía biomasa. La biomasa** genera energía mediante el empleo de materiales orgánicos con residuos producidos por sustancias derivadas de los seres vivos (plantas, animales y los seres humanos)
- **Energía oceánica o mareomotriz.** La energía oceánica o mareomotriz es generada por turbinas con el movimiento de las olas. Dicho movimiento es provocado por la atracción gravitatoria de la luna sobre la tierra

Detalles adicionales sobre la generación de energía renovable se amplían en la **Lección 16.**

El valor de las fuentes energéticas con relación a la supervivencia de la humanidad y la vida moderna

El consumo energético se ha convertido en algo imprescindible para las operaciones diarias de nuestras vidas. De alguna u otra forma necesitamos usar energía para subsistir en la vida moderna.

El valor del uso de la energía es incalculable porque los seres humanos dependemos de esta para alumbrarnos en la oscuridad, conservar los alimentos en los refrigeradores, mantener nuestro hábitat a temperatura ambiente, reduciendo o aumentando la cantidad de calor en los lugares condicionados para vivir, hacer negocios, estudiar, recibir tratamiento médico, recrearse, producir los productos manufacturados de la industria y otros tantos.

Día tras día crece la demanda de la energía eléctrica y es difícil para las autoridades de los países crear nuevas fuentes de suministro de energía, porque es muy costoso y toma tiempo planificar e instalar nuevas plantas generadoras de electricidad.

En algunos países, la producción de energía eléctrica es estable porque existen códigos que regulan la generación, transmisión y distribución; además cuentan con los recursos económicos y la tecnología disponibles para poder mantener los sistemas energéticos, de acuerdo con las demandas. Las compañías que comercializan esta energía cumplen con los códigos y requisitos, con base en lo establecido por leyes federales y estatales.

En muchos países de Latinoamérica, la energía eléctrica es inestable porque la demanda eléctrica es mayor que la

generación, por lo que a diario se producen interrupciones en los circuitos, también llamados apagones. Estos apagones son productos de que las compañías generadoras no cuentan con los medios para instalar suficientes plantas generadoras y líneas de transmisión que suministren las demandas energéticas de los usuarios.
En los Estados Unidos, y en varios países del mundo, se está implementando el concepto de eficiencia energética con resultados altamente satisfactorios, y las compañías generadoras lo ven como un factor principal para mantener un buen servicio a sus usuarios, de acuerdo con las regulaciones federales y estatales, con la intención de brindar un servicio eficiente a sus clientes.

En esta nación, las compañías suministradoras de energía, con el auspicio del Departamento de Energía, han creado y adoptado un concepto de programas de eficiencia energética, porque han comprobado que resulta menos costoso implementar programas de ahorros energéticos con los clientes que emplear recursos económicos para construir nuevas plantas generadoras. Estos programas de eficiencia reducen la energía demandada en lugar de tener que utilizar la generación.

Un programa muy popular en los Estados Unidos, llamado "Responder a Demanda de Eventualidades" (Demand Response Events), es muy importante, porque las compañías suministradoras hacen acuerdos con los usuarios para hacerle un llamado a que reduzcan el consumo durante cierto periodo, cuando se predice que debido a factores diversos las demandas eléctricas pueden aumentar y sobrecargar las redes en las horas pico. Son periodos donde se reduce la demanda, ciertas horas punta del día, cuando se produce gran consumo de energía y por tanto los apagones. Las compañías suministradoras de energía hacen un contrato con algunos de sus abonados y les ofrecen incentivos para que reduzcan el consumo, sacando de servicio algunos equipos de alto consumo temporalmente y así estabilizar la sobrecarga de las redes sin necesidad de cortar el servicio a ciertas áreas. Informaciones más avanzadas de reducción de demanda es presentada en la lección 19 de esta investigación.

FUENTES ACUMULADORAS DE ENERGÍA Y EL GRAN POTENCIAL QUE TIENEN PARA AHORRAR ENERGÍA, APLICANDO LA LEY DE CONSERVACIÓN DE ENERGÍA

Las fuentes de acumuladoras de energía tienen un gran potencial para aplicar la ley de conservación energética. **Esta energía acumulada puede utilizarse con inteligencia y ahorrar dinero** en las tarifas eléctricas.

Las tarifas de energía y potencia eléctricas varían de acuerdo con las horas de consumo, por lo que el consumidor tiene opciones de comprarla y utilizarla de acuerdo con sus necesidades y conveniencia. Generalmente, el costo de energía es más cara durante las horas del día, cuando la demanda de potencia es mayor y más barata durante las horas nocturnas, cuando la demanda de potencia es menor

Regularmente, la tecnología de acumulación (almacenamiento) energética es usada para capturar energía producida en un tiempo definido, para utilizarla en tiempo de emergencia, cuando, por alguna razón, el servicio de energía es interrumpido.

Esta energía acumulada puede reducir los costos en las facturas, utilizándola como fuente abastecedora de circuitos, donde esté conectada una carga de alto consumo de energía. Donde sea posible es recomendable comprar la energía durante las horas nocturnas y acumularla para ser usada en el día, durante las horas punta.

Se recomienda utilizar la energía acumulada para proveer servicios de la siguiente forma:

- Utilizar inversores para las edificaciones y seleccionar los circuitos de los equipos que se deseen energizar durante las interrupciones (apagones) de servicios provistos por las redes eléctricas
- Utilizar la energía acumulada para ahorrar costos de tarifas en horas pico o punta cuando las tarifas impuestas por las compañías suministradoras de energía tienen las tarifas más elevadas, por los precios de kilovatio y kilovatio-hora. Durante estas horas punta algunos circuitos conectados a equipos de mucho consumo se pueden sacar de las redes y conectarse a las fuentes de energía acumuladas

---

Los conceptos explicados arriba se aplican a la ley de conservación de energía. "La energía se transforma, pero no se destruye" y usted paga por lo que consume.

En algunos países donde las compañías suministradoras de energía no tienen la capacidad para satisfacer las demandas energéticas a todos los clientes, abonados durante las 24 horas del día, en ocasiones interrumpen el servicio para suministrar energía a otros sectores de la población. Cuando esto sucede, la mayoría de las personas tienen la percepción de que las compañías suministradoras de energía les facturan por un servicio no consumido y les recaudan cierta cantidad de energía en las facturas, cuando solamente ofrecen un servicio parcial durante ciertas horas del día.

Las siguientes explicaciones quizás puedan ayudar a los consumidores a entender el consumo energético durante las horas de interrupción de servicio o apagones:

1. Si el usuario no tiene inversor ni acumuladores de energía (baterías), el consumo es ninguno, o cero costos durante las horas que la compañía suministradora no está ofreciendo el servicio

   ***Energía Consumida* = 0**
   ***Costo de Energía* = 0**

2. Si el usuario tiene un inversor y acumuladores de energía (baterías), el consumo es la cantidad de energía que utilice de la energía acumulada en las baterías durante los apagones, como aparece en la ilustración 6.3. La ecuación siguiente demuestra que el total de energía que consume durante las horas que las redes están fuera de servicio, se reduce de la energía que compró antes, cuando las baterías estaban descargadas

   Energía
   = *Energía acumulada en las baterías*
   − *Energía consumida*

3. La energía acumulada en las baterías no es gratis; esta el usuario la compra durante las horas que la compañía distribuidora está suministrando energía para cargar las baterías, como aparece en la ilustración 6.1

    Costo de Energía =
    (Energía acumulada en las baterías) x (Tarifa energética)

4. Después que las baterías están cargadas por completo, un sensor en el cargador abre el circuito y la energía solo se consume en los aparatos y equipos conectados, como aparece en la ilustración 6.2

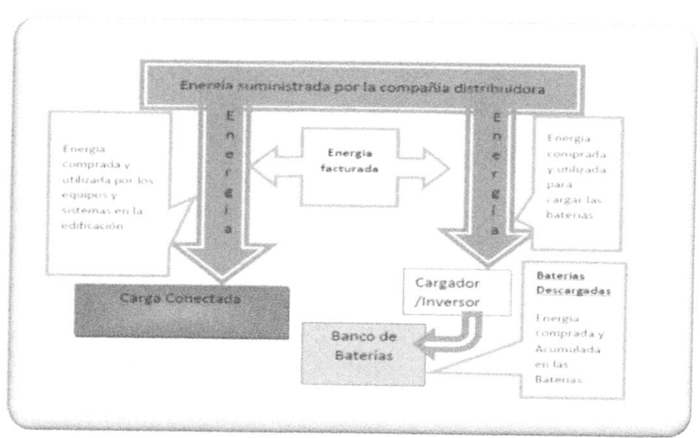

Ilustración 6.1: Ciclo de Consumo Energético durante el tiempo que la Compañía Generadora está Suministrando el Servicio y las Baterías están siendo cargadas. El usuario está comprando la energía que está consumiendo la carga conectada y la carga siendo inyectada a las baterías.

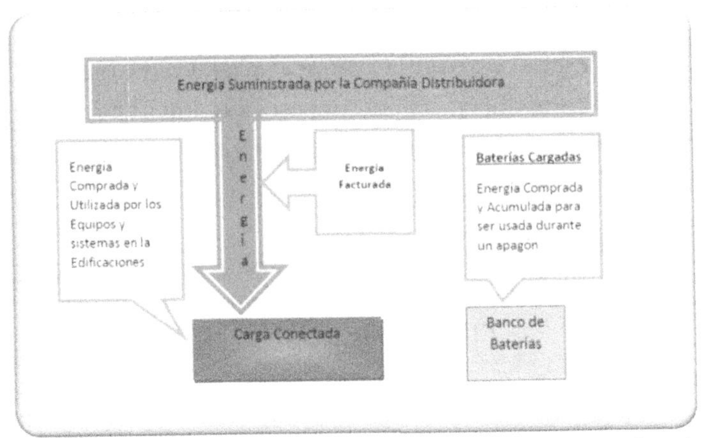

Ilustración 6.2: Después que las Baterías están cargadas, la energía suministrada por la compañía distribuidora es consumida solamente por la carga conectada a la edificación.

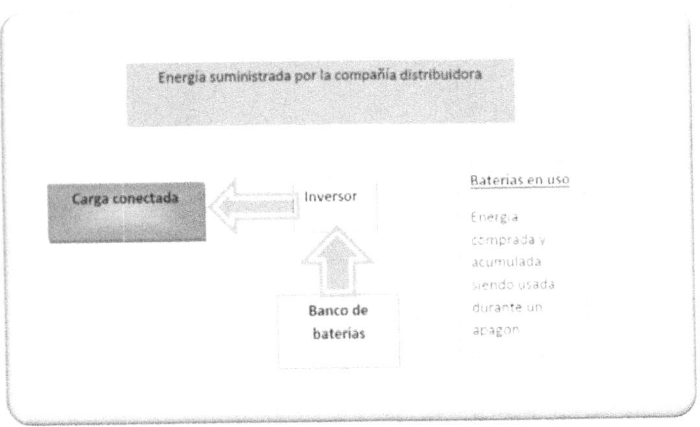

Ilustración 6.3: Ciclo de consumo energético durante un apagón. Las baterías están suministrando la energía a la carga conectada.

TIPOS DE ACUMULADORES DE ENERGÍA

Baterías (Pilas eléctricas o voltaicas)

Las fuentes acumuladoras de energía más populares son llamadas baterías (pila eléctrica o voltaica) y condensadores eléctricos. Estos grandes inventos almacenan la energía para ser utilizada como energía secundaria o portátil.

Las baterías son construidas en dos formas: celdas mojadas y secas. Las celdas consisten en dos electrodos de metales diferentes, inmersos en una solución química llamada electrolito. Un voltaje es desarrollado entre los electrodos como resultado de la reacción química entre los electrodos y el electrolito.

Las baterías también son fuentes importantes de energía portátiles que acumulan cierta cantidad de cargas producidas por fuentes generadoras de energía eléctrica. Una de las desventajas de las baterías es que solamente son diseñadas y fabricadas para almacenar cierta cantidad de energía que a veces resulta insuficiente para suministrar la energía necesaria en cierto tiempo determinado. Actualmente se han hechos muchos avances para crear mega baterías y almacenar cantidades grandes de energía.

DETERMINACIÓN DE CARGAS DE LAS BATERÍAS

Para determinar el tamaño apropiado de las baterías y su tiempo de duración se basa en la magnitud de la carga conectada y la duración de descarga que soporte la batería conectada al sistema. El consumo de potencia de la carga eléctrica determina el tiempo de descarga de estas. El tamaño o capacidad de las baterías es seleccionado basándose en los parámetros y tamaño de los sistemas a conectarse y su promedio de descarga.

La profundidad de descarga de las baterías, en un sistema en operación, es determinada por la energía consumida y la capacidad de almacenamiento.

CONDENSADORES/CAPACITORES

La función principal de los condensadores es acumular energía eléctrica. Estos almacenan energía eléctrica en forma de cargas eléctricas que se acopian en dos placas metálicas conductivas paralelas, separadas por un material aislante llamado dieléctrico. Cuando un condensador es conectado a una fuente de potencia eléctrica, acumula energía que luego puede ser descargada cuando el condensador es desconectado de la fuente de potencia eléctrica. La función de almacenamiento es como el de las baterías, con la diferencia de que las baterías utilizan un proceso electroquímico para acumular la energía y los condensadores simplemente almacenan carga o potencia eléctrica en las placas metálicas.

ACUMULACIÓN DE ENERGÍA TERMAL

Acumulación de energía termal es un sistema de reserva para reusarla en otra ocasión. Generalmente, se usa para balancear la demanda energética entre las horas del día y la noche.

Acumulación de energía termal es usada para acumular energía en forma de congelación (hielo) o enfriamiento de agua en grandes recipientes durante ciertas horas, para luego usarla cuando fuese necesario. Es muy común utilizar esta energía en los aires acondicionados y la ventilación, para acondicionar el ambiente en las edificaciones durante el verano. Generalmente, en estos sistemas se utilizan equipos para congelar o enfriar el agua durante las horas no pico, o fuera de punta, cuando el precio de la energía es más barato para usarla durante las horas pico o el precio de la energía es más caro.

También, la energía se almacena en forma calórica. Esta energía se recolecta durante un tiempo prolongado y generalmente se utiliza para producir vapor e impulsar turbinas y, de este modo generar electricidad o producir agua caliente para ser utilizada en las industrias.

Los programas de **"llamadas de las Compañías Suministradoras de Energía para desconectar cargas en horas de punta"** son muy populares para ahorrar dinero en las facturas, cuando las demandas energéticas son extremas.

Los propietarios de equipos de almacenamiento de energía suscritos a los programas de reducción de demandas de potencia reciben un pago o incentivos cuando los llaman las compañías suministradoras de energía.

En la medida de crecimiento en las demandas de potencia los propietarios de sistemas con capacidad de almacenamiento de energía tienen un potencial de ahorro de dinero en las horas punta.

Referencias

ASHRAE. (1999). Energy Managemente Applications Hand book.

Beaty, D. G. (1993). *Standard Handbook for Electrical Engineers - Thirteenth Edition.* McGraw Hill, Inc.

Floyd, T. L. (1993). *Principles of Electric Circuits, Fourth Edition.* New York: Macmillan Publishing Company.

Ken Sufka, A. E. (2014). *Energy Management Guideline.* Washington, DC.

Kennedy, C. /. (2012). *Guide to Energy Management, 7TH Edition.* Lilburn, Georgia: The Fairmont Press.

Lindeburg, M. R. (2009). *Engineering Unit Conversions, 4th Edition.* Belmont, CA: Professional Publications, Inc.

Patrick, S. W. (2009). *Electrical Power Systems Technology, Third Edition.* Lilburn, Georgia: The Fairmont Press, Inc.

Thumann, A. (2008). *Guide to Energy Conservation, Ninth Edition.* Lilburn, Georgia: The Fairmont Press, Inc.

Turner, W. C. (2001). *Energy Management Handbook, Fourth Edition.* Lilburn, Georgia: The Farimont Press, Inc.

Lección 7
Punto de referencia. Evaluación comparativa

El Punto Base o de Referencia es el más importante cuando se efectúa un proyecto de conservación energética, porque a partir de ese punto es el que se utiliza para comparar y relacionar todo lo concerniente a reducción de consumo y costos en las facturas energéticas, en las ganancias o pérdidas. Analizaremos los puntos de referencia utilizados en los proyectos de conservación energética; las formas de identificar las oportunidades de ahorrar energía; análisis de consumo; revisión de las tarifas de las utilidades; recolección de los datos necesarios para elaborar el Punto Base o de Partida.

Punto de referencia o partida (benchmarking)

Para iniciar una evaluación efectiva en un proyecto de conservación energética es imperante conocer el nivel donde se comienza, el consumo, los costos, el funcionamiento de los equipos que consumen energía en una edificación, por lo que hay que documentar los parámetros existentes, para utilizar estas cuantificaciones y compararlas con los parámetros nuevos y medir el éxito o fracaso del proyecto.

Punto de Referencia, también llamado Evaluación Comparativa, o *Benchmarking* "es la práctica de tomar un punto base como medida de origen para después comparar los resultados medidos de un aparato o equipo, proceso, edificación, organización, establecimiento de normas", con el propósito de observar, informar o mejorar el funcionamiento del sistema o equipo que se desee observar.

Esta práctica también se efectúa con el propósito de reducir el consumo y costo de los proyectos energéticos. En la observación energética de una edificación, el punto de referencia o *Benchmarking* sirve como un mecanismo para medir el funcionamiento energético de un edificio y relacionarlo con el consumo del próximo año, con otra edificación similar, o para usarlo como modelo y hacer simulaciones estándares para referirlo a otras edificaciones.

Cuando estamos considerando evaluar y mejorar el consumo energético en una edificación o empresa, es crítico entender el uso, costo y consumo de energía. Después de revisar las facturas energéticas, el segundo paso es examinar visualmente la edificación para observar en dónde se está consumiendo la mayor cantidad de energía, para establecer el punto de partida.

En las edificaciones comerciales, este punto de referencia es un elemento fundamental para utilizar estrategias de administración energética, porque no se puede ***comparar o administrar lo que no se mide***. Esta práctica ha ido en crecimiento en los establecimientos comerciales, a tal punto que hay una gran cantidad que lo han establecido como estándares de las empresas creando procedimientos de costos energéticos, asociándolos con elementos sostenibles con medidas medioambientales.

Este Punto de Referencia es muy importante para las edificaciones empresariales y gubernamentales, pues les permite organizar el consumo, costos energéticos y comparar los costos operacionales con otras edificaciones similares. También les permite encontrar oportunidades de mejorar las eficiencias de las edificaciones para un mejor rendimiento.

Esta planificación de Punto de Partida debe describir el propósito y la intensión del uso que se va a obtener con este y prepararse de acuerdo con los usuarios que lo vayan a utilizar. Es importante identificar las medidas a utilizarse, para una comunicación efectiva y que los resultados sean positivos. Se debe tomar en cuenta el rol de trabajo del equipo que va a preparar y evaluar este punto de partida, la recopilación de información, y la implementación de este.

El Departamento de Energía de los Estados Unidos (DOE) ofrece una guía ISO 50001, que ofrece un conjunto de herramientas y datos que facilitan la implementación del proceso organizativo de un sistema de administración energética. Para para ejercer la práctica de manera eficaz, el Departamento de Energía de los Estados Unidos (DOE) recomienda que sigamos los siguientes pasos.

1. Establecer metas del Punto de Partida
2. Asegurarse que va a ser aceptado por los Administradores de la Empresa
3. Escoger un equipo que identifique el Punto de Partida

4. Identificar las medidas que se van a utilizar
5. Identificar las informaciones que se van a utilizar
6. Seleccionar las herramientas para el Punto de Partida
7. Determinar el método de colección de información
8. Considerar un proceso de verificación de información
9. Evaluar las técnicas de análisis
10. Utilizar métodos de reuniones de trabajo para las comunicaciones y discusiones del plan
11. Estar preparado para hacer cambios, de acuerdo con lo aprobado por la administración y el equipo

Las gráficas 1 y 2 muestran estimados de consumos energéticos en una residencia y un supermercado, los cuales se pueden utilizar como modelos de un Punto de Partida, para ese tipo de edificación.

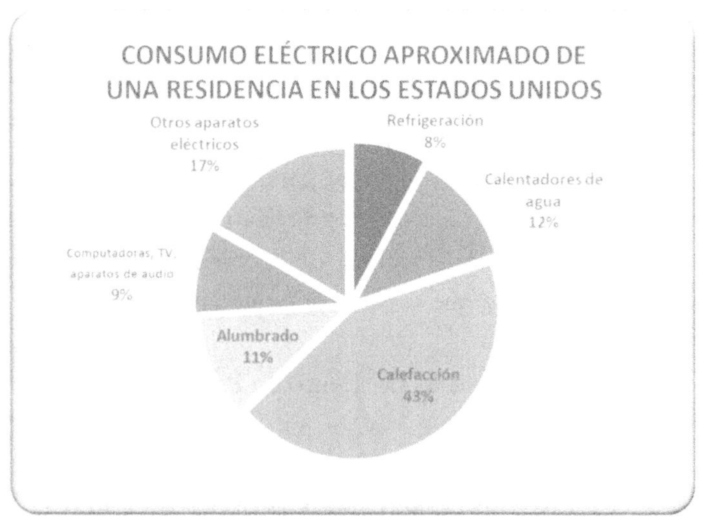

Figure 7.1: Ejemplo aproximado de consumo eléctrico en una residencia en Estados Unidos.

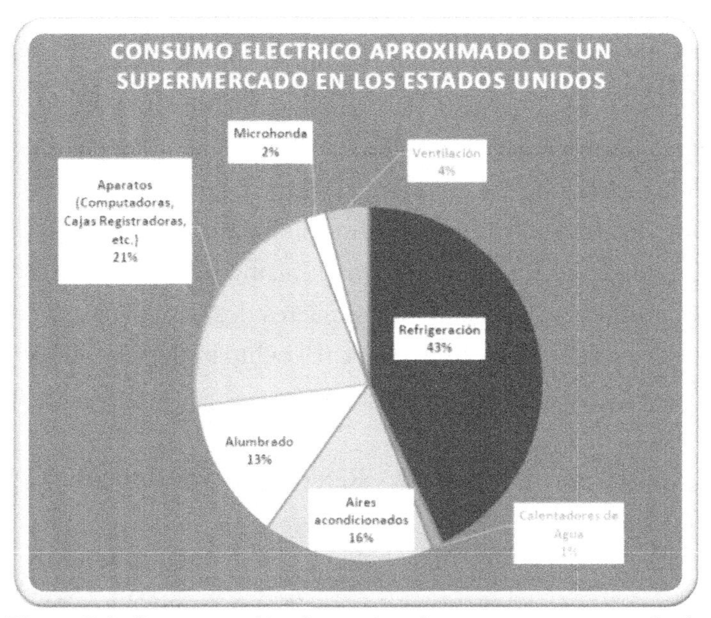

Figura 7.2: Consumo eléctrico estimado en un supermercado de Estados Unidos.

PUNTO BASE O DE REFERENCIAS (BENCHMARKING) UTILIZADOS EN LOS PROGRAMAS DE EFICIENCIAS ENERGÉTICAS

Edificación Base de Referencia es un edificio, en el cual la cantidad de pies cuadrados y los datos del consumo energético han sido obtenidos de por lo menos 12 meses consecutivos para ser analizados y recibir ajustes, de acuerdo con las variantes del tiempo y el uso de intensidad energética (EUI), medida métrica que se obtiene multiplicado la cantidad de BTU por el grosor de pies cuadrados.

Clasificación

Es el indicador relativo de comportamiento obtenido de una herramienta de una Base de Referencia (Benchmarking). La clasificación permite que el comportamiento del edificio o facilidad medida pueda ser comparado con el tiempo, con el mismo edificio y con el comportamiento de edificios similares del mismo tipo.
El Punto Base o de Referencia (Benchmarking) se puede categorizar en dos tipos:

1. Punto Base o de Referencia (Benchmarking) interno
    a. Este tipo de Punto de Referencia (Benchmarking) le permite a una organización comparar el consumo energético dentro de su empresa
2. Punto Base o de Referencia (Benchmarking) externo
    a. Este tipo de Punto de Referencia le permite a una organización comparar el consumo energético con otras empresas similares o que ofrezcan los mismos servicios

Estableciendo un Punto de Referencia desde el momento del comienzo de evaluación del proyecto, se examinan el consumo, la operación y el costo de la empresa. Esta comparación es para cuantificar el consumo y ahorros de energía de las diferentes etapas del proyecto y a la vez poder verificar las ganancias o pérdidas que genera. También, estos parámetros sirven para documentar el consumo y gastos de operación y a la vez se utilizan para comparar el consumo de energía y costos energéticos por producción de artículos manufacturados, el consumo y gastos de energía en los años anteriores en las temporadas de verano/ invierno, o con otras empresas similares a esta. Si se desea comparar el funcionamiento con otra empresa similar en los Estados Unidos, la Agencia de Protección Ambiental de los Estados Unidos (Environmental Protection Agencia (EPA)) provee información del funcionamiento energético nacional de los establecimientos comerciales, industriales e institucionales. Para más información, puede ver la tabla 2.11, donde ofrecemos el consumo aproximado del promedio típico de la intensidad de uso energético de varias edificaciones, y la ilustración 2.10, que muestra el costo promedio de intensidad de costo energético para edificios comerciales. Es recomendable, para establecer el Punto de Referencia, tomar un año base o un promedio de consumo de los últimos dos o tres años. También se toma en consideración el tipo de edificación, el clima y otros factores, dependiendo del punto geográfico donde se vaya a implementar el proyecto.

Se recomienda utilizar los siguientes pasos para establecer este Punto de Referencia:

- Establecer una fecha inicio como base
    - Estableciendo esta base, tenemos el historial del consumo del establecimiento
- Identificación de medidas que se van a utilizar
    - Estas medidas se utilizan para medir el progreso del proyecto y apropiadamente expresar cuál es el funcionamiento y rendimiento por el consumo energético de su organización

Ejemplo: Consumo de kWh por pies cuadrados, costo por pies cuadrados, consumo de BTU por pies cuadrados, producción de productos manufacturados por consumo de BTU o kWh, ganancias por temporadas, etc.

- Publicación de resultados
  - Una vez analizadas las informaciones obtenidas, generalmente se prepara un reporte con los resultados de las mediciones y se anuncian los parámetros establecidos a los administradores de las empresas, para utilizarlos como comparación de funcionamiento y rendimiento en las etapas de implementación del proyecto

FORMAS DE IDENTIFICAR OPORTUNIDADES DE CONSERVACIÓN DE ENERGÍA (OCE)

Las Oportunidades de Conservación de Energía (OCE), también llamadas medidas de conservar energía, son mejoras recomendadas que tienen como objetivo reducir el consumo de energía de los edificios y proporcionar una recuperación de la misma. El costo asociado con un OCE es irrelevante, en términos de su clasificación como OCE. Algunos OCE requieren poco o ningún gasto, y tienen una amortización más corta, mientras que otros son intensivos en capital y tienen una recuperación de la inversión más larga. Todos los OCE tienen algún beneficio energético en la medida en que producen ahorros de energía.

La mejor forma de identificar las oportunidades de mejorar el funcionamiento de los sistemas que consumen energía es comparando el consumo energético actual con lo que podría consumir, utilizando sistemas y equipos más avanzados y diseñados para consumir menos energía. Es necesario inspeccionar las edificaciones de la empresa e investigar cada punto relacionado con el consumo energético, para luego tomar medidas con equipos especializados que puedan verificar el consumo.

Es importante utilizar el índice de uso energético que provee el Departamento de Energía de los Estados Unidos, para comparar el consumo del establecimiento con otros establecimientos similares.

En el caso de que no exista el índice de uso energético, es importante crear una base de consumo del establecimiento, basado en la revisión de las facturas energéticas de los dos últimos años de operación de la empresa y compararla con el consumo de otra empresa similar a esta, o para medir los resultados de ahorros energéticos después de implementarse un programa de conservación energética.

ANÁLISIS DE CONSUMO PARA PREPARAR EL PUNTO DE REFERENCIA Y REVISIÓN DE TARIFAS DE LAS UTILIDADES

Para un análisis de consumo efectivo, es de suma importancia revisar las facturas de electricidad, gas y agua, como explicamos anteriormente, en las lecciones no. 2 y 5. Esta revisión le permite conocer las tarifas que están siendo aplicadas a su establecimiento, además le informa del consumo y cargos que las utilidades imponen mensualmente.

RECOPILACIÓN DE DATOS NECESARIOS PARA ELABORAR UN *PUNTO DE PARTIDA*

Es necesario recopilar los datos de consumo mensual de energía (generalmente electricidad, gas natural, gas propano, gasoil) y agua de la empresa o edificación, de por lo menos un año; si los datos son asequibles, dos o tres años de recopilación de datos es mucho mejor. Para poder recopilar los datos de consumo energéticos de un año completo, a veces es necesario incluir meses adicionales, porque regularmente los ciclos de las facturas no comienzan al principio y terminan al final del mes.
El resultado del análisis de tarifas de las utilidades es un conjunto de tarifas de energía que se utilizan a lo largo del proyecto, para la evaluación comparativa y la estimación de los ahorros de costos de los posibles OCE. El curso de acción específico depende de la cantidad y calidad de los datos disponibles.

Colección de datos de 12 meses de consumo eléctrico		
Lectura inicial del mes	Lectura final del ciclo mensual	kWh (kilovatios-hora)
04/29/2015	05/30/2015	138,422
05/30/2015	06/30/2015	147,508
06/30/2015	07/29/2015	155,233
07/29/2015	08/30/2015	134640
08/30/2015	09/28/2015	138,422
09/28/2015	10/29/2015	141,238
10/29/2015	11/30/2015	145,533
11/30/2015	12/29/2015	134,640
12/29/2015	01/29/2016	136,492
01/29/2016	02/28/2016	145,533
02/28/2016	03/30/2016	134,640
03/30/2016	04/30/2016	125,322
	Consumo Total en (kWh)	1,677,049.7
	Consumo Total en (KBTU)	5,724,049.7

Tabla 7.1: Colección de datos de 12 meses de consumo eléctrico.

Colección de datos de consumo de gas de 12 meses		
Lectura inicial del Mes	Lectura final del ciclo mensual	Therms
04/29/2015	05/30/2015	12
05/30/2015	06/30/2015	12
06/30/2015	07/29/2015	12
07/29/2015	08/30/2015	12
08/30/2015	09/28/2015	12
09/28/2015	10/29/2015	24
10/29/2015	11/30/2015	48
11/30/2015	12/29/2015	60
12/29/2015	01/29/2016	68
01/29/2016	02/28/2016	56
02/28/2016	03/30/2016	21
03/30/2016	04/30/2016	12

Tabla 7.2: 12 Meses de Consumo de Gas.

REFERENCIAS

Albert Thumann, W. J. (2008). Handbook of Energy Audits, Seventh Edition. Lilburn, Georgia: The Fairmont Press, Inc.

ASHRAE. (1999). Energy Managemente Applications Hand book.

Building Performance Institute, I. (2015). *Standard Practice for Standardized Qualification of Whole-House Energy Savings Prediction by Calibration to Energy Use History.* ANSI/ BPI 2400-S-2015.

Energy, U. D. (2011, Septiembre). Advance Energy Retrofit Guide.

Inc., U. L. (2011). *Alternative Energy Equipment and Systems, UL Aplication Guide.* Underwriters Laboratories Inc.

Ken Sufka, A. E. (2014). *Energy Management Guideline.* Washington, DC.

Kennedy, C. /. (2012). *Guide to Energy Management, 7TH Edition.* Lilburn, Georgia: The Fairmont Press.

Schrk, D. N. (2015). Bechmarking Building Energy Use. *ASHRAE JOURNAL, 57*(Noviembre).

Skolnik, A. (2011, August). Benchmarking, Understanding Building Performances. *Consulting Specifying Engineer.*

Thumann, A. (2008). *Guide to Energy Conservation, Ninth Edition.* Lilburn, Georgia: The Fairmont Press, Inc.

Turner, W. C. (2001). *Energy Management Handbook, Fourth Edition.* Lilburn, Georgia: The Farimont Press, Inc.

DC: U.S. Department of Energy, Office of Energy Efficiency & Renewable Energy.

Wisconsin, C. o. (1990). *Energy Conservation Booklet for Small Commercial Buildings.* Madison, Wisconsin: University of Wisconsin.

Lección 8

Auditorías energéticas

En esta lección presentamos las auditorías energéticas. Analizaremos las ventajas de las auditorías Energéticas; las empresas que necesitan de una auditoría energética; la necesidad de estas auditorías; la forma de efectuar estas auditorías; las posibilidades de los ahorros, después de que se realizan las auditorías energéticas; los procesos de las auditorías.

Definición de auditoría energética

Una auditoría energética es el proceso de estudiar y evaluar el consumo energético de una empresa, para identificar ineficiencias y desperdicios de energía. Una vez identificadas las ineficiencias, se procede a diseñar un Plan Maestro de Conservación Energética, donde se recomiendan estrategias, alternativas de consumo eficientes y modificaciones de equipos para disminuir los costos operacionales.

Las auditorías energéticas cada día son más populares, basadas en la economía actual

Las auditorías energéticas cada día son más populares, debido a que los administradores de empresas tienen que hacer más con menos, ocasionados por la gran competencia en el mercado, con otras empresas similares y los costosos consumos operacionales, aumento de las tarifas eléctricas, gas, agua, salarios de empleados, impuestos, inflación y otros gastos relacionados a la empresa.

Para aumentar las ganancias es imperativo balancear los presupuestos y encontrar medidas que disminuyan los costos operacionales. La opción más recomendable que tienen las empresas para disminuir estos costos y poder alcanzar estas expectativas a corto plazo, es reduciendo los costos energéticos.

Una auditoría energética es la forma más fácil de identificar oportunidades, donde se está desperdiciando la energía y a la vez proporcionan un concepto definido para diseñar un programa de conservación energética que cree condiciones necesarias que arrojen resultados positivos, cuando se ejecute el proyecto. Estas auditorías también son muy útiles como medio educativo a los empresarios y a sus empleados, acerca de cómo usar la energía con más eficiencia.

VENTAJAS DE UNA AUDITORÍA ENERGÉTICA

- La mayor ventaja de estas auditorías es que el "margen de ganancias aumenta" cuando se reducen los gastos operacionales
- Se crean las condiciones para implementar un programa de administración del consumo y gastos energéticos
- Se identifica dónde se consume y desperdicia la energía
- Se identifican las Oportunidades para Conservar Energía (OCE)
- Se recomienda minimizar las pérdidas energéticas, después que se determina la Intensidad de Utilización Energética (IUE)
- Se crea la condición para aplicar la Intensidad de Costo Energético (ICE), donde se obtiene la información del costo de energía por pies cuadrados y se puede comparar con los gastos energéticos de años anteriores
- Se recomienda modificar y corregir las deficiencias energéticas, de acuerdo con el presupuesto de la empresa
- Se pueden obtener los beneficios de Créditos o Reducción de Impuestos (Tax Credit or Tax Deduction)
- Con la información obtenida en la auditoría, se puede preparar un presupuesto energético anual

¿Quién necesita una auditoría energética?

Todas la empresas grandes, medianas o pequeñas necesitan una auditoría energética, para mantener los gastos en energía lo más bajo posible y estabilizar los costos operacionales, de acuerdo con lo presupuestado anualmente.

Los avances y cambios tecnológicos, con frecuencia son una realidad común en estos días, y las edificaciones no son una excepción; por esta razón, los administradores de empresas públicas o privadas tienen que mantener las expectativas de sus organizaciones, de acuerdo con los cambios actuales a la época, y que les permita económicamente mantener la empresa en forma competitiva, con mayor producción a un costo menor. Esto les ofrece la ventaja de poder utilizar y evaluar estrategias de mercadeo, ofreciendo sus servicios o ventas de artículos a precios más competitivos.

Todos los edificios y espacios comerciales necesitan ser auditados para proveer eficiencia a los equipos y aparatos que consumen energía y minimizar las pérdidas.

Los equipos, aparatos eléctricos y mecánicos utilizados en las edificaciones son diseñados y construidos por los manufactureros, garantizando la eficiencia y el tiempo de duración o ciclo de vida. Este ciclo de producción es efectivo, dependiendo del tiempo de uso y la calidad de mantenimiento de estos equipos.

"Una auditoría energética también beneficia a empresas que proveen servicios públicos y que utilizan combustibles, como sus fuentes principales de gastos operacionales".

¿Por qué son necesarias estas auditorías?

1. Las auditorías son necesarias porque informan a los administradores las condiciones actuales del consumo, uso y costos energéticos de la empresa o lugar de consumo, y les permite encontrar los lugares donde se está desperdiciando la energía
2. En las auditorías se encuentran indicadores que se utilizan como parámetros para planificar y recomendar programas y estrategias a implementarse, para reducir el consumo y gastos de energía de la empresa o establecimiento
3. Las auditorías proveen información para presupuestar los costos energéticos anuales y comparar los costos energéticos, por la producción de productos o volumen de ventas por temporadas

¿Cómo se efectúan estas auditorías?

El primer paso para efectuar estas auditorías es analizando el consumo de energía y costos energéticos de los últimos dos años, efectuando una inspección del consumo y uso de energía de la empresa o establecimiento.

*Ver más detalles en la *Lección 9*.

¿Cuánto dinero cuestan estas auditorías?

Generalmente, los costos de estas auditorías dependen de los siguientes factores:

1. Las auditorías son clasificadas en tres niveles, y se realizan de acuerdo con lo indicado en el tipo de las auditorías energéticas descritas más abajo. Ver descripción de los niveles de auditorías en la lección 9
2. Tamaño del establecimiento
3. Cantidad de equipos existentes en los establecimientos
4. Generalmente, después de firmarse un contrato entre la firma auditora y la empresa que va a recibir el servicio, las auditorías tienen un costo mínimo que se paga al auditor, después de realizar las investigaciones y preparación del reporte de las condiciones actuales de la empresa o establecimientos
5. En algunas ocasiones se requiere un avance de un costo mínimo, para la empresa auditora cubrir costos iníciales de tiempo y materiales gastables que van a ser utilizados en la preparación de los reportes de las condiciones encontradas y las recomendaciones a implementarse
6. También hay empresas que ofrecen estos servicios, a cambio de que la empresa, siendo auditada, compre los artículos que ellos comercializan o utilicen los servicios profesionales de la firma auditora. Mayormente, estas auditorías son incompletas, porque solo son realizadas basándose en el consumo y posible ahorro del equipo que esas firmas comercializan

¿Qué cantidad de dinero voy a ahorrar?

1. El porcentaje de ahorro que se obtiene después de realizar una auditoría energética depende de las deficiencias encontradas, las estrategias recomendadas, cambios que se realicen en el reemplazamiento y uso de los equipos, modificación y uso de iluminación (interior y exterior) y la disminución del consumo de energía
2. Generalmente, el reporte final describe las ineficiencias encontradas, y en este se recomienda cómo mejorar las ineficiencias, y se incluyen opciones que describen las especificaciones de los equipos a cambiar o modificar, costos y posible cantidad de tiempo del retorno del capital invertido

Los procesos de las auditorías

El primer paso que debe de efectuarse es una reunión o encuentro con el propietario o administrador de la edificación, y determinar el nivel de auditoría que se pretende efectuar. Una vez que se haya determinado el nivel de auditoría que se desea efectuar, se procede a efectuar una visita de inspección y se trata de obtener lo siguiente:

Colección de datos en la visita al edificio

1. Dos o tres años de los datos de las facturas energéticas. Una vez obtenidos los datos del análisis, las diferentes variantes de uso y costos de las facturas

2. Obtención de copia (si existen) de los planos de arquitectura, eléctricos, mecánicos y de las especificaciones de los equipos que se piensan auditar
3. Obtención de récord de mantenimiento (si existen) de los equipos que van a ser auditados
4. Dibujar un simple diagrama de los pisos, con localización de los equipos existentes. Se recomienda tomar notas de las luminarias, nivel de iluminación, equipos de calefacción, refrigeración, aire acondicionado y ventilación, computadoras y otros equipos de consumo energético. Tome notas, mediciones, fotos, videos de los equipos y áreas inspeccionados
5. Calcular la cantidad de pies cuadrado de la edificación utilizando dimensiones de la parte exterior del edificio, multiplicado por el número de pisos existentes
6. Desarrollar una narrativa del edificio que incluya la edad, el tipo de ocupación, condiciones existentes de la estructura, equipos eléctricos y mecánicos
7. Calcular el índice de uso energético y compararlo con un edificio similar a este, si existe un medio de obtener esta información

ANÁLISIS DE INFORMACIONES COLECTADAS

Una vez hecha la visita a la edificación, se procede a analizar las informaciones obtenidas para tratar de encontrar las oportunidades de ahorrar energía y preparar un reporte con las recomendaciones.
Se recomienda analizar lo siguiente:

1. Revisar todas las notas, fotos y videos obtenidos. Completar las informaciones que se observaron, pero que no hubo tiempo para anotar durante la inspección
2. Analizar los cálculos de las mediciones tomadas y de las informaciones de consumo y costos de energía que presentan las facturas obtenidas
3. Preparar una lista preliminar de los equipos estudiados con el fin de identificar las oportunidades de conservar energía
4. Una vez evaluadas y encontradas las oportunidades de conservar energía, determine cuales serían las que presenten menor costo o mayores potenciales de retorno de la inversión en menor tiempo
5. Organizar todas las informaciones, para preparar un reporte informativo con todas las recomendaciones

PREPARACIÓN DE REPORTE DE LA AUDITORÍA

El reporte debe de incluir:

1. Sumario ejecutivo
    a. El Sumario ejecutivo debe de incluir una explicación del estado actual de las condiciones del edificio, con las recomendaciones para mejorar la eficiencia indicando las ventajas a tomar la referida acción
    b. Incluir una breve introducción de la edificación, describiendo el propósito de la auditoría, y las conclusiones generales

2. Condiciones existentes de la edificación, identificando todos los sistemas evaluados
    a. Un detalle de las condiciones del edificio en términos de los equipos mecánicos, luminarias, iluminación, envolvente del edificio (paredes, puertas, ventanas, techo), ocupación y otros detalles observados
    b. Incluir las recomendaciones para mejorar la eficiencia de los equipos estudiados y las operaciones de mantenimiento
3. Sumario de las facturas de energía
    a. Presentar las informaciones de las facturas energéticas de los dos o tres años estudiados. Incluir tablas y gráficos, si es posible, describiendo detalles de consumo y costos de energía
4. Medidas de conservación de energía
    a. Incluir una lista de las oportunidades encontradas para conservar energía, que se ajusten a los presupuestos del propietario o administrador de la edificación
    b. Por cada recomendación incluir el nombre y estimado del:
        i. Costo para realizar el proyecto
        ii. Ahorros que va a generar el proyecto
        iii. Retorno de la inversión
    c. Incluir el uso energético, los cálculos de ahorros y el ciclo de vida de los equipos y sistemas recomendados
5. Recomendaciones de medidas a tomar para operaciones y mantenimiento

    a. Incluir las recomendaciones de cambios y ajustes de equipos de operación y mantenimiento observadas durante la inspección
6. Apéndices
    a. Presentar el material de apoyo con los cálculos efectuados durante las preparaciones de este reporte

REFERENCIAS

Albert Thumann, W. J. (2008). Handbook of Energy Audits, Seventh Edition. Lilburn, Georgia: The Fairmont Press, Inc.

ASHRAE. (1999). Energy Managemente Applications Hand book.

Building Performance Institute, I. /. (2014). *Home Energy Auditing Standard - ANSI/BPI -1100-T-2014.*

Building Performance Institute, I. (2015). *Standard Practice for Standardized Qualification of Whole-House Energy Savings Prediction by Calibration to Energy Use History.* ANSI/ BPI 2400-S-2015.

Building Performance Institute, I. (2014). *Home Energy Auditing Standard.* ANSI/ BPI 2400-S-2014.

Energy, U. D. (2011, Septiembre). Advance Energy Retrofit Guide.

Inc., U. L. (2011). *Alternative Energy Equipment and Systems, UL Aplication Guide.* Underwriters Laboratories Inc.

Ken Sufka, A. E. (2014). *Energy Management Guideline.* Washington, DC.

Kennedy, C. /. (2012). *Guide to Energy Management, 7TH Edition.* Lilburn, Georgia: The Fairmont Press.

National Renewable Energy Laboratory (NREL). (2006). Procedure for Measuring and Reporting Commercial Building Energy Performance. In M. D. D. Barley. www.nrel.gov/docs.

Schrk, D. N. (2015). Bechmarking Building Energy Use. *ASHRAE JOURNAL, 57*(Noviembre).

Skolnik, A. (2011, August). Benchmarking, Understanding Building Performances. *Consulting Specifying Engineer.*

Thumann, A. (2008). *Guide to Energy Conservation, Ninth Edition.* Lilburn, Georgia: The Fairmont Press, Inc.

Turner, W. C. (2001). *Energy Management Handbook, Fourth Edition.* Lilburn, Georgia: The Farimont Press, Inc.

Wisconsin, C. o. (1990). *Energy Conservation Booklet for Small Commercial Buildings.* Madison, Wisconsin: University of Wisconsin.

Lección 9

TIPOS DE AUDITORÍAS ENERGÉTICAS

En esta lección presentamos los diferentes niveles de auditorías energéticas. Se emplean los niveles de acuerdo con el tamaño de la empresa y la cantidad de equipos que haya que inspeccionar y analizar.

Para los establecimientos comerciales, ASHRAE recomienda el nivel 1, donde se analizan los costos energéticos y se efectúa una inspección visual del edificio; en el nivel 2 se efectúa una auditoría estándar; en el nivel 3 se efectúa la auditoría con mediciones de los equipos, sensores y simuladores computarizados; las auditorías son diferentes para cada empresa o edificio.

PROCEDIMIENTO DE UNA AUDITORÍA ENERGÉTICA COMERCIAL

Para las residencias de una familia o edificios multifamiliares, el Instituto de Rendimiento de Edificios, (Builidng Performance Institute, BPI), aprobado por el Instituto Nacional Americano de Standard (American National Standard Institue, ANSI), recomienda que las auditorías para este tipo de edificaciones se realicen de la forma descrita más abajo.

NIVELES DE AUDITORÍA

Las auditorías energéticas generalmente se pueden efectuar de varias formas. La American Society of Heating, Refrigeration and Air-Conditioning Engineers (ASHRAE), recomienda tres conceptos o niveles básicos, de acuerdo con las necesidades y presupuesto de cada empresa.

ANÁLISIS PRELIMINAR DEL USO DE ENERGÍA

Todas las auditorías tienen una fundación común, de un análisis preliminar del uso de la energía. Esta es una forma simple, y el análisis envuelve una revisión del historial del consumo y costos energéticos de la edificación, utilizando las informaciones de las facturas de los dos o tres últimos años previos al análisis. El análisis definirá la Intensidad de Utilización de Energía (IUE), mostrando el consumo de energía por pies cuadrado.

Nivel 1 - Auditoria de inspección visual de la edificación

La inspección visual de la edificación involucra una auditoría simple, donde se utiliza el análisis preliminar y visualmente se inspeccionan cada uno de los sistemas que consumen energía. Típicamente se incluye una evaluación del consumo y se obtiene un patrón de la energía facturada por la compañía suministradora de energía.

Estas auditorías son las menos costosas, y por tanto las informaciones son limitadas. Preliminarmente, los reportes se utilizan para identificar dónde hay potencial de ahorro de energía, y a la vez para preparar una lista donde se pueden aplicar estrategias de bajo o ningún costo. Estas estrategias se pueden aplicar inmediatamente con cambios en los métodos de operación, o aplicando medidas de mantenimiento de los sistemas que consumen energía. Los estimados de potenciales ahorros de energía y costos del proyecto son efectuados en cálculos simples y típicamente no toman en cuenta las interacciones de los diferentes sistemas que consumen energía en la edificación.

Nivel 2 - Auditoría estándar

La auditoría estándar es un poco más intensa, y con ella se mide y cuantifica el uso de los equipos que consumen energía y, además, se hace un análisis de los equipos, sistemas y las características operacionales de la empresa. En esta auditoría se hacen cálculos de ingeniería para analizar la eficiencia y medir los costos y ahorros que se pueden conseguir modificando los equipos o sistemas. Generalmente, se incluyen el consumo energético de los sistemas de iluminación, calefacción y aire acondicionado. También incluye mediciones con registradores de datos para tener un poco de conocimiento del funcionamiento de los equipos que se están auditando y, a la vez, identificar más informaciones, para recomendar las posibilidades de ahorros de energía. Todas medidas practicadas serán incluidas en el reporte, el cual proveerá un estimado mínimo, cálculo de ahorros de energía y costos del proyecto.

Se pueden recomendar mediciones adicionales para aumentar los niveles de exactitud y de los costos estimados.

Nivel 3 - Auditorías con simuladores computarizados

La auditoría nivel 3 incluye más detalles que las anteriores, utilizando programas computarizados para evaluar patrones de los usos energéticos. Estas ofrecen informaciones más detalladas, con informes de ingeniería y análisis financieros que incluirán datos obtenidos de las mediciones operaciones de los sistemas, siendo auditados. El auditor desarrollará un programa simulado, que incluirá las variaciones climáticas o cambios simulados de temperaturas y otras variantes del consumo, para predecir posibles resultados de los sistemas energéticos durante todo el año. La intención es obtener parámetros deseados, para construir bases que puedan ser comparadas con el consumo existente de la edificación, o la entidad usuaria de energía. Después de hacer la comparación de ambos, se procede a crear patrones para hacer ajustes y mejorar la eficiencia de los sistemas existentes.

En prácticas comunes, las auditorías de nivel 2 son utilizadas como base para las auditorías 3, con la inclusión de detalles adicionales de los análisis financieros, para disminuir los riesgos de las inversiones de los propietarios.

Niveles de Aditorías Comerciales

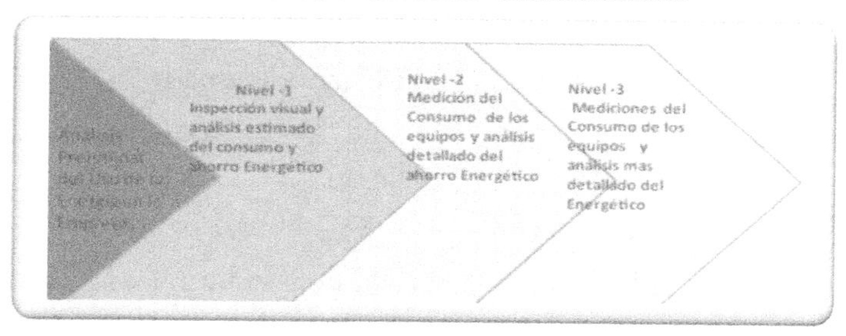

Ilustración 9.1: Niveles de auditorías comerciales, de acuerdo con las recomendaciones de ASHRAE.

LAS AUDITORÍAS ENERGÉTICAS SON DIFERENTES PARA CADA EDIFICACIÓN

Las auditorías energéticas son diferentes para cada negocio, porque cada empresa, aun siendo del mismo tipo, tienen diferentes equipos o pueden operar en horarios diferentes.

- Los espacios comerciales o negocios tienen equipos y aparatos que consumen la energía de una manera diferente
- En un supermercado se realiza una auditoría basada en las horas operacionales, el consumo de los refrigeradores, el alumbrado interior y exterior, aparatos de calefacción, aires acondicionados, computadoras, cajas registradoras, cantidad de ventanas, puertas, pies cuadrados de paredes y techo, etc.

    a. 40 a 50 % de la energía es usada en los equipos de refrigeración

b. 7 a 24 % de la energía es usada en iluminación
c. 10 al 15 % de la energía es usada en aire acondicionado
d. 8 a 12 % es usada en otras funciones

- En una oficina se realiza una auditoría a las horas operacionales, el alumbrado interior y exterior, computadoras, impresoras, aparatos de calefacción, aires acondicionados, ventanas, puertas, techo, etc.

a. 30 % de la energía es usada por el aire acondicionado
b. 40 % de la energía es usada por la iluminación
c. 30 % de la energía es usada en otras funciones

PROCEDIMIENTO DE UNA AUDITORÍA ENERGÉTICA COMERCIAL

Un auditor identificará las rutinas y operaciones del edificio, para tomar todos los datos necesarios y evaluar lo siguiente:

a. Las facturas de las compañías suministradoras de electricidad, gas, y agua.
b. Las horas de operaciones
c. El personal que labora en el edificio y la cantidad del público que visita el edificio diariamente
d. El tipo de alumbrado interior y exterior

e. Cantidad y tipo de equipos de calefacción, aire acondicionado, ventilación y calentadores de agua
f. Cantidad y tipo de motores
g. La envolvente del edificio (tipo de paredes, cantidad de puertas, ventanas, paredes, y techo)

REVISIÓN DE TARIFAS DE LAS UTILIDADES

De nuevo, la información principal es la revisión de las facturas de electricidad, gas y agua; conocimiento de las tarifas que han sido aplicadas a su establecimiento y revisión de consumo con la información de los cargos que las utilidades imponen mensualmente.

Horario de operaciones

- **Horas diarias en la que opera el negocio**

Es imperante conocer las horas de operaciones de la empresa, para determinar el consumo energético basado en el número de horas que operan los diferentes equipos diariamente

- **Días de la semana que opera el negocio**

El auditor necesita conocer los días de operaciones de cada empresa, para analizar el uso energético semanal, mensual, o anual. El consumo varía de acuerdo con la operación del negocio

Ejemplo:

1. **Un hospital** opera 7 días a la semana, las 24 horas del día, o sea 8,756 horas al año. En las auditorías energéticas para hospitales se promedia el número de camas y la cantidad de pacientes admitidos mensualmente, y el consumo energético en otras áreas de consumo. Debe de tomarse en consideración el tamaño y la cantidad de pies cuadrados que ocupan, tipo de alumbrado interior, exterior, de emergencia, tipo de aire acondicionado, y el espacio utilizado en otras áreas de servicio
2. **Una oficina pública** opera de 8 o 10 horas diarias, de lunes a viernes, y en algunas ocasiones 4 horas los sábados, promediando un uso de 2,550 horas al año. En esta oficina tenemos que considerar el tamaño, la cantidad de equipos (computadoras, impresoras, etc.) con los que opera, el tipo de alumbrado interior y exterior, y la capacidad del aire acondicionado
3. **Los supermercados** operan de lunes a sábado de 7 am a 10 pm, y los domingos de 7 am a 6 pm, con un promedio de 99 horas semanales, totalizando 5,148 horas anuales. Para fines de auditorías, consideramos el alumbrado interior y exterior, los equipos de aire acondicionados y los equipos de refrigeración. Tenemos que calcular que los equipos de refrigeración (frigoríficos, neveras, botelleros, etc.) trabajan las 24 horas del día, los 365 días del año, o sea 8756 horas al año, con un ciclo de encendido y apago, dependiendo de la cantidad de veces que las puertas abran y cierren,

ajustes de temperaturas interiores y exteriores, alrededor de estos.

Cantidad de empleados y clientes que visitan el negocio todos los días

Es importante estimar la cantidad de personas que habitan o visitan el establecimiento a diario, para cuantificar la cantidad de calor en BTU producido por persona y hacer un análisis del consumo de los aparatos de calefacción y aire acondicionados. La cantidad calórica producida y agregada por cada ocupante depende del tipo de trabajo o movimiento que esté haciendo. La cantidad de BTU producida por persona podría variar de 400 a 1040 BTU/H, dependiendo de las funciones que este ejerciendo.

- **¿Cuántos empleados tiene la empresa por tanda y cuántas tandas de trabajo tiene el negocio?**

Conociendo la cantidad de empleados que habitan la edificación, o espacio, en cierto periodo de tiempo, se utiliza para cuantificar la cantidad de aire que debería de circular en el espacio.

- **¿Cuántos clientes aproximadamente visitan el negocio por tanda todos los días?**

La cantidad de clientes que visitan la edificación, o espacio, son agregados a la cantidad de empleados, y se tiene un estimado de la cantidad de personas que ocupan el lugar. Conociendo estos números, se puede calcular el consumo y costo de energía por ocupación del espacio.

AUDITORÍAS RESIDENCIALES

Para las auditorías residenciales de una familia o edificios multifamiliares, incluimos algunas de las recomendaciones contenidas en el Estándar de Auditoría de Energía para el Hogar (Home Energy Auditing Standard) ANSI/ BPI-1100-t-2014, del Instituto de Rendimiento de Edificios, (Builidng Performance Institute, BPI), aprobado por el Instituto Nacional Americano de Standard, (American National Standard Institue, ANSI).

De acuerdo con BPI, la práctica estándar define los criterios mínimos para llevar a cabo una auditoría de energía residencial, basada en la ciencia de la construcción. La auditoría energética abordará el uso de energía, los aspectos limitados de la durabilidad del edificio, la salud y seguridad de los ocupantes.

La auditoría energética proporcionará un informe exhaustivo, con una lista de recomendaciones, priorizando mejorar el hogar, e incluirá un análisis de costo y beneficio.

Los tipos de edificios residenciales cubiertos se definen como:

- Viviendas unifamiliares y casas contiguas existentes, que tienen sistemas mecánicos independientes para cada unidad de vivienda (calefacción, refrigeración, agua)

Requisitos generales

Las auditorías energéticas se basarán en principios de la ciencia de la construcción, e incluirán el uso de equipos adecuados para diagnosticar las oportunidades de mejorar la eficiencia energética y minimizar los riesgos para la salud y la seguridad.

Todas las auditorías energéticas incluirán lo siguiente:

1- Una revisión con el propietario /ocupante(s), si está disponible, sobre cualquier preocupación que puedan tener, relacionada con el rendimiento de su casa
2- Divulgación inmediata a los propietarios/ocupantes, cuando se sospeche que existe una emergencia o un peligro, o situación urgente para la salud y la seguridad en la vivienda
3- Un informe que cumpla con los requisitos establecidos en esta norma
4- Resultados de las pruebas diagnósticas y de las inspecciones visuales/sensoriales, incluyendo un resumen de las pruebas e inspecciones diagnosticadas y su finalidad
5- Un análisis del uso de referencia energética

Priorización de recomendaciones

El objetivo de priorizar las recomendaciones es optimizar el rendimiento de los costos de la vivienda, efectivamente, mientras mantenemos o mejoramos la salud y seguridad, satisfaciendo los objetivos de los ocupantes y propietarios.

1. La auditoría energética tiene que incluir una entrevista con el propietario y los ocupantes de la casa, para entender sus metas, prioridades y potenciales limitaciones o barreras para implementar las mejoras de rendimiento en la casa

2. El reporte de la auditoría tiene que incluir:
    a. Una lista de medidas aplicables al mejoramiento de salud y seguridad
    b. Una lista de las mejoras de rendimiento en la casa, reparaciones en la edificación y trabajos de renovaciones, basados en evaluaciones de la casa completa, de acuerdo con los requerimientos del estándar y de acuerdo con las prioridades, objetivos y efectividades de costo del propietario y los ocupantes

REFERENCIAS

Albert Thumann, W. J. (2008). Handbook of Energy Audits, Seventh Edition. Lilburn, Georgia: The Fairmont Press, Inc.

ASHRAE. (1999). Energy Managemente Applications Hand book.

Building Performance Institute, I. /. (2014). *Home Energy Auditing Standard - ANSI/BPI -1100-T-2014.*

Building Performance Institute, I. (2015). *Standard Practice for Standardized Qualification of Whole-House Energy Savings Prediction by Calibration to Energy Use History.* ANSI/ BPI 2400-S-2015.

Builidn Performance Institute, I. (2014). *Home Energy Auditing Standard.* ANSI/ BPI 2400-S-2014.

Energy, U. D. (2011, Septiembre). Advance Energy Retrofit Guide.

Inc., U. L. (2011). *Alternative Energy Equipment and Systems, UL Aplication Guide.* Underwriters Laboratories Inc.

Ken Sufka, A. E. (2014). *Energy Management Guideline.* Washington, DC.

Kennedy, C. /. (2012). *Guide to Energy Management, 7TH Edition.* Lilburn, Georgia: The Fairmont Press.

National Renewable Energy Laboratory (NREL). (2006). Procedure for Measuring and Reporting Commercial Building Energy Performance. In M. D. D. Barley. www.nrel.gov/docs.

Thumann, A. (2008). *Guide to Energy Conservation, Ninth Edition.* Lilburn, Georgia: The Fairmont Press, Inc.

Turner, W. C. (2001). *Energy Management Handbook, Fourth Edition.* Lilburn, Georgia: The Farimont Press, Inc.

Wisconsin, C. o. (1990). *Energy Conservation Booklet for Small Commercial Buildings.* Madison, Wisconsin: University of Wisconsin.

Lección 10

Implementación del plan de acción

En esta lección presentamos una idea de cómo implementar un plan de acción después de realizar una auditoría energética y analizar el presupuesto económico de la empresa. Se analizan las modificaciones, correcciones y estrategias a implementarse, de acuerdo con el presupuesto de la empresa; las formas y fases a Implementarse de acuerdo con las Oportunidades de Conservar Energía identificadas.

Modificaciones y correcciones de las deficiencias energéticas, de acuerdo con el presupuesto de la empresa

Después de evaluar el consumo energético de la empresa y localizar las oportunidades para reducir el consumo energético, se recomienda los siguientes pasos:

a. Dar seguimiento a los pasos recomendados en la lección 4 y a las recomendaciones sugeridas en el reporte de la Auditoría
b. Corregir las deficiencias que puedan ser aplicadas donde se incurra un costo mínimo o ningún costo
c. Preparación de estimado del costo del proyecto para modificar las áreas que necesiten ser mejoradas
d. Analizar, con el propietario o administrador de la empresa, las posibilidades económicas para

financiar el proyecto y mejorar las deficiencias encontradas
En caso de limitación de fondos para financiar el proyecto, se recomendarán los pasos siguientes:

i. Presentar el proyecto a entidades financieras, con el móvil de tratar de obtener financiamiento con intereses módicos
ii. Dividir el proyecto de modificación en varias fases
iii. Las fases de implementación del proyecto serían de acuerdo con las posibilidades económicas de la empresa
iv. Dar prioridad a las modificaciones donde se incurra en un costo mínimo, donde la inversión del proyecto se recupere en corto tiempo

FORMAS DE APLICAR LAS OPORTUNIDADES DE CONSERVAR ENERGÍA IDENTIFICADAS (OCE)

Después que se realizan las auditorías, se continúa observando el funcionamiento de la empresa, conducta de los usuarios y de los operadores de los equipos, se prepara un reporte, identificando las áreas donde se está desperdiciando la energía.

En este reporte se hacen las recomendaciones necesarias para implementar nuevas estrategias, y se realizan cálculos para comparar el consumo energético actual con lo que se podría consumir, utilizando sistemas y equipos más avanzados, diseñados para reducir el consumo de energía. Se incluyen especificaciones de equipos más eficientes que provean las mismas o mejores producciones y menos consumo de energía.

También, se recomiendan cambios y estrategias de los usos de los sistemas de acuerdo con las observaciones durante las inspecciones y auditorías.

En las recomendaciones es importante utilizar la intensidad de uso energético que provee el Departamento de Energía de los Estados Unidos, para comparar el consumo del establecimiento con otros establecimientos similares.

En caso de que no exista la intensidad de uso energético, es importante crear una base de consumo del establecimiento o Punto de Referencia, basado en la revisión de las facturas energéticas de los dos últimos años de operación de la empresa y compararla con el consumo de otra empresa similar a esta, o para medir los resultados de ahorros energéticos antes y después de implementarse el programa de conservación energética.

Lección 11

Medición de resultados y verificación de ahorros

En esta lección les hacemos una introducción de cómo comprobar la reducción de consumo y la verificación de ahorros a través de mediciones y recopilaciones de datos. Este proceso de medición se efectúa antes, durante y después de la implementación del proyecto de conservación energética para recopilación, comparación y comprobación de los resultados.

La implementación de un programa de Medición y Verificación adjunto a las modificaciones de los equipos en un proyecto de conservación energética, asegura que las innovaciones establecidas estén operando de acuerdo con lo planificado.

Determinar los ahorros de un plan de modificación de eficiencia y conservación energética, puede ayudar a probar la efectividad del proyecto. Es difícil cuantificar los ahorros, porque estos ***representan la ausencia del uso de la energía*** y este no puede ser medido directamente. Las mediciones de antes y después de las modificaciones, regularmente son usadas para determinar los efectos de un proyecto; sin embargo, simples comparaciones de los usos energéticos, antes y después de una modificación, típicamente son insuficientes para estimar con precisión los ahorros, porque ellos no cuentan las fluctuaciones del cambio en las temperaturas y las ocupaciones de los edificios. Observar ejemplo de medición y recopilación de datos en la ilustración 11.1.

Medición y Verificación (M&V) es la práctica de medir, computarizar y reportar los resultados de un proyecto de conservación energética.

Estrategias probadas de Medición y Verificación, proveen una precisión para hacer los ajustes que cuenten las fluctuaciones, permitiendo las comparaciones del uso de la energía de la base del Punto de Referencia, antes, durante y después, bajo las mismas condiciones. Las actividades de M&V incluyen la conducción de inspeccionar el lugar, la medición del uso de energía, la monitorización de las variables independientes, como son las temperaturas del aire exterior, las calculaciones de ingeniería y los reportes.

La agencia **International Performance Measurement and Verification Protocol**, conocida por su siglas **IPMVP,** ***(Protocolo Internacional del Rendimiento de Medición y Verificación)*** facilita una serie de directrices para conducir las actividades de medición, verificación y esquematización de enfoques generales para permitir la trasparencia y confiabilidad de ahorros reportados en el proyecto.

PROCESO DE VERIFICACIÓN DE REDUCCIÓN DE CONSUMO Y AHORROS OBTENIDOS

Se ha comprobado científicamente que, si en un sistema no se vigila y se miden las operaciones, no se sabe lo que está aconteciendo o cuáles serán los resultados de las acciones.

La verificación de la reducción de consumo y ahorros económicos es muy importante en un programa de conservación energética, pues esto comprueba los resultados del proyecto.
Los siguientes pasos son importantísimos para la justificación del efecto del proyecto:

MEDICIÓN Y VERIFICACIÓN

Medición y Verificación (M&V) es el termino usado en la industria energética para medir y verificar los resultados de una iniciativa o proyecto de conservación energética. Especialmente los ahorros energéticos o bien sea la cantidad de energía que se ha evitado en consumir, lo que arroja resultados de ahorros económicos.

- **Medición de consumo al iniciar el proyecto.** Medir y analizar el consumo de energía al iniciar el proyecto es la etapa conocida como Punto de Referencia (Benchmarking), o sea las bases actuales del consumo para poder comparar el aumento o disminución del consumo de energía después de implementarse el proyecto
- **Medición del consumo durante la implementación del proyecto**. En esta etapa del programa se:
    - Modifican o cambian los equipos para mejorar la eficiencia y reducir el consumo. También se recomienda mejorar el mantenimiento de los equipos en caso de que fuese necesario

  - Basado en las deficiencias observadas, se comienzan a implementar las estrategias recomendadas para mejorar las conductas de los usuarios en término de cambiar ciertos patrones del uso de los equipos que consumen energía
- **Medición del consumo después de la implementación del proyecto.** Después de modificar los equipos y realizar las implementaciones recomendadas, es imperante medir los parámetros de consumo y mejorías en servicios de las áreas que se han modificados para verificar los resultados del proyecto
- **Supervisión de consumo y de las facturas energéticas.** El consumo de energía tiene que ser supervisado durante la ejecución del programa, para verificar que las estrategias y cambios realizados durante la etapa de implementación estén dando los resultados que fueron proyectados durante la etapa de planificación. En ocasiones ocurren cambios por adiciones de equipos a los sistemas, o cambios en el modo de operaciones de los equipos que altera el uso especificado dentro del proyecto

La ilustración 11.1 muestra los resultados de supervisión en un proyecto realizado en la Clínica Dental Family Dentistry. Con la medición se detectó una perdida energética, provocada por el cambio de ajuste de unos de los termostatos. El termóstato fue reajustado por una de las secretarias de la oficina y este cambio ocasionó un aumento en la factura de electricidad del mes de agosto del 2013.

Este resultado de la ilustración 11.1 demuestra que las MEDICIONES y la capacidad de mantener un registro de recopilación de datos, de las fluctuaciones ocurridas durante las ejecuciones, son las acciones que permiten VERIFICAR y confirmar la veracidad de las reducciones o aumentos de consumo de energía en un proyecto de conservación energética.

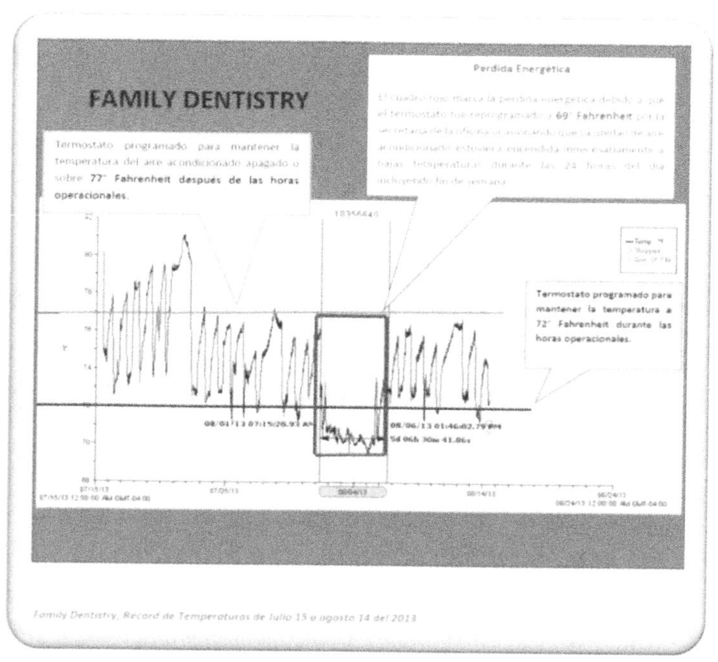

Ilustración 11.1: Family Dentistry, Registro de Temperaturas del 15 julio al 14 de agosto del 2013.

REFERENCIAS

ASHRAE. (1999). Energy Managemente Applications Hand book.

Building Performance Institute, I. (2015). *Standard Practice for Standardized Qualification of Whole-House Energy Savings Prediction by Calibration to Energy Use History.* ANSI/ BPI 2400-S-2015.

Johnson, B. H. (2003). The Meaning of Conservation. In L. S. Warren, *American Environmental History* (p. 199). MA: Blackwell Publishing.

Ken Sufka, A. E. (2014). *Energy Management Guideline.* Washington, DC.

Kennedy, C. /. (2012). *Guide to Energy Management, 7TH Edition.* Lilburn, Georgia: The Fairmont Press.

National Renewable Energy Laboratory (NREL). (2006). Procedure for Measuring and Reporting Commercial Building Energy Performance. In M. D. D. Barley. www.nrel.gov/docs.

Thumann, A. (1992). *lighting Efficiency Applications, 2nd Edition.* Lilburn, Georgia: The Fairmont Press.

Thumann, A. (2008). *Guide to Energy Conservation, Ninth Edition.* Lilburn, Georgia: The Fairmont Press, Inc.

Turner, W. C. (2001). *Energy Management Handbook, Fourth Edition.* Lilburn, Georgia: The Farimont Press, Inc.

Wisconsin, C. o. (1990). *Energy Conservation Booklet for Small Commercial Buildings.* Madison, Wisconsin: University of Wisconsin.

Recomendaciones para ahorrar energía en las diferentes empresas

En esta lección les presentamos recomendaciones que podrá realizar con 10 pasos básicos, para conservar energía y ahorrar dinero en su empresa. Además, incluimos recomendaciones para ahorrar energía en oficinas, restaurantes, escuelas, hoteles, oficinas municipales, hospitales, clínicas y consultorios médicos, centro de datos y tiendas detallistas, diversas.

DIEZ PASOS BÁSICOS PARA AHORRAR DINERO EN EL CONSUMO DE ENERGÍA

Se recomienda que el consumo energético de su empresa sea administrado por un empleado que tenga conocimiento en administración energética. En caso de que no tenga un empleado que pueda ser el administrador energético en su personal, puede adquirir los servicios de un consultor energético. Si no cuenta con ninguna de las opciones antes mencionadas, le recomendamos realizar los siguientes pasos básicos para ahorrar dinero en el consumo de energía:

1. Analizar el consumo total de energía de su establecimiento
2. Analizar el horario de operación de su establecimiento. Multiplicar las horas diarias de operaciones por los días de la semana y obtendrá las horas de operaciones semanales y mensuales

luego multiplique estos números por el número de semanas o meses de operaciones al año

3. Contabilizar el consumo de un año de uso eléctrico y de gas natural
4. Comparar el consumo de energía mensual con los meses del pasado año
5. Contabilizar la cantidad de bombillas y el consumo en watts de cada uno y comparar las bombillas y lámparas de alto consumo con las de bajo consumo de energía
6. Comparar el consumo de los artefactos eléctricos nuevos marcados con bajo consumo con los antiguos de alto consumo
7. Aprender a leer los medidores (contadores) de gas, electricidad y verificar las facturas mensualmente para asegurarse que estas están correctas
8. Orientarse de las tarifas diferentes de las compañías de electricidad y gas por la variación de precios en los diferentes horarios del día; si reside en uno de los Estados de la nación americana, cerciórese si la comercialización de energía es regulada o desregulada. Si es desregulada trate de comprar la energía al que le ofrezca la tarifa más baja
9. Si las tarifas de electricidad son más baratas en horas nocturnas, tratar de aprovechar al máximo el consumo de energía cuando es menos costosa. Ejemplo: lavar las toallas de un hotel en horas nocturnas
10. Comparar los gastos antes y después de aplicar los pasos del 1 al 9 y observara resultados positivos

De acuerdo al *Manual Estrella para Edificaciones (Energy Star Building Manual)*, los ahorros energéticos se reflejan en las ganancias y pérdidas de una empresa. Al reducir los costos operacionales directamente aumentan las ganancias.

GUÍAS AVANZADAS PARA DISEÑOS ENERGÉTICOS

Es bien importante reducir los costos operacionales para convertirlos en ganancias, pero para conseguir estas ganancias es necesario tener una buena orientación de las metas que queremos alcanzar, y cómo las vamos a planificar e implementar. Queremos incluir algunas recomendaciones de las publicadas por ASHRAE, con referencia a la obtención de un 50% de ahorros energéticos en edificios nuevos y renovaciones en edificios existentes.

ASHRAE publicó varias guías avanzadas para diseñar proyectos energéticos en edificios comerciales, con el objetivo de proveer recomendaciones para obtener ahorros energéticos de un 50 %, comparado con los requerimientos mínimos del Código Standard 90.1-2004 y un 30 %, comparado con los requerimientos mínimos del Código Standard 90.1-1999 de ANSI/ASHARAE/ IESNA, Energy Standard para Edificios excepto para edificaciones residenciales. El uso de estas guías puede ayudar en la creación de diseños que tengan costos efectivos para construcciones nuevas y renovaciones en edificios existentes, y los resultados serán edificaciones que consuman sustancialmente menos energía, comparado con los diseños que requieren el mínimo para cumplir con los códigos energéticos, resultando en costos de operaciones más bajo.

Las guías presentan una gama amplia de sugerencias que incluyen conceptos de diseños de procesos integrados, estrategias de diseños multidisciplinario y consejos de buenas prácticas. Además, estas incluyen recomendaciones específicas que pueden ser implementadas para alcanzar del 30% al 50% de ahorros energéticos.

En adicción a la eficiencia energética las guías se enfocan en buenas prácticas de diseños para crear edificios que tengan buena salud ambiental, incluyendo conforts visual, acústico y termal, con buena calidad de aire interior para los clientes y empleados. La meta es crear un ambiente atractivo para los clientes que visitan el lugar.

REDUCCIÓN DE COSTOS OPERATIVOS

Diseñar un proyecto para eficiencia energética no es suficiente para asegurar la reducción de energía y costos operativos en una edificación; es crítico asegurarse de que los sistemas y aparatos funcionen con el criterio que fueron diseñados e instalados. Cuando los administradores entienden mejor en dónde la energía está siendo consumida en sus negocios, les será más fácil encontrar oportunidades de reducir los costos operacionales.

RECOMENDACIONES PARA LOGRAR UN 50% DE AHORROS DE ENERGÍA

Alcanzar la meta de ahorrar 50% de la energía es un reto y requiere más esfuerzo que hacer negocios, como de costumbre.

Requerimientos esenciales:

1. Asegurarse de que el propietario de la edificación esté de acuerdo con el proyecto
    a. Para que el proyecto sea efectivo, tiene que haber una aceptación fuerte del propietario y el liderazgo de los operadores y empleados. Mientras más conocen el concepto del proyecto y participan en el proceso de diseño y planificación de este, será más fácil obtener la meta del 50%. El propietario tiene que ser parte de la decisión de las metas y tiene que proveer el liderazgo para que la meta sea una realidad
2. Ensamblar un equipo de diseño que tenga experiencia en eficiencia energética y que sea innovador
    a. El interés y la experiencia diseñando proyectos de eficiencia energética, pensamientos innovadores y la habilidad de trabajar en equipo, son críticos para alcanzar la meta de un 50%. El equipo alcanzará esta meta creando un edificio que maximice la luz del sol; minimice los procesos, las cargas de calefacción y enfriamiento; y diseñe sistemas altamente

eficientes en iluminación, calefacción, ventilación y aire acondicionado

3. Adoptar un diseño de proceso integrado
    a. Los requerimientos de un diseño de eficiencia energética, para que tenga un costo efectivo, crea dilema dentro de las potenciales funciones de ahorros energéticos. Esto requiere un acercamiento integrado para el diseño de los proyectos. Un sistema de iluminación eficiente puede costar más que un sistema convencional, pero este producirá menos calor y, por esta razón, el tamaño del sistema de aire acondicionado puede ser reducido. Mientras más grande son los ahorros energéticos, más complicado es el dilema, porque es necesario la integración de más miembros al equipo que tengan especialidad en la rama para optimizar los ahorros
4. Entender el rendimiento del prototipo corriente de su empresa
    a. Las tiendas detallistas que utilizan un prototipo predeterminado, el entendimiento del rendimiento energético y la actual tendencia de operaciones en sus proyectos, les proveerá un valioso punto de inicio para aplicar las recomendaciones de la guía
5. Considerar un modelo energético
    a. La guía provee paquetes de diseños para alcanzar ahorros energéticos de un 50%, sin tener que invertir en modelos de

diseños de energía, pero el uso de un modelo de diseño para una edificación completa puede proveer flexibilidad adicional para evaluar y optimizar medidas de ahorros energéticos en un proyecto individual. Estos programas simuladores tienen curvas de aprendizajes de dificultad, pero que son altamente recomendables para alcanzar un 50% de ahorros energéticos. El Departamento de Energía de los Estados Unidos tiene un programa de herramientas en el directorio **www.eere.energy.gov/buildings/tools_directory** para conectarse a programas de modelación de energía

6. Utilice un estudio de comisionar la edificación
   a. Estudios verifican los sistemas instalados en las edificaciones, no importa con el cuidado que fueron diseñados; algunas veces no son instalados o ajustado apropiadamente y no operan de manera eficiente, como se espera. Las metas de ahorros energéticos de un 50% pueden ser alcanzadas a través de la tarea de comisionar (Cx) los edificios, un proceso sistemático para asegurarse de que todos los sistemas instalados en una edificación, incluyendo la envolvente (paredes, puertas y ventanas), iluminación, calefacción, ventilación y aire acondicionado, operen según lo previsto. El proceso de comisionar (Cx) trabaja, porque este integra las funciones tradicionales separadas del diseño de la edificación; los sistemas seleccionados; el

encendido de los equipos; la calibración de los sistemas de controles, probación, ajuste y balanceo; documentación de las pruebas; y entrenamiento del personal. Mientras más detallado es el proceso de comisionar, más grande es la probabilidad de los ahorros energéticos

7. Entrenamiento a los usuarios y personal del uso energético de la edificación
    a. El entrenamiento del personal puede ser parte del proceso de comisionado del edificio, pero un plan tiene que ser puesto en ejecución para entrenar al personal de mantenimiento, por la duración del edificio, para alcanzar las metas de ahorros energéticos. Los ingenieros y arquitectos que diseñan las edificaciones y los contratistas no son responsables de mantener el funcionamiento de los equipos, una vez que estos están operando; el propietario del edificio tiene que establecer un programa de entrenamiento continuo para ayudar a los ocupantes con la operación y mantenimiento (O&M), con el objetivo de que el personal mantenga el edificio operando con una eficiencia energética máxima
8. Monitorización del edificio
    a. Un plan de monitoreo es necesario para asegurarse de que las metas energéticas se cumplan en el tiempo de vida útil de la edificación

RECOMENDACIONES PARA AHORRAR ENERGÍA EN SUPERMERCADOS Y BODEGAS

La misión de un supermercado o bodega es facilitar la entrega de bienes y servicios al público. Estos negocios son parte integral de la comunidad y la mayoría de los clientes y empleados por lo regular viven cerca y las operaciones pueden impactar directamente la comunidad y a los vecindarios.

Dentro de la industria, los supermercados y bodegas son los negocios que consumen la electricidad con más intensidad. De acuerdo con el Departamento de Energía de los Estados Unidos, estos establecimientos consumen alrededor de 50 kilovatios-hora (kWh) de electricidad. También consumen alrededor de 50 pies cúbicos de gas natural por pies cuadrado, al año. Estos promedian una intensidad de US$4 por pies cuadrados, por costos energéticos, representando una gran parte de los presupuestos operacionales anuales, solamente detrás del presupuesto salarial.

El costo anual en energía para operar un supermercado o cualquier espacio comercial generalmente es equivalente a las ganancias netas producidas en ese año.

De acuerdo con la Agencia de Protección Ambiental de los Estados Unidos, los supermercados tienen un margen de ganancia estimado de 1 %, por lo que se estima que un $1 dólar en ahorro energético es equivalente a aumentar las ventas en $59 dólares.

Los aumentos o reducciones de costos energéticos en un supermercado o bodega se reflejan en las ganancias y pérdidas, pues estos son afectados directamente, de acuerdo con los costos de operación en energía, durante el año. **Se estima que reduciendo los costos operacionales energéticos en un 10 %, las ganancias netas pueden aumentar en un 16 %.**

Mejor apariencia significa aumento en las ventas

Si mejoramos la eficiencia energética de una edificación, podremos ver resultados significativos en el incremento de calidad del alumbrado, del aire acondicionado y la apariencia del lugar, lograremos que el sitio sea más atractivo para los clientes.

Los supermercados son comunes, en términos del tipo de mercancías que comercian; sin embargo, cada localidad es diferente, en cuanto a climatología u operación de los sistemas que consumen energía, por lo que hay que evaluar cada empresa de acuerdo con sus condiciones. La mayoría de los supermercados y bodegas tienen en común lo siguiente:

- **Funcionamiento inapropiado de los equipos**, lo que disminuye el ciclo de vida de estos. En muchos casos, ciclos excesivos de los compresores de los refrigeradores, por cargas incorrectas en los refrigerantes, poca ventilación o escape de calor, debido a desperfectos en las gomas que sellan las puertas

- **Pobre funcionamiento de los equipos,** debido a ajustes de temperaturas incorrectas, particularmente en los refrigeradores de exhibición
- **Cambios en las estaciones climáticas,** cuando las temperaturas varían de acuerdo con cada estación

Muchos de los propietarios de supermercados y bodegas desconocen los grandes ahorros que pueden obtener en costos energéticos, por lo que a veces no le ponen mucha atención al mantenimiento de los equipos; sin embargo, unos de los costos mayores en energía se producen en el consumo energético de los refrigeradores, en el alumbrado interior y exterior.

Para comenzar un programa de conservación energética, se recomiendan las siguientes medidas básicas, que no requieren mucho esfuerzo o ser perito en conservación energética para obtener resultados positivos. Estas medidas pueden ser efectuadas por los propietarios, empleados y personal encargados de observar los costos de mantenimiento de las empresas:

- Observar con detenimiento los costos de las facturas energéticas y comparar el consumo con la factura anterior
- Apagar todo el alumbrado cuando no se esté utilizando
- Apagar o desconectar todos los aparatos que no se estén utilizando
- Preparar un calendario de mantenimiento de los equipos de refrigeración, aire acondicionado,

ventilación, alumbrado y ajustes de las temperaturas en los termostatos

- Ajustar el termostato a una temperatura baja, pero cómoda, en el invierno, y alta, pero cómoda, en el verano. Instalar un termostato programable que sea compatible con el sistema de calefacción y de aire acondicionado
- Revisar las gomas en las puertas de los refrigeradores y congeladores

Estas recomendaciones requieren un poco más de tecnología, por lo cual se recomienda que el propietario o administrador de la empresa coordine estas prácticas con el técnico que ofrece mantenimiento a los equipos de la empresa.

- **Revisar el nivel de refrigerante en los refrigeradores.** Los escapes de refrigerantes pueden disminuir la eficiencia de los equipos de refrigeración en 5 a 20 por ciento
- **Establecer las temperaturas apropiadas en los refrigeradores**. Se desperdicia energía cuando las temperaturas están por debajo o encima de las recomendadas. Comúnmente, los congeladores (Freezers) se gradúan de -14° a -8° Fahrenheit, los refrigerados se gradúan de 35° a 38°F
- **Limpiar las bobinas de los evaporadores**. La acumulación de sucio y hielo en las bobinas evaporadoras reducen la transferencia de calor, causando que los sistemas de refrigeración consuman más energía para mantener las temperaturas deseadas

- **Reducción de escapes en los refrigeradores**. Si las gomas en las puertas de los refrigeradores y congeladores están desgatadas, es importante reemplazarlas. Cubrir o arropar los congeladores y refrigeradores durante las noches
- Establecer las temperaturas apropiadas en los sistemas de HVAC en todas las áreas correspondientes

Evaluaciones más profundas de supermercado/bodega

Para evaluaciones más profundas se requieren los servicios de un auditor energético, para valorar otros factores económicos adicionales a los mencionados arriba, por lo que se requieren otras informaciones donde el auditor podrá efectuar los cálculos correspondientes y hacer las recomendaciones de lugar y poder garantizar los ahorros de energía.

Se recomienda seguir las instrucciones presentadas arriba, en la Guía Avanzada para Diseños Energéticos y en la Guía Avanzada para Modificación Energética para Supermercados y Bodegas que se describe a continuación.

GUÍA AVANZADA PARA MODIFICACIÓN ENERGÉTICA PARA SUPERMERCADOS Y BODEGAS

El Departamento de Energía de los Estados Unidos creo una Guía Avanzada para Modificación Energética para Supermercados y Bodegas.
El propósito de esta guía es incrementar el número de modificaciones de edificaciones del sector de supermercados y bodegas, para mejorar la calidad y profundidad de ahorros energéticos de estos proyectos.
La audiencia principal para la guía deben ser los administradores de tiendas de supermercados y bodegas, porque esto puede representar un incremento en el margen de ganancias de una tienda individual o una cadena de tiendas que puede ser reinvertido en otras áreas, o asignado a las ganancias de fin de año.

Modificación de una edificación (Adaptación de todo el edificio)

Los proyectos de modernización de edificios completos utilizan un enfoque de diseño, integrado para desarrollar un paquete de medidas que se pueden implementar como un solo proyecto durante un corto período de tiempo. A menudo, este enfoque aprovecha un esfuerzo de remodelación importante o una oportunidad similar para abordar muchos sistemas a la vez. Las adaptaciones de edificios enteros ofrecen un mayor ahorro potencial, porque el paquete está optimizado y se consideran todas las interacciones de los sistemas. Las interacciones del sistema y la reducción del tamaño del equipo son componentes importantes de este enfoque, y a menudo

es posible una gama más amplia de reemplazos de equipos y actualizaciones de envolventes.
En muchas situaciones, los mejores paquetes para edificios enteros modernizados serán muy similares a los paquetes prescriptivos, recomendados para la nueva construcción en el Documento de Soporte Técnico de Ahorro de Energía del 50% de las Tiendas de Comestibles, desarrollado por el Laboratorio Nacional de Energía Renovable (National Renewable Energy Laboratory, NREL). Es probable que las tiendas de comestibles tengan requisitos de recuperación financiera más estrictos que los edificios de propiedad pública, pero posiblemente haya un mayor número de oportunidades de ahorro de energía cuando consideren los sistemas de refrigeración.

Se recomienda hacer una evaluación general:

- Describiendo el área en pies cuadrados
- Contabilizando el horario de operaciones semanales
- Analizando el número de trabajadores por tanda
- Inspeccionando los refrigeradores /congeladores / cuarto frío
- Describiendo el tipo de alumbrado
- Contabilizando el número de lámparas fluorescentes
- Analizando el porcentaje de la propiedad que hay que calentar con calefacción
- Analizando el porcentaje de la propiedad que hay que enfriar con aire acondicionado
- Contabilizando el número de cajas registradoras y computadoras

- Observando el número de refrigeradores abiertos para mantener vegetales frescos y cubrirlos durante las horas que el establecimiento este cerrado
- Apagando las cargas de enchufe conectadas que no sean necesarias

Estas recomendaciones se pueden aplicar a los clubes de venta mayoritaria, porque son similares a los supermercados, con la variante de que tienen otras áreas de ventas de efectos electrodomésticos, ropas, calzados y algunos servicios como los de automóviles y ópticas.

RECOMENDACIONES PARA AHORRAR ENERGÍA EN OFICINAS

El consumo mayor en las oficinas es el consumo de energía en el alumbrado interior/exterior, aires acondicionados y equipos de calefacción, computadoras e impresoras y otros equipos portables que se conectan a los tomacorrientes (lámparas portables, abanicos, radios, etc.). Para comenzar con un programa de conservación energética en una oficina, se recomiendan las siguientes medidas que no requieren mucho esfuerzo o ser perito en conservación energética, para obtener resultados positivos. Estas medidas pueden ser efectuadas por los propietarios o empleados encargados de observar los costos de mantenimiento de las empresas:

- Observar con detenimiento los costos de las facturas energéticas

- Apagar todo el alumbrado cuando no se esté utilizando
- Apagar o desconectar todos los aparatos que no se estén utilizando
- Preparar un calendario de mantenimiento de los equipos de aire acondicionado, ventilación, alumbrado y ajustar las temperaturas en los termostatos, de acuerdo con las estaciones del año
- Las computadoras y las impresoras deben de ajustarse al modo de ahorro de energía (Power Saver), de manera que cuando el usuario no la esté usando, automáticamente esta caiga en el modo pasivo (durmiente) y ahorre energía. Estos equipos deben de apagarse todas las noches, después de que el usuario termine la labor diaria

Operación

El uso de energía, los cambios en las horas de operación y las adiciones de equipos que consumen energía se documentan y comparan con datos anteriores, para determinar si el edificio y sus sistemas están funcionando al máximo rendimiento durante la vida útil del edificio.
La reducción del consumo real de energía de los edificios de oficinas solo se logrará si las actividades de diseño y construcción o modificación incluyen información de asesoramiento sobre el seguimiento de la energía que se transmite al usuario final del edificio, como parte del conjunto de medidas de diseño, planificación e implementación. Esta información debe elaborarse en un lenguaje y formato sencillos, lo que permitirá, al usuario, como mínimo, realizar un seguimiento y comparar las facturas de servicios públicos de la instalación y tomar

medidas básicas para mantener la eficiencia prevista del diseño original o del modificado.

Cargas de enchufe

Ahorros de energía adicionales de electrodomésticos eficientes y equipos de oficina. Los propietarios de edificios y otros usuarios pueden beneficiarse de ahorros de energía adicionales, al equipar las oficinas con electrodomésticos eficientes, equipos de oficina y otros dispositivos conectados a enchufes eléctricos. Estas "cargas de enchufe" pueden ser hasta el 25% de las necesidades anuales de energía y el gasto de energía de un edificio de oficinas. Además de sus propias necesidades energéticas, las cargas de enchufe también son una fuente de emisión de calor que aumentan el uso de energía del aire acondicionado. En los entornos de oficina, las redes de computadoras personales están presentes. Muchas instalaciones tienen un número significativo de computadoras personales, computadoras portátiles, monitores, impresoras y servidores de red. Además, muchas oficinas están equipadas con máquinas de fax, copiadoras y otros equipos de oficina electrónica. Las oficinas a menudo pueden tener cocinas para empleados con refrigeradores, hornos de microondas y cafeteras. Algunas también tendrán máquinas expendedoras de refrescos fríos y aperitivos. Gran parte de estos equipos podrían funcionar las 24 horas del día durante todo el año.

RECOMENDACIONES PARA AHORRAR ENERGÍA EN RESTAURANTES

Los restaurantes son lugares especiales donde el público acude frecuentemente a comer, y la iluminación, el ambiente y la hospitalidad son esenciales para que los clientes se sientan a gusto.

En términos de conservación energética, es un poco diferente, porque el foco principal del consumo energético está concentrado en la iluminación, HVAC, refrigeración para preservar los alimentos y los equipos de cocina para preparar los alimentos.

Nuestras recomendaciones están enfocadas para que sean revisadas por los propietarios de los restaurantes, y los ajustes y modificaciones sean ejecutadas por un técnico (ingeniero, electricista, mecánico de refrigeración y aire acondicionado) que conozca de la materia.

Iluminación

- Instalar luminarias eficientes en el interior, que reduzcan la Densidad de Iluminación de Potencia a 1.44 W/ft^2, en las áreas generales y 2.08 W/ft^2, en las áreas del comedor, e instalar sensores para ajustar la iluminación en las áreas de servicios, de acuerdo con la cantidad de iluminación natural producida por la luz solar
- Reducir el nivel de iluminación en el exterior, reemplazando las luminarias de alto consumo por luminarias de bajo consumo, e instalar sensores fotovoltaicos que enciendan y apaguen automáticamente con la cantidad de iluminación de la luz del sol

- Instalar sensores automáticos en los baños para apagar las luces cuando estos no estén ocupados

Sistema de HVAC

Para conservar energía es recomendable que los termostatos de los sistemas de calefacción y aire acondicionados sean programados para encender los sistemas, una hora antes de abrir los establecimientos al público, para acondicionar el espacio a una temperatura ambiente y operen basados en la cantidad de personas que ocupan el lugar y se apague una hora después de que los ocupantes hayan salido del lugar.

Para definir el mínimo racional de ventilación aceptable para una calidad de aire en el interior de un restaurante, la densidad de ocupación en el área del servicio debería de ser de 70 personas por 1000 ft^2.

RECOMENDACIONES PARA AHORRAR ENERGÍA EN ESCUELAS

Estudios realizados han demostrado que el ambiente influye favorablemente, para el aprendizaje de los estudiantes, cuando están en ambientes que tiene buena iluminación, sonido y temperaturas. Por lo que es imperante que un estudiante tenga el nivel de iluminación apropiado cuando está leyendo, para asimilar y retener lo que ha estudiado. Algunos de esos estudios han demostrado que la integración de la luz solar ayudó a mejorar la capacidad de aprendizaje en un 20 %.

De acuerdo con lo establecido en los Estados Unidos, el nivel de iluminación (iluminación artificial + iluminación natural de la luz solar) en los escritorios de los estudiantes puede variar de 30 a 250 candelas. Generalmente se utiliza un promedio de 40 a 45 candelas, pero en la mayoría de los salones de clases un nivel de 50 candelas de iluminación es aceptable.

Los centros educativos son lugares que consumen mucha energía, debido a que operan 9 meses al año, con un promedio de 8 y 9 horas diarias de docencia en temporadas de otoño, invierno y primavera. Algunas escuelas gastan más capital en energía cada año que útiles para los estudiantes. Utilizando la energía eficientemente pueden reducir los costos en las facturas energéticas y asignar esos ahorros en costos de energía a mejorar otras necesidades. El consumo mayor de energía es en el alumbrado interior /exterior, los aires acondicionados y equipos de calefacción, cargas de enchufe (computadoras, impresoras, copiadoras, lámparas portables, abanicos, etc.).

Utilizando buenas estrategias y modificando los sistemas de consumo energético, puede producir grandes ahorros y resultar muy beneficioso para los planteles escolares. En la lección 20 pueden observarse los resultados de grandes beneficios educativos y económicos obtenidos en el Distrito Escolar de las Escuelas Públicas de Newark, New Jersey, donde se implementó un proyecto de conservación energética administrado por el autor de este libro.

Nivel de iluminación recomendado en las escuelas, en los grados primarios y secundarios.			
Actividad	Nivel de iluminación (nivel promedio en los escritorios de los estudiantes)	Variante aceptable en el nivel de iluminación	Otras consideraciones
Salones de lectura y trabajos de artes	**45 Candelas por pies (30 mínimo)**	**30 a 250 Candela por pies**	**El nivel de brillo (deslumbramiento) debe de ser controlado**
Salones de conferencia	**45 Candelas por pies (30 mínimo)**	**30 a 250 Candelas por pies**	**Se recomienda iluminar directamente las pizarras**
Salones para conferencias con proyectores	**15 Candela por pies**	**Ajuste del nivel de alumbrado es aceptable**	**El nivel de iluminación máximo en las pantallas debe de ser de 5 Candela/pies**

Tabla 12.1: Nivel de iluminación recomendado en las escuelas, en los grados primarios y secundarios.

Para comenzar con un programa de conservación energética en una escuela, se recomiendan las siguientes medidas que no requieren mucho esfuerzo, o ser perito en conservación energética, para obtener resultados positivos.

Estas medidas pueden ser efectuadas por los administradores/directores o empleados encargados de observar los costos de mantenimiento de las empresas:

- Observar con detenimiento los costos de las facturas energéticas

- Apagar todo el alumbrado cuando no se esté utilizando
- Apagar o desconectar todos los aparatos que no se estén utilizando

- Preparar un calendario de mantenimiento de los equipos de aire acondicionado, ventilación, alumbrado y ajuste de las temperaturas en los termostatos de los aires acondicionados, de acuerdo con las estaciones del año

- Se calcula que, por lo menos, la mitad de la energía consumida por las computadoras y los impresores es desperdiciada, porque están encendidas por un día completo y algunas veces los usuarios se paran del escritorio por largo rato, o muchas veces no son apagadas al final del día, o se dejan encendidas los fines de semana. Algunos monitores pueden utilizar dos tercios de la energía de un sistema de computarizado, por lo que es importante minimizar el consumo cuando no están en uso; estos deben de ajustarse al modo durmiente de "***ahorro de energía***" (Power Saver), de manera que cuando el usuario no la esté usando, automáticamente esta caiga en el modo de reposo y ahorre energía. Estos equipos deben de apagarse todas las noches, después de que el usuario termine la labor diaria.

La administración de potencia en un sistema computarizado podría ahorrar de $15 a $45 dólares anuales por cada computadora.

Se recomienda que un auditor evalúe las facilidades escolares, para verificar lo siguiente:

- Nivel de iluminación total en los salones de clase
- Nivel de iluminación de luz natural irradiada por la luz solar
- Nivel de iluminación artificial
- Capacidad de alumbrado de emergencia, para cubrir la iluminación en caso de una falla en el servicio o, en otras palabras, un apagón

Kínder - 12 en la secundaria

Se recomienda hacer una evaluación general:

- Del consumo energético por pies cuadrados en todas las áreas del plantel
- Especificar si la escuela es primaria o secundaria
- Informar si opera los fines de semana o en la noche los días de semana
- Especificar número de computadoras

- Especificar el tipo de alumbrado
- Cuantificar el número de lámparas fluorescentes
- Descripción de los equipos, si tiene cocina en función
- Describir el porcentaje de la propiedad que hay que enfriar con aire acondicionado

Opcional:

Si existe gimnasio, describir el área, cantidad y tipo de luminarias.
Número de maestros por tanda.

RECOMENDACIONES PARA AHORRAR ENERGÍA EN HOTELES

Actualmente, con la era de la ecología, muchos huéspedes de hoteles se inclinan a hospedarse en hoteles que les brinden una hospitalidad sostenible. De acuerdo con reportes de Hospitaly.Net, en los últimos años, el número de personas que buscan hoteles con un acomodamiento sostenible, ha alcanzado el 68% de los viajeros, porque prefieren hospedarse en hoteles ecológicos.

Una estrategia bien planificada, con controles de iluminación, puede crear significativos cambios positivos en los costos energéticos de un hotel. En adición a esto, puede también mejorar la estética, dándoles una mejor receptividad y satisfacción a los huéspedes y visitantes del hotel.

Energy Star dice que reduciendo un 10 % en el consumo energético, podría tener un efecto financiero, aumentando el promedio de ganancias de las tarifas de una habitación en US$1.35 dólares, en un hotel de servicio completo.
La clave del éxito está en pequeños cambios inteligentes, como el apagado o reducción del alumbrado automatizado en habitaciones no ocupadas, así como también el entrenamiento del personal, en la participación y aplicación de métodos y conceptos de conservación energética.

En el uso de lavanderías se recomienda utilizar las lavadoras y secadoras de toallas, manteles, sabanas y otros, durante las horas nocturnas o horas fuera de punta, cuando el costo de la energía es más barato.

Se recomienda efectuar una evaluación general:

- Cuantificar el área en pies cuadrados
- Número de habitaciones
- Número de trabajadores por tanda
- Tipo de alumbrado
- Número de lámparas fluorescentes y otras luminarias
- Cantidad de equipos de Cocina
- Número de refrigeradores /congeladores / cuarto frío
- Porcentaje de la propiedad que hay que calentar con calefacción
- Porcentaje de la propiedad que hay que enfriar con aire acondicionado

Opcional:

- Tipo de lavandería y numero de lavadoras y secadoras
- Cantidad de sabanas, toallas, manteles, y otros que se lava anualmente
- Si existe, área de piso para servicio de spa
- Si existe, área de gimnasio/fitness center
- Si existe, equipos eléctricos en el área de la piscina

RECOMENDACIONES PARA AHORRAR ENERGÍA EN OFICINAS MUNICIPALES

Los municipios son entidades que reciben fondos anualmente, para cubrir un presupuesto que incluye gastos en empleomanía, limpieza y ornato, mantenimiento de oficinas municipales, energía para las edificaciones, escuelas, garajes, calles, parques, piscinas y lugares recreativos. Reducir los gastos anuales en energía puede ayudar a cubrir otras necesidades del municipio.

Las edificaciones generalmente representan una gran porción de los gases invernadero en las municipalidades. Implementar proyectos de eficiencia energética en las facilidades municipales es una forma de mostrar a la comunidad que las autoridades municipales se preocupan por contribuir con reducir la contaminación ambiental y la salud de los munícipes. Es importante adherir al sector privado y demostrar que, reduciendo las emisiones, se puede ahorrar dinero en el municipio en general. Estrategias bien establecidas se pueden utilizar para crear programas que reduzcan el consumo energético; esto incluiría la inclusión de un administrador energético, realización de auditorías de todas las facilidades para minimizar el consumo y desperdicio de energía, mejoramiento y modificación de los equipos obsoletos con equipos de alta eficiencia, entrenamiento de los empleados de cómo conservar energía, entrenamiento a los munícipes acerca de los programas creados, establecimiento de estándares de consumo dentro de las facilidades municipales.

Parqueos:
Los parqueos consumen mucha energía durante las horas nocturnas, por lo que se recomienda que sean alumbrados con lámparas de bajo consumo, y la iluminación sea automatizado con mayor intensidad durante las horas de mayor circulación de público.

Se recomienda hacer una evaluación general:

- A las luminarias de los lotes de parqueaderos abiertos
- El consumo de energía de los garajes
- Describir el tipo de alumbrado y cantidad de luminarias
- Contabilizar el número de lámparas fluorescentes o metal halide

Piscinas:
Las piscinas públicas consumen mucha energía, debido a que hay que purificar el agua constantemente, por lo cual las bombas y motores utilizados deben de ser bien eficientes y consumir la menor energía posible. El mantenimiento de estos equipos debe de ser constante.

Se recomienda hacer una evaluación general del:

1. Tipo de bomba y motores utilizados
2. Tamaño de la piscina, escoger desde:
    - Olímpicas (50 metros x 25 metros)
    - Recreacional (20 metros x 15 metros)
3. Localización de la piscina: interior o exterior
4. Número de meses y horarios de operaciones al año

RECOMENDACIONES PARA AHORRAR ENERGÍA EN HOSPITALES, CLÍNICAS Y CONSULTORIOS MÉDICOS

Hospital (medicina general & cirugías):

Los hospitales son grandes consumidores de energía, debido a que están en funcionamiento 24 horas diarias, los 365 días del año. El consumo de energía eléctrica es enorme, porque el alumbrado de los pasillos y cuartos de los pacientes tienen que estar energizados las 24 horas del día.

De acuerdo con las recomendaciones de ANSI, ASHRAE, IESNA Estándar 90.1 y el Departamento de Energía de los Estados Unidos, la misión para un centro de cuidado de la salud es proveer un **ambiente** de **sanación a sus pacientes.** Los hospitales y centros de cuidados de salud tienen que apoyar su misión primaria, brindando un ambiente saludable a sus pacientes, doctores, enfermeras, personal de apoyo y visitantes. El reto es reducir el consumo energético, mientras se mejora los servicios a los pacientes.

El pobre rendimiento o fallas de los equipos, puede afectar los elementos más importantes del negocio de la salud, que son la satisfacción de los pacientes, el personal hospitalario y los ingresos.

Los centros de cuidados de la salud, su infraestructura y sistemas tienen que ser flexibles a cambios que se adapten a los avances de la nuevas tecnologías y nuevos equipos médicos. En la actualidad, los equipos médicos son más sofisticados y están siendo obsoletos a los cinco años de uso, y el grado de flexibilidad tendrá sus efectos en la economía. Los retos son encontrar las vías de ofrecer flexibilidades adquisitivas que reduzcan los costos operacionales, ajustando los centros de salud a que sean 30 % eficientes energéticas con referencia a las facilidades estándares. Los ahorros energéticos pueden mejorar las experiencias de los pacientes, el ambiente de sanación, aumentar la retención del personal médico y reducir los costos de operaciones y la vez contribuir con las condiciones ambientales.

Un centro hospitalario o de salud que incluya iluminación, sonido y temperaturas favorables, provee una mejor experiencia para los pacientes y sus familiares en la cual les reduce la ansiedad. Aumentando la luz solar significantemente, reduce el consumo energético y mejora psicológicamente el estado, la sanación y calidad de estadía de los pacientes.

Reducción de costos operacionales

Utilizando la energía eficientemente y reduciendo las facturas energéticas, los hospitales podrían ahorrar miles de dólares/pesos cada año, y le serviría para mejorar otras áreas de servicios.

Se recomienda hacer una evaluación general:

- Consumo de energía del área en pies cuadrado
- Número de camas
- Número de trabajadores de tiempo completo
- Tipo de alumbrado
- Número de lámparas fluorescentes
- Número de máquinas rayos X y MRI
- Número de trabajadores por tanda

- Porcentaje de la propiedad que hay que calentar con calefacción
- Porcentaje de la propiedad que hay que enfriar con aire acondicionado

Opcional:

- o Facilidades de lavanderías
- o Laboratorios
- o Número de pisos

Consultorios Médicos:

Los Consultorios Médicos son regularmente espacios medianos y pequeños. La mayoría de estos consultorios operan 5 días a la semana, con un horario de 9 a 10 horas diarias.

Existe un factor común de estos consultorios, con otros negocios, y es que también tienen costos operacionales que les afectan grandemente.

La pobre iluminación, calefacción y rendimiento o fallas de los equipos pueden afectar la satisfacción de los pacientes, doctores, personal de asistencia y los ingresos. Reduciendo el consumo energético en un 20 %, puede ayudar a estos consultorios grandemente, por lo que es recomendable hacer una evaluación de los sistemas de iluminación, equipos consumidores de energía, calefacción y aire acondicionado.

RECOMENDACIONES PARA AHORRAR ENERGÍA EN INDUSTRIAS

El sector industrial es un gran consumidor de energía en el mundo; en los Estados Unidos la industria utiliza alrededor de un tercio de la energía total que consume el país. Se puede decir que todos los países desarrollados consumen gran cantidad de la energía que usa para manufacturar los productos procesados.

El sector de manufactura depende fuertemente de la energía, para convertir la materia prima a productos terminados. La utilización de la eficiencia energética tiene un impacto gigantesco en el costo de los productos manufacturados, y consecuentemente tiene un gran impacto en los costos de producción y las ganancias de la empresa. La reducción del consumo energético tiene grandes efectos en el aumento de la productividad, y contribuye enormemente con la ecología, disminuyendo la contaminación ambiental.

El Departamento de Energía de los Estados Unidos ha conducido varios estudios, a través de programas tecnológicos industriales, para acelerar el desarrollo de la eficiencia energética en las industrias e identificar cómo están utilizando, y encontrar las medidas más significativas de ahorro de energía. El foco principal del estudio fue centrado en los generadores termales, generadores de potencia, motores, compresores, bombas, abanicos y otros equipos utilizados en la industria manufacturera.

El sector industrial es muy diverso, por lo que no nos vamos a enfocar en un determinado tipo, porque hay que analizar varios aspectos relacionados al tipo de industria y de la forma que consume la energía y los equipos que utiliza para procesar la materia prima a producto terminado.

RECOMENDACIONES PARA AHORRAR ENERGÍA EN CENTRO DE DATOS

Los centros de datos son grandes consumidores de energía, y a la vez muy ineficientes. Por esta razón, el Departamento de Energía de los Estados Unidos está patrocinando un programa dirigido por el Centro de Expertos para Eficiencia Energética, en Centro de Datos del Laboratorio Nacional Lawrence Berkeley, donde han creado un Listado Maestro, con recomendaciones, con el propósito de implementar las mejores prácticas para aumentar las eficiencias energéticas en los centros de datos. Este programa ha sido diseñado para los propietarios, operadores y asesores cualificados, en el cual se le provee una guía de acciones para priorizar e implementar medidas de ahorro de energía en los Centros de Datos.

La **Guía, o el Listado Maestro,** cuenta con ocho secciones que representan subsistemas y otras áreas que merecen atención. Cada sección describe las recomendaciones explícitamente, para que los usuarios de estas apliquen las técnicas descritas, paso a paso, y puedan sacar provecho y ahorrar energía y costos en estos centros de datos.

A continuación, les presentamos algunas de las recomendaciones que aparecen en la Guía:

A. Global

Acciones de alto nivel

1. Recomienda mejorar potencialmente todos los abanicos suplidores de aire,

bombas, abanicos de torres de enfriamientos.

2. Utilizar Motores de alta Eficiencia

B. Monitoreo y Control de Energía (EM)

Acciones de alto nivel

1. Crear un equipo de proyecto de integración
2. Establecer metas de continuo mejoramiento
3. Utilizar métodos para medir la eficiencia
4. Establecer Punto de Referencia
5. Evaluar el sistema de monitoreo para mejorar la administración del tiempo real y la eficiencia
6. Instalar monitoreo de carga
7. Utilizar equipos de visualización
8. Instalar sistemas de integración, incluyendo un sistema de automatización de la edificación

C. Equipos de Información Tecnológica (IT)

Acciones de alto nivel

1. Apague los equipos de IT que no se estén utilizando
2. Ponga fuera de servicio los Servidores que no se estén usando
3. Consolide los servidores de uso ligero
4. Asegúrese que los suplidores de potencia de IT sean configurados apropiadamente
5. Instale sistemas de manejadores y aplicaciones de IT

D. Condiciones Ambientales

Acciones de alto nivel

1. Siga las instrucciones de la guía de ASHRAE para los niveles de temperaturas recomendadles para centro de datos
2. Mucho mejor, si opera a las máximas temperaturas (80.6°F) recomendadas por ASHRAE
3. Anticipe que los servidores ocasionalmente operarán en alta pero aceptables temperaturas de (89.6°F)

E. Enfriamiento de aire y administración de Aire

Acciones de alto nivel

1. Instale las racas en filas
2. Cubra los espacios abiertos en medios de las racas
3. Selle las penetraciones de las cablerías

F. Planta de enfriamiento

Acciones de alto nivel

1. Aumente las temperaturas del agua de los enfriadores. Un aumento de temperatura en el punto de control del agua suplida aumenta las eficiencias de los enfriadores
2. Maximice la eficiencia de la planta de enfriamiento central

G. Cadena de distribución de carga de información tecnológica

Acciones de alto nivel

1. Reexamine la redundancia requerida de potencia

2. Aumente el factor de carga en las unidades UPS
3. Utilize UPS modulares
4. Utilice fuentes de energía renovables

H. Iluminación

Acciones de alto nivel

1. Instale lámparas y balastos con eficiencia energética
2. Instale sensores de ocupación
3. Instale controladores en las luminarias

Para calcular el Uso Efectivo de Potencia (UEP), se recomienda analizar el consumo de energía total del Centro y de la Data Energética de IT– medición de 12 meses de datos del consumo de los metros del UPS o PDU, dependiendo de la configuración energética en el sistema de IT.

Uso Efectivo de Potencia o (UEP) es una forma de medir la eficiencia en la infraestructura de un centro de datos en tecnología informática. La carga usada en tecnología informática es una parte fundamental de las mediciones de UEP.

Recomendaciones para ahorrar energía en tiendas detallistas diversas

La intensidad de consumo energético en las tiendas diversas de detalle al consumidor es muy variante, porque estos negocios operan de forma diferente, por lo que es necesario evaluarlo, de acuerdo con el espacio, modo de operación y consumo energético de la empresa. El consumo energético de una tienda que comercializa efectos electrodomésticos es mayor que una tienda que comercializa calzados o ropa de vestir, tomando en cuenta el espacio de ocupación.

La iluminación de estos negocios es crítica, porque los efectos bien iluminados tienden a atraer la atención de los consumidores y por consecuencia un aumento en las ventas.

Otro aspecto que hay que tomar en cuenta es la iluminación natural con la luz solar, esta puede reducir, en una cantidad significante, la cantidad de luz artificial producida por las luminarias, lo que tiende a reducir el consumo de kilovatios-hora, durante las horas del día. De acuerdo con varios estudios realizados en los Estados Unidos, los negocios que incorporaron las estrategias de utilizar la luz solar durante el día obtuvieron mayores ventas y ganancias. Un artículo publicado por la Comisión de Energía de California enfatizó que algunos negocios que integraron la luz solar experimentaron un aumento en las ventas hasta de un seis por ciento.

Otro aspecto importante que puede reducir el consumo energético significativamente es controlando el uso de los aires acondicionados y equipos de calefacción. Cuando se estén utilizando las unidades de aire acondicionados o calefacción, debe de tomarse en cuenta que los termostatos estén ajustados a temperaturas ambientes que sean agradables a los clientes que visitan el establecimiento.

Durante las horas de operación, cuando los aires acondicionados o la calefacción estén en uso, es muy importante mantener las puertas y ventanas cerradas, para evitar los intercambios de temperaturas del interior con el exterior.

Se recomienda hacer una evaluación general:

- Consumo de energía en todas las áreas en pies cuadrados (sq. ft.)
- Horario de operaciones semanales
- Número de trabajadores por tanda
- Tipo de alumbrado
- Número de lámparas fluorescentes
- Número de cajas registradoras y computadoras
- Número de refrigeradores /congeladores / cuarto frío
- Porcentaje de la propiedad que hay que enfriar con aire acondicionado

REFERENCIAS

ASHRAE. (1999). Energy Managemente Applications Hand book.

ASHRAE STAFF, S. P. (2011). *Advance Energy Design Guide for Highway Lodging, Achieving 30% Energy Savings toward a Net Zero Energy Building.* W. Stephen Comstock.

Energy, U. D. (2011, Septiembre). Advance Energy Retrofit Guide.

IESNA, A. /. (2008). *Advance Energy Design Guide for Small Retail Buildings.* ASHRAE.

IESNA… - (2009). *Advance Energy Design Guide for K-12 Schools Buildings, Achieving 30% Energy Savings toward a Net Zero Energy Building.* ASHRAE.

IESNA... - (2019). *Achiving Zero Energy, Advance Energy Design Guide for Small to Medium Office Building.* ASHRAE.

IESNA… - (2015). *Advance Energy Design Guide for Grocery Stores, Achieving 50% Energy Savings toward a Net Zero Energy Building.* ASHRAE.

IESNA… - (2014). *Advance Energy Design Guide for Medium to Big Box Retail Buildings, Achieving 50% Energy Savings toward a Net Zero Energy Building.*

IESNA… - (2009). *Advance Energy Design Guide for Small Hospitals and Healthcare Facilities, Achieving 30% Energy Savings toward a Net Zero Energy Building.* ASHRAE.

Inc., U. L. (2011). *Alternative Energy Equipment and Systems, UL Aplication Guide.* Underwriters Laboratories Inc.

Ken Sufka, A. E. (2014). *Energy Management Guideline.* Washington, DC.

Kennedy, C. /. (2012). *Guide to Energy Management, 7TH Edition.* Lilburn, Georgia: The Fairmont Press.

Laboratory, U. S. (2013). *Advance Energy Retrofit Guide for Grocery Stores, Practical Ways to Improve Energy Performance.* U. S. Department of Energy.

Thumann, A. (2008). *Guide to Energy Conservation, Ninth Edition.* Lilburn, Georgia: The Fairmont Press, Inc.

Turner, W. C. (2001). *Energy Management Handbook, Fourth Edition.* Lilburn, Georgia: The Farimont Press, Inc.

Wisconsin, C. o. (1990). *Energy Conservation Booklet for Small Commercial Buildings.* Madison, Wisconsin: University of Wisconsin.

Lección 13

Refrigeración, aire acondicionado, calefacción y ventilación

En esta lección les ofrecemos orientación del funcionamiento de los refrigeradores, aires acondicionados y la ventilación. Incluimos algunas recomendaciones prácticas que pueden ayudar a que los equipos funcionen mejor y consuman menos energía.

Refrigeración

La refrigeración es una parte esencial para muchas empresas y para todas las residencias; a la vez, es un gran consumidor de energía, porque está funcionando las 24 horas del día para mantener los productos en condiciones frescas.
La función frigorífica es la de extraer el calor de las mercancías o productos, almacenados dentro de estos, para mantenerlos a ciertas temperaturas deseadas que conserven su frescura y eviten su descomposición.

En un supermercado o bodega, los equipos de refrigeración (frigoríficos, neveras, botelleros, etc.) trabajan las 24 horas del día, los 365 días del año, o sea 8756 horas al año, y se estima que un 40 a 50 % de la energía consumida es usada en los equipos de refrigeración.

Si el refrigerador o congelador (freezer) de su empresa o residencia tiene más de 15 años de uso, es recomendable que lo reemplace por un modelo más moderno, porque podría ahorrar de un 15 a un 40 por ciento en el consumo energético. Si su refrigerador o congelador está trabajando bien, y comprar uno nuevo no se ajusta a su presupuesto, más adelante le presentamos algunas sugerencias a seguir que le ayudaran a mejorar la eficiencia y operación de estos.

Inspeccione la temperatura de su refrigerador o congelador

Inspeccione la temperatura dentro del compartimiento de su refrigerador o congelador con un termómetro. Las temperaturas deseadas dentro de los compartimientos de los refrigeradores deben de ser de 36°F a 38°F, y en los compartimientos de los congeladores o freezers de 0°F a 5°F. Si las temperaturas no están dentro de esos parámetros, ajuste el control de temperaturas hasta alcanzar las temperaturas deseadas. Manteniendo las temperaturas 10°F por debajo de los niveles recomendadas, podría incrementar el consumo de energía en un 25 %.

Inspeccione las gomas sellantes de las puertas

Inspeccione bien las gomas sellantes de la puerta de su refrigerador o congelador para evitar el escape o penetración de calor. Las gomas sellantes se deterioran con el tiempo, lo que implica que aumente la penetración de calor y por consiguiente aumenta el ciclo de operación, reduciendo la eficiencia.

Prácticas recomendables para almacenar los alimentos en los refrigeradores y frízeres

Hay varias formas de ayudar a los refrigeradores y frigoríficos a funcionar mejor. Para que sus refrigeradores y frigoríficos trabajen mejor es recomendable que al almacenar los alimentos en los compartimentos se tomen las siguientes precauciones:

- Deje que los alimentos calientes se enfríen. Evite colocar alimentos calientes en los compartimentos de estos, espere a que los alimentos se enfríen a una temperatura ambiente y luego proceda a guardarlos

- Cubra los alimentos. Tape los alimentos, especialmente los líquidos, de lo contrario estos dejan escapar humedad, aumentando el ciclo de operación y reduciendo la eficiencia

- Trate de llenar todos los espacios. Los refrigeradores trabajan mejor cuando están llenos. Si su refrigerador no está lleno, llénelo con contenedores plásticos llenos de agua congelada. Esto ayuda a mantener la temperatura más fría, en caso de apagones o falta de energía eléctrica, y puede preservar los alimentos un poco más de tiempo

- Trate de minimizar el tiempo con las puertas abiertas

Limpie la escarcha del refrigerador con frecuencia

Las escarchas del refrigerador deben de ser limpiadas con frecuencia, esta acumulación de hielo, alrededor de las bobinas, puede hacer que el compresor trabaje más, para mantener las temperaturas bajas, desperdiciando energía.

Mantenga el refrigerador en lugares frescos

Coloque el refrigerador en un lugar fresco, trate de mantener este alejado de la estufa, lavadores de platos, el sol y lugares calientes. Siempre trate de situar estos en lugares donde corra el aire alrededor de las bobinas condensadoras, para mejor operación y mayor eficiencia.

AIRE ACONDICIONADO

El propósito de la instalación de sistemas de Calefacción, Ventilación, y Aire Acondicionado (HVAC) es mantener las condiciones ambientales apropiadas para las personas ocupantes y los equipos instalados dentro de las edificaciones.
El sistema de Calefacción, Ventilación, y Aire Acondicionado (HVAC) es el sistema de motores, ductos, abanicos, bombas, controles y equipos de intercambios térmicos (calóricos) que mueven el calor hacia el interior o exterior de una edificación.

Para la conservación de energía, el sistema de HVAC puede proveer ventilación y movimiento de aire a las edificaciones, incluso cuando no se está produciendo ningún elemento térmico (calor o frío), mecánicamente utilizando los medios de controles automáticos para intercambiar movimiento de aire del exterior al interior, o viceversa, de acuerdo con las demandas de las temperaturas interiores y las condiciones de las temperaturas exteriores.

La eficiencia de los sistemas de aires acondicionados es bien importante en los proyectos de conservación energética, debido a que, mientras más eficientes son estos aparatos, consumen menos energía. Existen varios factores que influyen en el rendimiento de un aire acondicionado, incluyendo el aislamiento de las paredes de la estructura, calidad de las ventanas, infiltración de aire a través de rendijas o espacios abiertos alrededor de las puertas y ventanas, humedad relativa del ambiente, mantenimiento de la unidad.

El concepto de operación de un aire acondicionado, para mejorar el ambiente interior, es más complicado que la operación de un calentador en la producción de calefacción. Los calentadores usan la energía para generar calor y los aires acondicionados utilizan la energía para extraer el calor. Por este concepto es importante que los aires acondicionados sean eficientes.

Los sistemas más comunes de aire acondicionados utilizan un ciclo de compresión para transferir o sacar el calor del interior al exterior de las edificaciones.

Este ciclo de compresión es iniciado por un compresor localizado en el exterior de las estructuras lleno de un fluido llamado refrigerante. Este fluido cambia de líquido a gas, absorbiendo el calor en el interior y luego cambiando de gas a líquido, descargando el calor en el exterior de la edificación.

AIRE ACONDICIONADO PARA VENTANAS

Los aires acondicionados, para montar en ventanas o a través de paredes encajados, trabajan con un compresor localizado en la parte exterior. Estos modelos son fabricados con el propósito de enfriar (sacar calor) una habitación, requiriéndose varias unidades, si la residencia contiene más de una habitación. Estas unidades cuestan menos que un aire central, y tienen las ventajas que se pueden utilizar independientemente, cuando es requerido su uso.

Para que los usuarios puedan sacar el máximo beneficio de estas unidades, en términos de conservar energía, es recomendable que, al escoger las unidades, consulten con un técnico que les recomiende la capacidad de la unidad requerida en BTUs, basada en cálculos por pies cuadrados de la habitación.

Las unidades de aire acondicionados, instaladas con capacidades más grandes que las áreas de los lugares donde se instalan, son menos efectivas, porque trabajan más forzadas.

El rendimiento de los aires acondicionados es evaluado por un valor llamado Proporción de Eficiencia Energética, (Energy Efficiency Ratio, EER). Esta proporción es la salida de enfriamiento en BTU/Hr, dividido por la potencia consumida, mientras más alto es el EER, más alta es la eficiencia de la unidad. Los estándares de la última revisión federal en los Estados Unidos para aire acondicionados en habitaciones, efectiva en el 2014, son mostrados en la tabla 12.2, que aparece más abajo.

Rendimiento mínimo estándar EER requerido para los aires acondicionados de ventana en los Estados Unidos			
Rendimiento mínimo Estándar Federal Requerido (EER) en USA		Rendimiento mínimo Estándar Requerido (EER) por ENERGY STAR	
Capacidad (BTU/HR)	Comenzando en octubre 2014	Comenzando en octubre 2014	Comenzando en Julio 2017
Menos de 6,000	11.0	11.2	12.1
6,000 a 7,999	11.0	11.2	12.1
8,000 a 13,999	10.9	11.3	12.0
14,000 a 19,999	10.7	11.2	11.8
20,000 a 24,999	9.4	9.8	10.3
25,000 0 más alto	9.0	9.8	9.9

Tabla 12.2: Rendimiento estándar mínimo o Eficiencia Energética Proporcional (EER) requerido para los AC de Ventanas.

VENTILACIÓN

La ventilación de aire es importante, porque tiene la función de mover un volumen de aire en las edificaciones; esto es para intercambiar la calidad del aire de un espacio al otro, y a la vez proveer aire fresco, manteniendo la humedad y las condiciones ambientales requeridas para un buen confort de los ocupantes, equipos y objetos. El volumen de aire es movido a través de abanicos y medido en pies cúbicos por minuto (cfm). La circulación del aire es movida a una velocidad determinada medida y expresada en pies por minuto (fpm).

El aire fresco es necesario para:

- Reducir la concentración de dióxido de carbono para que no exceda la cantidad de 1000 ppm

- Remover los contaminantes y olores no deseados en las edificaciones

El aire fresco necesario depende de la cantidad requerida por las personas que ocupan las diferentes edificaciones. Un hospital requiere una ventilación diferente a una escuela, centro comercial, etc.

Muchos de los requerimientos de ventilación para las diferentes edificaciones y localidades son especificadas por los estándares nacionales e internacionales. En los Estados Unidos, los requerimientos de ventilación están descritos en ASHRAE Standard 62.1. Estos estándares definen el promedio de ventilación mínimo aceptable para la calidad del aire en el interior de los lugares que tienen cierta cantidad de personas ocupando un espacio. Para los cálculos de diseños de los equipos de ventilación existe una tabla que describe cuál es la densidad de aire por espacio de ocupación requerida por ocupantes.

REFERENCIAS

ASHRAE. (1999). Energy Managemente Applications Hand book.

Bill Goetzler, M. G. (2019). *Grid-interactive Effiecnt Buildings Technica Report Series, (Heating, Ventilation, and Air Conditioning (HVAC); Water Heating; Appliances; and Refrigeration.* Washington, DC: U.S. Department of Energy, Office of Energy Efficiency & Renewable Energy.

Brumbaugh, J. E. (2004). *HVAC Fundamentals, 4th Edition.* Wiley Publishing, Inc.

Building Performance Institute, I. (2015). *Standard Practice for Standardized Qualification of Whole-House Energy Savings Prediction by Calibration to Energy Use History.* ANSI/ BPI 2400-S-2015.

Energy, U. D. (2011, Septiembre). Advance Energy Retrofit Guide.

Ken Sufka, A. E. (2014). *Energy Management Guideline.* Washington, DC.

Kennedy, C. /. (2012). *Guide to Energy Management, 7TH Edition.* Lilburn, Georgia: The Fairmont Press.

Thumann, A. (2008). *Guide to Energy Conservation, Ninth Edition.* Lilburn, Georgia: The Fairmont Press, Inc.

Turner, W. C. (2001). *Energy Management Handbook, Fourth Edition.* Lilburn, Georgia: The Farimont Press, Inc.

Wisconsin, C. o. (1990). *Energy Conservation Booklet for Small Commercial Buildings.* Madison, Wisconsin: University of Wisconsin.

Lección 14

Cambios térmicos en el interior debido a la transferencia de calor del exterior a través de los envolventes de las edificaciones

En esta lección presentamos algunos principios de la transferencia térmica del interior y exterior de una edificación, a través de los componentes que forman el envolvente (paredes, techo, fundación, puertas y ventanas); la importancia de conocer los efectos en el confort térmico para los seres humanos y cómo el consumo y desperdicio de energía afecta el costo de las facturas energéticas.

La envolvente del edificio, que incluye las ventanas y la parte opaca de la envolvente, es el conjunto que separa el ambiente interior acondicionado y las condiciones climáticas exteriores.

CAMBIOS TÉRMICOS DEBIDO A LA CALIDAD DE LOS ENVOLVENTES Y EL AISLAMIENTO EXTERIOR

Las envolventes de edificios de alto rendimiento controlan de manera más efectiva la influencia de las condiciones exteriores en el entorno interior que los edificios existentes y las nuevas construcciones, lo que reduce los requisitos y cantidad de calefacción, enfriamiento (refrigeración) e iluminación, para mantener las condiciones interiores deseadas.

APLICACIÓN DE AISLAMIENTO Y RECOMENDACIONES DE MÉTODOS, PARA CONSERVAR LA TEMPERATURA AMBIENTE EN EL INTERIOR EN LAS EDIFICACIONES

Los cambios térmicos, en las diferentes estaciones del año, en los climas calientes o fríos, afectan grandemente el ambiente interior de una edificación, por lo que es recomendable utilizar materiales que sean diseñados y manufacturados, con las características y eficiencias para cada clima determinado en los diseños de las edificaciones nuevas y a la hora de reemplazar o modificar los equipo en las edificaciones existentes.

Las envolventes de edificios de alto rendimiento controlan de manera más efectiva la influencia de las condiciones exteriores en el entorno interior que los edificios existentes y las nuevas construcciones, lo que reduce los requisitos y cantidad de calefacción, enfriamiento (refrigeración) e iluminación, para mantener las condiciones interiores deseadas. De acuerdo con el Departamento de Energía de los Estados Unidos, la envolvente de los edificios cuenta por aproximadamente 30% de la energía primaria consumida en las edificaciones comerciales y residenciales.

La envolvente de las edificaciones (paredes, techo, fundación (zapata), puertas y ventanas) generalmente se refieren a aquellos componentes de los edificios que encierran espacios condicionados, en la cual la energía calórica es transferida hacia o desde un ambiente exterior. Generalmente, la transferencia de energía calórica es referida como **"perdida de energía calórica"**, cuando tratamos de mantener una temperatura interior mayor que la temperatura exterior y **"ganancia de energía calórica"**, cuando tratamos de mantener una temperatura interior menor que la temperatura exterior.

Las fugas de aire se encuentran entre las mayores fuentes de pérdida de energía en un edificio. Una de las tareas más rápidas de ahorro de energía y dinero que puede hacer es sellar y rellenar todas las costuras, grietas y aberturas hacia el exterior. Al sellar las fugas de aire no controladas, puede ahorrar entre un 10% y un 20% en sus facturas de calefacción y refrigeración.

Priorice los proyectos de climatización para mejorar rápidamente la eficiencia y la comodidad de su edificación. Para identificar fugas de aire, revise alrededor de sus paredes, techos, ventanas, puertas, accesorios de iluminación y plomería, interruptores y tomas de corriente. Cerciórese de huecos en las paredes o techos, puertas y ventanas que no se cierren herméticamente. Después de completar el sellado de aire, considere si necesita agregar aislamiento. El aislamiento es esencial para reducir el flujo de calor a través de la envolvente del edificio de una edificación. Cuanto mayor sea la diferencia entre las temperaturas interiores y exteriores, más energía se necesitará para mantener una temperatura confortable en su hogar. Agregar aislamiento entre el interior y el exterior reduce esa demanda de energía, mejora la comodidad de su edificación y le ahorra dinero.

En términos energéticos la palabra **"aislamiento"** significa protección en contra de cambios no deseados; bien sea del ruido, calor o frio. Se pueden aislar las paredes de una edificación para limitar los ruidos exteriores, o para protección del frio en el invierno o del exceso de calor en el verano.

Una de las aplicaciones de materiales aislantes en las edificaciones es para minimizar y retardar la transferencia de energía calórica de un lugar al otro. El sistema de aislamiento es mandatorio para la operación eficiente de los sistemas de enfriamiento o calefacción.

El propósito principal de aplicar material aislante a las paredes, puertas y ventanas de las edificaciones es para mantener el interior de estas a las temperaturas deseadas mientras se reducen los usos energéticos.

Una edificación con paredes bien protegidas con materiales aislantes por lo general es eficiente en el consumo energético.

En los climas fríos la intención es de parar el flujo calórico que salga de la edificación y en los climas calientes en el verano evitar que el flujo calórico penetre en la edificación. Para el complemento de retardar la transferencia calórica se especifican productos con cualidades aislantes para ser utilizados en los tres modos de transferencia de energías calóricas.

TRANSFERENCIA DE ENERGÍA TÉRMICA

En los proyectos de conservación energética, los principios de Transferencia de Energía Térmicas son fundamentales. Regularmente, los espacios interiores se condicionan para operar en temporadas de invierno, a temperaturas que oscilen alrededor de 68°F a 72°F, y en temporadas de verano de 74°F a 76°F, temperaturas agradables para la mayoría de los seres humanos. Las temperaturas interiores se condicionan de acuerdo con las temperaturas exteriores y las estaciones del año, donde los equipos de calefacción y aires acondicionados operan agregando o extrayendo el calor. Tecnológicamente, a estas transferencias de calor se les llama pérdidas o ganancias térmicas, como explicamos más arriba.

Existen tres fenómenos físicos que transfieren calor, de los cuales vamos a mencionar los significados brevemente, y explicar cuáles son las formas en que estos afectan las temperaturas deseadas en las edificaciones, y cómo podemos ayudar a minimizar las pérdidas de energía, utilizando medios para mantener las temperaturas deseadas, de manera que los equipos utilizados para estos fines sean lo más eficientes posibles. Estos tres fenómenos físicos de transferencia calórica son: conducción, radiación y convección.

Conducción – propiedad que tienen los cuerpos de dejar pasar, a través de su masa, el calor o la electricidad, por el movimiento atómico o molecular-es la transferencia de calor por conducción, por contacto de un espacio a otro; se efectúa cuando un espacio pierde cantidad calórica y el espacio que la recibe la gana.

Radiación – la trasferencia de calor por radiación es basada en la transmisión de energía, por medio de la **emisión de ondas electromagnéticas o fotones**; estas propiedades podrían ser lumínicas, donde ninguna superficie o fluido es necesaria para transferir calor de un objeto a otro.

Convección - la transferencia de calor por convección se basa en el intercambio de calor de la propia materia. La transferencia de energía calórica ocurre cuando un fluido caliente se reemplaza en un sistema por un fluido más frío.

CONFORT TÉRMICO PARA LOS SERES HUMANOS

El confort térmico para los seres humanos es una función compleja de temperatura, humedad, movimiento de aire y radiación térmica del área, alrededor de donde nos encontremos.

Este confort térmico es maximizado, estableciendo un balance cálido dentro de los espacios ocupados y el ambiente alrededor del espacio.

El cuerpo humano puede intercambiar energía calórica con el ambiente, donde se encuentre por medio de los fenómenos físicos de conducción, radiación y convección. Es importante observar los factores que afectan los procesos de transferencia calórica y la habilidad del cuerpo humano de enfriarse, o calentarse, el mismo a través de la evaporación y la transpiración.

El confort térmico para el cuerpo humano puede alcanzarse alrededor de temperaturas de 68°F a 80°F y una humedad relativa de 20 a 70%.

COMPONENTES QUE COMPONEN LAS ENVOLVENTES DE LAS EDIFICACIONES

Las envolventes de los edificios no utilizan energía por sí mismas, pero influyen en las condiciones de luz, calor y humedad de la parte interior del edificio, lo que afecta directamente las necesidades de iluminación, calefacción y enfriamiento (refrigeración), y el uso de energía correspondiente.

Fundación (Zapata)

La fundación de una edificación es la parte más importante de un edificio, porque es la base de soporte de la estructura. También, la fundación tiene gran importancia con referencia al consumo de energía, porque, dependiendo de la composición de esta y los tipos de materiales utilizados, afectan los niveles de transmisión de humedad desde el exterior al interior de la edificación. Si la fundación está en un terreno con pobre drenaje, por lo regular se concentra mucha humedad afectando la humedad relativa dentro de la edificación.

Paredes

Las paredes pueden revestirse de material aislante, de acuerdo con el clima de la región, donde se construya la edificación. El material aislante protege las paredes y techos; además prolonga la transferencia de calor del interior al exterior o del exterior al interior.
La mayoría de las veces, el material aislante se aplica a las paredes laterales de mampostería (bloques de hormigón o hormigón vertido) en el lado exterior, pero en ocasiones también se puede aplicar en el interior.

Techos

Los techos son grandes transmisores de calor y afectan las temperaturas interiores de una edificación. Los cambios de temperaturas interiores son dependientes de los cambios en las temperaturas exteriores, y la composición del material de los techos es responsable de la transmisión de calor del exterior al interior o viceversa. Los techos podrían ser estándares, fríos y verdes.

Techos estándares. Son aquellos que tienen una composición tradicional, no tratada, para reducir la transmisión de calor; por lo regular son techos construidos de hormigón, metal y madera. Estos techos pueden alcanzar temperaturas hasta de 150 °F, o más, en temporadas de verano.

Techos frescos (fríos). Son techos estándares, tratados con un material aislante para reducir la transmisión de calor. Los techos fríos reflejan la luz del sol y emiten el calor de manera eficiente. Estos pueden reducir el calor hasta en 50 °F, ahorrando energía en los aires acondicionados y dinero en las facturas energéticas. Los techos estándares pueden convertirse a fríos, utilizando pinturas reflectivas, laminas reflectivas, o recubriéndolo con tejas.

Techos verdes. Son techos estándares que están cubiertos con capas sintéticas, capas de drenajes naturales, tierra y plantas. La estructura base del techo es cubierta con capas sintéticas aislante, membranas de resistencia al agua (opcionalmente se instalan sistemas de detectores de fugas de agua de las membranas), espacios de drenajes, filtros para las membranas, una barrera para las raíces, tierra y las plantas. La mayoría de los proyectos de techos verdes son instalados en techos planos.

VENTANAS

Las ventanas y los accesorios también afectan el uso de energía de iluminación, al admitir o bloquear la luz del día.

Las Ventanas puede ser una de las características más atractivas de su hogar, porque proporcionan vistas, luz natural, ventilación y calor del sol en el invierno. El calor que se mueve dentro y fuera de su hogar a través de las ventanas, puede aumentar sus facturas de calefacción y aire acondicionado. Las ventanas de eficiencia energética y las medidas para reducir la ganancia y pérdida de calor pueden ayudar a ahorrar energía y reducir las facturas de energía.

En una edificación nueva se recomienda comprar ventanas energéticamente eficientes, dependiendo del clima del lugar donde se encuentre. En los Estados unidos, ENERGY START provee todas las informaciones pertinentes a los factores U y las ganancias y pérdidas de calor de las ventanas. El Consejo Nacional de Calificación de Fenestración (NFRC) provee e incluye las calificaciones en todas las ventanas, y proporciona una forma confiable de determinar las propiedades energéticas de una ventana y comparación de los productos.

En las edificaciones existentes se recomienda reemplazar las ventanas de un solo panel, con ventanas de doble panel que tienen vidrio de alto rendimiento, lo cual podría ser rentable, pero también podría considerar la instalación de ventanas de tormenta (tormenteras) exteriores.

OBSERVACIONES PARA LA INSTALACIÓN DE VENTANAS

En climas cálidos, seleccione ventanas con recubrimientos para reducir la ganancia de calor. Seleccione ventanas con bajos factores U; el factor U es la velocidad a la que una ventana conduce el flujo de calor no solar. Busque un **coeficiente de ganancia de calor solar bajo** (siglas en ingles SHGC). SHGC es una medida de la radiación solar admitida a través de una ventana. Los SHGC bajos reducen la ganancia de calor en climas cálidos.

Recomendaciones

- Instale cortinas blancas para ventanas, cortinas o persianas para reflejar el calor lejos de la casa

- Cierre las cortinas en las ventanas orientadas al sur y al oeste durante el día

- Instale toldos en las ventanas orientadas al sur y al oeste para crear sombra

En climas fríos, considere la posibilidad de seleccionar ventanas llenas de gas con recubrimientos de baja **e,** para reducir la pérdida de calor.

Baja – e, significa "baja emisión". Es un recubrimiento microscópico que se aplica al lado del vidrio que mira hacia el exterior para mejorar la eficiencia, este refleja un nivel de calor hacia el exterior permitiendo que un nivel de calor penetre a la edificación. El recubrimiento está hecho de materiales metálicos o de óxido metálico, que se rocían sobre el vidrio.

Recomendaciones

- Instale cortinas de ventanas aislantes ajustadas en las ventanas que se sienten corrientes de aire después de la intemperie. Obtenga calificaciones de eficiencia energética para los accesorios de ventana del AERC (aercnet.org).
- Cierre sus cortinas por la noche para protegerse contra corrientes de aire frío; ábralos durante el día para dejar entrar la luz del sol.
- Instale ventanas de tormenta exteriores o interiores, lo que podría ahorrarle entre un 12% y un 33% en costos de calefacción y refrigeración, dependiendo del tipo de ventana ya instalada en la edificación.

PUERTAS

Las puertas exteriores son parte de la envolvente de la edificación que tienen características especiales, porque todo el tiempo están en contacto con las temperaturas (calientes o frías) exteriores. Cada vez que se abren y cierran del interior al exterior, el calor se mueve dentro y fuera, dependiendo del nivel de temperaturas interiores y exteriores. Este intercambio de calor afecta grandemente las temperaturas interiores, por lo que es importante que las puertas sean construidas con un material apropiado para el clima de la región, donde se encuentre la edificación. Estas deben de ajustarse bien al momento de ser cerradas, y los marcos que la rodean deben de estar sellados para minimizar la transferencia de calor de los espacios condicionados.

Es recomendable mantener las puertas cerradas cuando se esté utilizando los equipos de aire acondicionado o calefacción, para minimizar las ganancias o pérdidas de calor.

REFERENCIAS

ASHRAE. (1999). Energy Managemente Applications Hand book.

Brumbaugh, J. E. (2004). *HVAC Fundamentals, 4th Edition.* Wiley Publishing, Inc.

Building Performance Institute, I. /. (2014). *Home Energy Auditing Standard - ANSI/BPI -1100-T-2014.*

Chioke Harris, N. R. (2019). *Grid-interactive Efficient Buildings Technical Report Series, (Windows and Opaque Envelope).* Washington, DC: U.S. Department of Energy, Office of Energy Efficiency & Renewable Enegy.

Energy, U. D. (2011, Septiembre). Advance Energy Retrofit Guide.

Inc., U. L. (2011). *Alternative Energy Equipment and Systems, UL Aplication Guide.* Underwriters Laboratories Inc.

Ken Sufka, A. E. (2014). *Energy Management Guideline.* Washington, DC.

Kennedy, C. /. (2012). *Guide to Energy Management, 7TH Edition.* Lilburn, Georgia: The Fairmont Press.

Thumann, A. (2008). *Guide to Energy Conservation, Ninth Edition.* Lilburn, Georgia: The Fairmont Press, Inc.

Turner, W. C. (2001). *Energy Management Handbook, Fourth Edition.* Lilburn, Georgia: The Farimont Press, Inc.

Wisconsin, C. o. (1990). *Energy Conservation Booklet for Small Commercial Buildings.* Madison, Wisconsin: University of Wisconsin.

Lección 15

LUMINACIÓN

En esta lección, ofrecemos conceptos acerca de la iluminación natural y artificial. Incluimos algunos de los beneficios que se pueden obtener utilizando la iluminación natural para balancear la luz en los espacios y disminuirla en su formato artificial; por consiguiente, reducir el consumo energético. También recomendamos utilizar la iluminación artificial de forma inteligente, en términos de iluminar apropiadamente las mercancías y cómo puede ahorrar energía y costos utilizando las luminarias apropiadas.

ILUMINACIÓN NATURAL Y ARTIFICIAL

El sistema de iluminación está compuesto por dos estrategias que son la iluminación artificial o eléctrica, y la iluminación natural proporcionada por el sol durante las horas del día. La iluminación artificial está dividida entre la iluminación interior y exterior.

ILUMINACIÓN NATURAL O SOLAR

Capturar la luz solar durante el día contribuye a reducir el consumo energético y a la sostenibilidad de un proyecto de conservación de energía.

La luz solar puede contribuir grandemente con los ocupantes de las edificaciones, pues es iluminación natural y ofrece la capacidad de minimizar el uso de la iluminación artificial.

La iluminación natural o solar es fundamental en la conservación energética. En la época actual, la iluminación diaria producida por la luz solar es aprovechada para reducir el nivel de iluminación artificial requerido en los interiores de las edificaciones. Con la instalación de sensores, se puede reducir el nivel de iluminación artificial y compensar los niveles requeridos con la iluminación obtenida por la luz solar.

También los sensores instalados en las luminarias exteriores ayudan a conservar energía, pues automáticamente encienden y apagan las luminarias, ahorrando una gran cantidad de vatios durante las horas diurnas.

La automatización del alumbrado interior y exterior, con la utilización de la luz solar, ha reducido el consumo de energía artificial en millones de kilovatios y, por consiguiente, millones de dólares a las economías de los usuarios.

La iluminación artificial cuenta aproximadamente con el 5 al 10 % de la energía total usada en un promedio de las residencias de los Estados Unidos, costando alrededor de US$75 a US$250 dólares por año, en electricidad. Desafortunadamente, muchas de estas residencias todavía no han considerado y hecho la transición de cambio a las nuevas tecnologías de iluminación eficiente. **La iluminación debe de ser efectiva y eficiente.**

ILUMINACIÓN ARTIFICIAL

La iluminación es fundamental para la economía y la visión ambiental. En términos económicos, la iluminación tiene varios factores que son de mucha importancia para la sociedad, pues la mayoría de las edificaciones dependen de la ***iluminación artificial***, por la cual los administradores o dueños de edificios pagan por el consumo de la energía. Por esta razón, muchos de los propietarios y administradores de edificaciones nuevas y existentes están invirtiendo en equipos de eficiencia energética, para reducir los costos de alumbrado hasta en un 50 %, y algunas veces algo más. La mayoría de estos proyectos son en forma de modificaciones de las luminarias, simplemente reemplazando los balastos y lámparas (fluorescentes, bombillas incandescentes, etc.) ineficientes con luminarias LED.

La mayoría de las veces, la impresión de las personas depende de lo que sus ojos perciben; es por lo que la iluminación influye tangiblemente en los beneficios económicos, detrás de una simple visión.

La iluminación aplicada apropiadamente, puede producir mayores ventas de las mercancías, optimizar productividad en supermercados, oficinas, factorías, almacenes, talleres. En los museos ofrece memorables experiencias a los visitantes y conserva la naturalidad de los materiales en los artefactos iluminados, embellece los lugares, mejora el aprendizaje de los estudiantes en las escuelas, influye en las interacciones humanas e induce seguridad en los ambientes. Por el contrario, se puede notar que una iluminación pobre puede causar efectos adversos a los antes mencionados, porque ofrece una visión pobre a las mercancías en los supermercados, notándose como si estas mercancías estuviesen viejas. Una pobre visión en lugares de trabajo produce bajo rendimiento en los empleados, lo mismo que en las escuelas donde los niveles de aprendizaje son bajos, en lugares oscuros o de poca iluminación, la inseguridad es patente. También en los museos, la iluminación es indispensable, porque si no se utiliza la adecuada, esta podría producir efectos dañinos en los efectos de visión y enfoques de los colores; además, podría causar deterioros a la conservación de las obras de arte y artefactos.

Haciendo un cambio de iluminación ineficiente a iluminación eficiente es una de las formas más fácil, económica y rápida de reducir el consumo energético de su edificación, bien sea un espacio comercial, residencial, escolar, gubernamental y municipal.

EVOLUCIÓN DE LÁMPARAS (BOMBILLAS)

Lámpara o bombilla es un utensilio para iluminar o propagar luz, pero la industria luminotécnica usa los términos de lámparas para referirse a las luminarias. Existen varios tipos de lámparas (bombillas) y luminarias que son utilizadas en las edificaciones, dependiendo de la cantidad de iluminación necesaria para iluminar el área u objecto que se desee iluminar.

Las lámparas y luminarias han evolucionado grandemente en los últimos años, aumentando la eficiencia, produciendo más iluminación por consumo de vatios, por lo que la iluminación es uno de los consumidores de energía en las edificaciones que podrían producir una reducción energética con mayor rapidez, si la edificación fue construida con los códigos de construcción antes del año 2004.

Estamos excluyendo detalles de la mayoría de los tipos de lámparas y luminarias, porque existe una gran cantidad en el mercado que son utilizados dependiendo del uso y estética del espacio, y solo estamos incluyendo informaciones que consideramos prácticas para ofrecer en esta lección.

Actualmente, a las edificaciones construidas antes del 2004 se le están cambiando o modificando los sistemas de iluminación, para obtener el máximo confort visual y ahorro energético. Además, se están utilizando controles para automatizar los sistemas de alumbrado y apagar o reducir la cantidad de iluminación, cuando no es necesario o disminuir la iluminación artificial compensándola con la iluminación natural de la luz solar.

Nuestra recomendación es que revise el tipo de iluminación que tiene instalada en su edificación y consulte con un arquitecto, ingeniero, o electricista, con conocimientos en las nuevas lámparas y luminarias existentes en el mercado, las cual podrían ahorrar el consumo de energía hasta en un 50 % y mejorar la visibilidad y estética del establecimiento o espacio.

Se considera que aproximadamente la iluminación de los establecimientos comerciales existentes que aún no han modificado sus sistemas de iluminación, y están utilizando lámparas fluorescentes T-12 que consumen alrededor de un 40 % de la energía utilizada por esas facilidades. La producción de estas lámparas T-12 fue descontinuada en los Estados Unidos en el 2012. Reemplazando estas lámparas con fluorescentes T-8, el consumo de energía se puede reducir en un 30% con un incremento en el nivel de iluminación de alrededor de un 20 % y una reducción del nivel de mercurio en el ambiente. Si se utilizan lámparas LED en el reemplazo, entonces la reducción sería más de un 50 % de la energía eléctrica.

Para maximizar la reducción de la carga de iluminación, se debe de evaluar el uso de los espacios y modificar las luminarias o agregar controles/ sensores con capacidad de rastrear la luz del día para atenuar la cantidad de iluminación artificial y monitorear los espacios ocupados/ desocupados, utilizando temporizadores para controlar el tiempo de encendido y apagado de las luminarias.

ILUMINACIÓN ACTUAL DE ÚLTIMA GENERACIÓN

La oficina de Eficiencia Energética y Energía Renovable del Departamento de Energía de los Estados Unidos publicó una serie de reportes técnicos titulados Grid-interactive Efficient Buildings (Edificios Eficientes Interactivos con las Redes). Los Reportes están intencionalmente enfocados en analizar las capacidades y potenciales que las edificaciones comerciales y residenciales poseen para proveer servicios de redes. De acuerdo con el reporte, las edificaciones consumen el 75% de la electricidad que se genera en los Estados Unidos y la iluminación es responsable de aproximadamente del 16%.

El reporte analiza los servicios que la iluminación y equipos electrónicos de información tecnológica pueden ofrecer a las redes, tales como eficiencia, reducción de carga, transferencia de carga y modulación. En este espacio, solo hacemos un análisis breve de la iluminación.

AVANCES TECNOLÓGICOS DE LA ILUMINACIÓN

Los avances tecnológicos están aumentando el potencial de la iluminación para proporcionar una respuesta automatizada a la demanda y gestión de la demanda máxima de los edificios (es decir, facturar los cargos por demanda en grandes edificios comerciales).

La iluminación está evolucionando rápidamente, para convertirse en programas automatizados de respuesta a la demanda.

El análisis considera las siguientes estrategias que se pueden utilizar para la administración de demanda de energía en las edificaciones:

- **Eficiencia:** la reducción de energía utilizada y a la vez provee el mismo o mejor nivel de funcionamiento de la edificación
- **Reducción de carga:** es la habilidad de reducir el uso de electricidad por un periodo de corto tiempo y con corto tiempo de aviso. Reducción de carga regularmente es solicitada durante los periodos de demanda en horas pico y durante emergencias
- **Transferencia de carga:** es la habilidad de cambiar el tiempo de uso de electricidad. En algunas situaciones, se puede cambiar el consumo de electricidad de una fuente de energía a otra (transferir la carga de las redes eléctricas a un sistema de energía renovable o energía almacenada en una batería)

CONTROLES Y SENSORES DE ILUMINACIÓN

La incorporación de interconexión de las redes modernas, la inteligencia artificial y avances en sensores han allanado el camino para una mayor recopilación de datos y análisis que permiten que los sistemas de iluminación conectados proporcionen potencialmente una mayor productividad, salud y bienestar de los ocupantes, ahorro de energía, seguridad, control mejorado, respuesta a la demanda, gestión del lado de la demanda máxima del edificio y / o compartir datos con HVAC o el sistema de automatización del edificio.

Los controles de iluminación, originalmente se diseñaron para atornillarse a dispositivos de iluminación estáticos (no conectados), para permitir cambios en su salida de luz en función de los horarios, la ocupación o la detección de luz natural, los sistemas de iluminación conectados de hoy en día ahora pueden proporcionar capacidades adicionales. Esta capacidad adicional es la incorporación de interconexión de las redes modernas, donde la inteligencia y avances en sensores han abierto el camino para una mayor recopilación de datos y análisis que permiten que los sistemas de iluminación conectados proporcionen potencialmente una mayor productividad, salud y bienestar de los ocupantes, ahorro de energía, seguridad, mejor control, respuesta a la demanda, gestión del lado de la demanda máxima del edificio y / o compartir datos con HVAC o el sistema de automatización del edificio.

La inteligencia artificial y el control automático en sistemas de iluminación conectados, también se pueden utilizar para optimizar las necesidades de iluminación, en función de los patrones de ocupación y predecir las necesidades de mantenimiento.

Los sistemas de iluminación conectados a la red pueden responder automáticamente y en conjunto con las señales de la red. Estos pueden reducir o modular las cargas de iluminación, o cambiar la fuente energética del servicio eléctrico a una batería de reserva.

EVOLUCIÓN DE LA FABRICACIÓN DE LÁMPARAS (BOMBILLA)

Estándares de eficiencia

En los Estados Unidos la ley de Independencia y Seguridad Energética bipartidista de 2007 (EISA 2007) estableció estándares de eficiencia. Bajo esta ley se introdujeron normas de iluminación que requieren que las bombillas usen aproximadamente un 25% menos de energía.

Los estándares de eficiencia actuales del Departamento de Energía de los Estados Unidos requieren que las bombillas consuman menos electricidad (vatios) por la cantidad de luz producida (lúmenes), en comparación con las bombillas incandescentes tradicionales. Si está reemplazando una bombilla de 100W, una buena regla general es buscar una bombilla que le brinde aproximadamente 1600 lúmenes. Su nueva bombilla debe proporcionar ese nivel de iluminación por no más de 72W, reduciendo su factura de energía.

Las nuevas tecnologías de iluminación están ofreciendo una gran variedad de lámparas que han cambiado los sistemas de iluminación. Las lámparas nuevas irradian mayor iluminación con una gran reducción de consumo de energía proporcionando más durabilidad durante la vida útil.

Emisión de iluminación

Tradicionalmente se utiliza la palabra vatio (watt) para identificar el consumo de potencia de las bombillas: 40 watts, 60 watts, 100 watts, etc.; sin embargo, esta es la cantidad de potencia consumida por la lampara y no la cantidad de iluminación esparcida al espacio. Actualmente, algunos fabricantes de lamparás (bombillas) están sustituyendo la palabra vatio (watt) por lumen, para identificar el nivel de iluminación de las lámparas modernas que producen igual o mayor iluminación y consumen menos energía.

La eficacia es la cantidad de iluminación visible (lumen) producida por la cantidad de potencia (vatio) utilizada. En otras palabras, es la eficiencia de la bombilla indicada en términos de la salida de iluminación en lúmenes por la cantidad de energía consumida en vatios. Las incandescentes tradicionales proporcionan alrededor de 15 lúmenes por vatio, las Fluorescentes Compactas (CFL) proporcionan de 55 a 65 lúmenes por vatio y las LED proporcionan de 70 a 130 lúmenes por vatio.

La Oficina de Eficiencia Energética y Energía Renovable de los Estados Unidos recomienda que, al momento de elegir bombillas, seleccione comprar lumen en lugar de vatios (Energy Saver, The new way to shop for light. Lumens and the Lighting Facts Label, 2021).
De acuerdo con esta oficina, en el pasado se compraban las bombillas basándose en la cantidad de energía consumida o por los vatios de utilización. Sin embargo, dicen que el brillo (iluminación) o niveles de lúmenes

requeridos en algunos lugares de su edificación puede variar a todo lo ancho, y tiene más sentido comprar las bombillas por la cantidad de iluminación que provee. Ellos recomiendan comprar las bombillas de acuerdo con la equivalencia de vatios con lúmenes, como aparece en la tabla 15-1.

Equivalencia de consumo de las diferentes lámparas (bombillas)				
Incandescente tradicional	Nivel de iluminación	Incandescente halógeno	Fluorescente compacta	LED
Watts	Lúmenes	Watts	Watts	Watts
40	450	29	9-13	7-8
60	800	43	13-15	9-11
75	1100	53	19-25	13-15
100	1600	72	23-30	18-20

Tabla 15.1: Equivalencia del nivel de iluminación (lumen) emitida por vatio de energía consumido de las lámparas incandescentes tradicionales y halógenos, fluorescentes Compactas y LED.

Lámparas fluorescents

Varios fabricantes de iluminación están produciendo lámparas fluorescentes de potencia reducida que proporcionan la misma salida de lúmenes de los productos más antiguos y menos eficientes. Los más comunes de estos productos de potencia reducida son para lámparas F32T8 y FB32T8. Reemplazar estas lámparas estándar con modelos eficientes es un medio simple para reducir el consumo de energía, a través de una operación de mantenimiento de rutina.

Al momento de comprar lámparas fluorescentes eficientes, es importante hacer coincidir la salida de lúmenes de las nuevas lámparas con las de las existentes. Si no lo hace, puede resultar en niveles de luz más bajos y posible insatisfacción y quejas de los ocupantes.

Reacondicionamiento de luminarias

Algunas luminarias fluorescentes se pueden modificar con nuevas lámparas, balastos y reflectores para mejorar su rendimiento general, y reducir el uso de energía. Esta es una excelente oportunidad para que los ingenieros de instalaciones o contratistas eléctricos mejoren la calidad de la iluminación, además de la eficiencia del sistema. Muchos fabricantes ofrecen paquetes (kits) para modificación de lámparas fluorescentes que incluyen todas las piezas (reflectores, soportes, portalámparas, tornillos, etc.) necesarias para actualizar productos antiguos e ineficientes (lámparas T12, balastos magnéticos y lámparas T8 más antiguas), a tecnologías nuevas y avanzadas (lámparas T8 y T5 de alto rendimiento, balastos electrónicos y LED).

Opciones de reacondicionamiento para modernizar las luminarias:

- **Reemplazo de lámparas.** Algunas veces se utiliza el reemplazo, uno por uno, de lámparas y balastos con modelos de ahorro de energía. Aquí, la salida de lúmenes generalmente se mantiene, mientras que la entrada de energía se reduce

- **Eliminación de lámparas.** Generalmente, la eliminación de lámparas ocurre cuando un área está sobre iluminada por luminarias, con lámparas o balastos ineficientes. En estas situaciones, las luminarias se modifican para proporcionar menos lúmenes y se sustituyen con lámparas F32T8 de alto rendimiento y balastos más eficientes. Esto puede resultar en reducción de lámparas por luminaria (por ejemplo, dos lámparas en lugar de tres) que proporcionen la cantidad correcta de iluminación. Esto ahorra en costos operativos y mantenimiento.

Las modificaciones de luminarias son más complicadas que los reemplazos de lámparas y deben ser cuidadosamente diseñadas por profesionales de la iluminación e instaladas por electricistas capacitados. Sin embargo, el ahorro de energía y costos es mucho mayor con las modernizaciones de luminarias.

REFERENCIAS

(2019). *Grid-interactive Efficient Buildings Technical Report Series, Lighting & Electronics.* Office of Energy Efficiency & Renewable Energy.

(2011). In C. Dilouie, *Lighting Redesign for Existing Buildings.* Lilburn, GA: The Fairmont Press, Inc.

Amir Roth, U. D. (2019). *Grid-interactive Efficient Buildings Technical Report Series (Whole-Building Controls, Sensors, Modeling, and Analitics.* Washington , DC: Office of Energy Efficiency & Renewable Energy.

ASHRAE. (1999). Energy Managemente Applications Hand book.

Building Performance Institute, I. (2015). *Standard Practice for Standardized Qualification of Whole-House Energy Savings Prediction by Calibration to Energy Use History.* ANSI/ BPI 2400-S-2015.

DiLouie, C. (2011). *Lighting Redesign for Existing Buildings.* Lilburn, Georgia: The Fairmont Press, Inc.

Energy Saver, The new way to shop for light. Lumens and the Lighting Facts Label. (2021, September). Retrieved from Office of Efficiency & Renewable Energy.

Energy, U. D. (2011, Septiembre). Advance Energy Retrofit Guide.

Harris, C. (2019). *Grid-interactive Efficient Buildings Technical Report Series.* U.S, Department of Energy (DOE), Office of Efficiency & Renewable Energy / National Renewable Energy Laboratory (NREL).

Ken Sufka, A. E. (2014). *Energy Management Guideline.* Washington, DC.

Kennedy, C. /. (2012). *Guide to Energy Management, 7TH Edition.* Lilburn, Georgia: The Fairmont Press.

Thumann, A. (1992). *lighting Efficiency Applications, 2nd Edition.* Lilburn, Georgia: The Fairmont Press.

Thumann, A. (2008). *Guide to Energy Conservation, Ninth Edition.* Lilburn, Georgia: The Fairmont Press, Inc.

Turner, W. C. (2001). *Energy Management Handbook, Fourth Edition.* Lilburn, Georgia: The Farimont Press, Inc.

Valerie Nubbe, N. C., & Mary Yamada, U. D. (2019). *Grid-interactive Efficent Buildings Technical Report Series, (Lighting and Electronics).* Washington, DC: U.S. Department of Energy, Office of Energy Efficiency & Renewable Energy.

Wisconsin, C. o. (1990). *Energy Conservation Booklet for Small Commercial Buildings.* Madison, Wisconsin: University of Wisconsin.

Lección 16

Energías renovables

En esta lección presentamos conceptos acerca de los diferentes sistemas que producen energías renovables, haciendo un enfoque de las ventajas y las desventajas. Incluimos breves introducciones de los sistemas de energía hidroeléctrica, solar, Eólica, geotérmica, Biomasa, oceánica o mareomotriz.

Sistemas de energías renovables

Los sistemas de energía renovables son aquellos que utilizan la tecnología para convertir las fuentes naturales del universo en energía, de forma natural a una forma que pueda generar calor o movilizar electrones para ser utilizada en energía calórica o eléctrica, para el uso de la población, sin producir elementos contaminantes al ambiente.

La energía hidroeléctrica, solar, eólica, biomasa, geotermal y oceánica o mareomotriz pueden producir potencia eléctrica, evitando la producción de contaminantes que ocasionan el calentamiento global por la creación de efectos de gases invernadero que producen los fósiles. Estas formas de energía no contaminan el ambiente y son inagotables, por lo que son llamadas fuentes renovables.
Los sistemas de energía renovables se encuentran en una etapa de crecimiento a nivel global. Debido a los esfuerzos de las Naciones Unidas, una gran parte de la población y gobernantes del mundo se encuentran luchando para

disminuir los cambios climáticos, creados por los efectos de los gases invernadero producidos por los fósiles que producen energía. Dentro de estos esfuerzos que promueven la producción de energía renovables, podemos mencionar el Acuerdo de París, firmado por la mayoría de los países que conforman las Naciones Unidas.

VENTAJAS:

- Las fuentes energéticas renovables son infinitas e inagotables y se encuentran año tras año en todas partes de la tierra
- La energía renovable es eficiente y segura
- Las fuentes energéticas renovables son gratis y no son controladas por compañías multinacionales poderosas
- La energía renovable producida puede ser almacenada durante el ciclo de operación, para ser utilizada cuando las fuentes energéticas naturales no estén disponibles
- Esta energía es limpia y no contamina el medioambiente
- La tecnología utilizada para la conversión de fuentes naturales a energía renovables está disponible en el mercado y cada día los equipos son más eficientes y seguros
- Los precios para obtener esta energía han reducido significativamente y están siendo competitivos en todos los mercados, por lo que cada día son más asequibles a la mayor parte de la población
- Las fuentes energéticas renovables son independientes y permite a los propietarios de esta energía controlar su propia producción energética

- Los costos operacionales para mantener los equipos que producen esta energía son mínimos exceptuando la energía eólica que requiere un mantenimiento especial

DESVENTAJAS:

- La instalación de estos sistemas requiere una inversión inicial un poco elevada, para la adquisición de los equipos y costos de diseños e instalación

- Algunas fuentes naturales de energía como el sol y el viento no están disponibles las 24 horas del día

- La producción de energía renovable requiere de almacenamiento del excedente de energía producida para utilizarla durante el ciclo de uso necesario, cuando merma la producción en horarios en los que disminuyen las fuentes naturales del sistema. Este almacenamiento requiere la adición de un banco de baterías u otros medios de almacenamiento energético que aumenta el costo de instalación y operación.

- El mantenimiento de estos equipos es un poco costoso, debido a que los técnicos especializados para mantener estos sistemas son pocos

Energía hidroeléctrica

Sistemas de Energía hidroeléctrica

La producción de energía hidroeléctrica es aquella que utiliza la caída de agua para movilizar turbinas, capturar y convertir energía cinética a energía hidráulica (mecánica), y luego a la generación de energía eléctrica.

La energía hidroeléctrica es producida por una corriente de agua vertical u horizontal de un río, represa, lago, laguna o pantano.

Las desventajas de este sistema de energía renovable es que necesita una corriente fuerte de agua para mover las turbinas, y es necesario una gran inversión para generar la energía. Además, la localización de estos sistemas es mayormente en lugares remotos, donde hay que emplear muchos equipos y recursos económicos para transportar la energía de un lugar a otro.

Algunos ambientalistas se oponen a la generación eléctrica, por medio de la hidro acción, debido a que algunas especies marinas mueren mutiladas por las turbinas.

En los Estados Unidos, la generación de energía hidroeléctrica es la mayor fuente de energía renovable, con un 48%. El Departamento de Energía de los Estados Unidos, en 2015, publicó un reporte titulado "Hydropower Power Vision" ("Visión de la Energía Hidroeléctrica"), donde expone que, en los Estados Unidos, las hidroeléctricas han provisto energía eléctrica limpia, asequible, confiable y limpia, apoyando el desarrollo de las redes eléctricas y el crecimiento industrial por más de un siglo.

El reporte enfatiza que la energía hidroeléctrica es la piedra angular de las redes eléctricas de los Estados Unidos, ofreciendo servicios energéticos flexibles a bajo costo, renovable y de baja producción de carbono. Hasta el final del año 2015, la generación de energía hidroeléctrica en los Estados Unidos tenía una capacidad de 101 gigavatios (GW) de potencia instalada.

De acuerdo con el autor del reporte, los cimientos fueron basados en tres principios fundamentales:

1. **Optimización:** optimizar el valor y la contribución de generación de energía de la flota hidroeléctrica existente, dentro de la combinación energética de la nación, para beneficiar a las economías nacionales y regionales; mantener la infraestructura nacional crítica; y mejorar la seguridad energética

2. **Crecimiento:** estudiar la viabilidad de escenarios creíbles de despliegue a largo plazo, para el crecimiento responsable de la capacidad hidroeléctrica y la producción de energía

3. **Sostenibilidad:** asegurar las contribuciones de la energía hidroeléctrica para satisfacer las necesidades energéticas de la nación, y que sean consistentes con los objetivos igualmente importantes de la administración ambiental y la gestión responsable del uso del agua

"La energía hidroeléctrica proporciona una protección contra la volatilidad de los precios eléctricos".

De acuerdo con el reporte, "como recurso renovable estable con una larga vida útil de la infraestructura, la energía hidroeléctrica proporciona una protección directa contra la volatilidad de los precios de la electricidad. Además, la energía hidroeléctrica provee una cobertura indirecta contra la volatilidad de los precios, a través del apoyo a la red para una mayor integración de los recursos de generación variable, como el viento y la energía solar, que, como fuentes de energía sin combustible, también tienen precios estables a largo plazo".

"La energía hidroeléctrica apoya una definición más amplia de seguridad nacional".

La estabilidad y fiabilidad del sistema eléctrico, como la que proporciona la energía hidroeléctrica, es fundamental para la seguridad nacional. Al publicar la primera entrega de la revisión nacional cuatrienal de la energía, la administración de los E.E.U.U. declaró que "**El foco de discusiones de la energía-política de los E.E.U.U. ha cambiado de preocupaciones sobre las importaciones crecientes del petróleo y del gas natural a los debates sobre cuánto y qué clases de energía de los E.E.U.U. se deben exportar, preocupaciones sobre seguridad y resiliencia, integrando fuentes de energía renovables, y la pregunta primordial de qué cambios en patrones de la oferta y de la demanda de energía de los E.E.U.U. serán necesarios-y cómo pueden ser**

alcanzados-para que Estados Unidos haga su parte en la solución del desafío global del cambio climático". Oficina del secretario de Prensa de la Casa Blanca, 21 de abril de 2015.

En República Dominicana hay varias hidroeléctricas generando energía eléctrica, siendo la ***Central Hidroeléctrica de Jimenoa*** la primera en instalarse en el país, en Jarabacoa en el año 1954. Esta es abastecida por el río Jimenoa, que nace en la Cordillera Central, inyectando una capacidad de 8,575 KW a la red nacional de electricidad. La ilustración número 16.1 muestra una fotografía de la Casa de Máquina y Subestación de la Hidroeléctrica Jimenoa.

Ilustración 16.1: Casa de Máquina y Subestación de la Central Hidroeléctrica Jimenoa en Jarabacoa, República Dominicana.

Ilustración 16.2: Turbina generadora, en exhibición, en la Central Hidroeléctrica Jimenoa, Jarabacoa, República Dominicana.

Sistemas de Energía Solar

La luz, o irradiación solar, tiene una gran ventaja de producción de energía renovable sobre las demás fuentes conocidas; esta se encuentra con mucha intensidad durante las horas del día, en la mayoría de los lugares del universo. Además, su reproducción puede ocurrir fácilmente con equipos o módulos de generación, relativamente pequeños, que pueden instalarse en edificaciones o lugares remotos y no remotos.

Los principios fundamentales de irradiación solar, los recursos solares y la unidad con que se miden, son muy importantes para la instalación de un sistema, especialmente en lo concerniente al rendimiento de las celdas y módulos (paneles) solares. Esto incluye cuantificar la cantidad de incidencia solar en los módulos, así como también la cantidad de energía solar que recibe el sistema mensual y anualmente.

Irradiación solar (energía solar) es la energía de incidencia radiante del sol en una superficie de un área unitaria, comúnmente expresada en kWh/m^2. La irradiación solar algunas veces es llamada insolación.

Aproximadamente 430 $Btu/h/ft^2$ de energía tocan la atmósfera terrestre. Esta cantidad de energía es altamente reducida con la propagación de la atmósfera y las nubes reduciéndose alrededor de un máximo de 300 $Btu/h/ft^2$, en la superficie de la tierra, a unos 40° de latitud norte.
Horas Punta del sol representan el promedio diario de la energía solar recibidas en alguna superficie de la tierra, y es

equivalente al número de horas que el sol irradia a un nivel pico de $1KW/m^2$, para acumular la energía recibida diariamente (McMordie, 2012).

$$Hora\ Punta\ Solar\ \left(\frac{horas}{día}\right) = \frac{Promedio\ Diario\ de\ Irradiación\ (\frac{kWh}{m^2}.día)}{Irradiación\ Solar\ Punta.\qquad (1\frac{KW}{m^2})}$$

El promedio diario de energía utilizado en una residencia en los Estados Unidos es aproximadamente de 30 kWh/día. Un sistema de módulos (paneles) solares de 6 KW es el tamaño típico para instalar y energizar el techo de esa residencia.

VENTAJAS DE INSTALAR UN SISTEMA DE ENERGÍA SOLAR

Una gran ventaja que ofrece la instalación de energía solar es que se puede instalar en el área donde se va a utilizar, sin la necesidad de instalar largas líneas de transmisión. Estos sistemas pueden instalarse en el techo de una edificación, terreno yermo o cualquier lugar donde irradie el sol.

Esta energía ha beneficiado a muchos residentes de las zonas rurales, porque han adquirido un medio energético que le está facilitando la vida, donde ellos pueden utilizar la electricidad para iluminar sus viviendas, mantener los alimentos refrigerados, utilizar bombas para extraer agua de los pozos para uso domésticos y regadíos de las siembras, e incluso para mantener sus viviendas frescas con el uso de abanicos que hacen circular el aire.

Actualmente, existen un sinnúmero de beneficiados con esta forma de producir energía, por lo que el espacio es poco para enumerarlos, pero no podemos dejar de mencionar algunos que realmente están contribuyendo y facilitando el progreso y modo vivendi de los seres humanos en las ciudades y los lugares remotos, como son las señalizaciones de tránsito, los equipos de seguridad y vigilancia. También tenemos que mencionar que hasta las compañías publicitarias están obteniendo un gran beneficio en sus medios, porque con esta energía pueden iluminar sus anuncios sin tener que firmar un contrato de compra de energía con las utilidades eléctricas

La Compañía Suministradora de Electricidad (PSE&G), en el Estado de New Jersey, ha sacado ventaja de este sistema y ha instalado módulos en los postes de los tendidos y alumbrados eléctricos a través de la mayoría de las ciudades y pueblos del Estado. Los pobladores de algunas ciudades y pueblos se opusieron a estas instalaciones, por el aspecto antiestético que presentaba a las edificaciones y según los reclamantes, esto les restaba valor a los propietarios de bienes raíces.

También se está aprovechando la energía solar para instalar estaciones de suministrar carga a los vehículos eléctricos.

Ilustración 16.3: Esta fotografía nos muestra cómo la compañía PSE&G está utilizando los postes del tendido eléctrico para instalar módulos solares, generando energía eléctrica dentro de las ciudades en el Estado de New Jersey.

Ilustración 16.4: Esta fotografía muestra cómo la compañía PSE&G está utilizando los postes del tendido eléctrico para instalar módulos solares, generando energía eléctrica en las autopistas del Estado de New Jersey.

Ilustración 16.5: Estas fotografías muestran cómo las compañías publicitarias están utilizando los módulos solares, generando energía eléctrica para iluminar sus anuncios publicitarios.

Ilustración 16.6: Señalizaciones de Transito iluminadas con energía solar en las calles de Union City y Rutherford, New Jersey.

Ilustración 16.7: Estación de Energía Solar de Abastecimiento de Carga para los Automóviles Eléctricos (Drive on Sunshine) en Jersey City, New Jersey.

Ilustración 16.8: Punto de seguridad y vigilancia energizado por módulos solares en una de las calles de North Bergen, New Jersey.

Desventajas:

Las desventajas de la instalación de un sistema de energía solar, es que solamente el sol irradia y produce energía durante las horas del día y la producción energética es nula durante las horas nocturnas. Esta energía que se produce durante el día tiene que almacenarse para utilizarse durante las horas nocturnas, lo que eleva el costo de instalación, porque hay que agregar baterías adicionales para el almacenamiento de la energía.

PV MÓDULOS

Celdas solares o módulos fotovoltaicos convierten la luz solar en energía eléctrica. Estas se agrupan en 36, 60, 72 celdas y se conectan en serie para formar los módulos (paneles) solares. Generalmente a estos se les llama aparatos convertidores de energía directa, porque convierten la energía de una forma a otra en un paso simple.

Los módulos solares no tienen partes movibles, ni producen ruido o emisiones contaminantes durante una operación normal. Estos módulos son productos realmente confiables con una garantía de vida de 25 años por las compañías instaladoras, pero pueden durar de 30 a 40 años ofreciendo un servicio normal

EVALUACIÓN PARA DISEÑAR UN PROYECTO DE ENERGÍA SOLAR

Para diseñar un sistema de energía solar que sea efectivo y retorne el costo de la inversión en corto tiempo, es necesario evaluar:

- Si la edificación es existente, evaluar el consumo y costo de las facturas eléctricas por lo menos de un año
- Si la edificación está en etapa de planificación y diseño, la evaluación sería analizando los planos eléctricos de construcción. Esta evaluación estimará el consumo de los aparatos y equipos que presumiblemente se utilizarían en la edificación
- Después de hacer una evaluación de carga se determinará lo necesario para diseñar el sistema de paneles solares
- El siguiente paso sería evaluar la edificación para lo siguiente:
    1. Edificación:
        - Cantidad de pies cuadrados de la edificación
        - Cantidad de pies cuadrados existentes en el techo
        - Localización y orientación del techo con referencia a los polos (norte, sur, este, oeste)
    2. Consumo o demanda de los aparatos conectados al sistema, para adecuadamente diseñar el tamaño del sistema, inversor y baterías

3. Producción de energía necesaria para suministrar la carga que demanda la edificación
4. Interconexión con las redes eléctricas
    - Independiente de las redes eléctricas
    - Interactivo o interconectado a las redes eléctricas
5. Costo de la inversión:
    - Costo del sistema
    - Costo de instalación

Adicionalmente hay que preparar una evaluación de costo, tiempo y retorno de esta inversión.

SELECCIÓN DEL TAMAÑO DEL SISTEMA SOLAR

Muchas personas tienen la impresión de que todos los tamaños de los sistemas de energía solares son iguales, y piensan que instalando 4 o 6 módulos solares es suficiente para proveer energía a una residencia. Si los tamaños de los sistemas no son apropiadamente ensamblados e instalados, estos no proveen la potencia necesaria para alimentar los circuitos y los aparatos conectados.

El tamaño de los sistemas tiene que ser debidamente seleccionado y ensamblado, para que produzca la cantidad de potencia necesaria, de acuerdo con la carga conectada. La carga por conectarse debe de ser apropiadamente calculada por un ingeniero o técnico instalador, con los conocimientos necesarios para que diseñe un sistema que cumpla con la demanda de potencia (voltaje y corriente) necesaria que requieren los circuitos a conectarse y cumpla con los requerimientos de los códigos, estándares y requisitos de instalación.

Esto es bien importante para que el sistema funcione bien y genere la potencia necesaria, de acuerdo con la categoría de la anatomía del sistema. Una gran ventaja que ofrece la energía solar es que, si se desea aumentar el tamaño del sistema, se pueden agregar componentes para aumentar la capacidad de generación de estos.

CATEGORÍAS DE SISTEMAS DE ENERGÍA SOLAR

Un sistema de energía solar puede ser de tres categorías (White, Solar Photovoltaic Basics, 2nd Edition, 2019):

1. **Sistema de energía solar independiente con baterías**

   Los sistemas de energía solares independientes consisten en varias partes esenciales que forman la anatomía del sistema:

   1. Módulos solares
   2. Interruptor de protección Corriente Directa (CD)
   3. Cargador/ Controlador
   4. Inversor
   5. Banco de baterías
   6. Interruptor de protección Corriente Alterna (CA)
   7. Panel de servicio

Esta anatomía está formada por los módulos o paneles solares, también llamados paneles fotovoltaicos, conectados con otros componentes que forman un sistema de energía, utilizando un banco de baterías para almacenar la potencia independiente de las redes eléctricas.

La ilustración 16-9 muestra un diagrama de un sistema de módulos solares independientes, no conectado a las redes eléctricas.

Cada módulo solar consiste en un conjunto de celdas de silicón que absorbe la luz solar y la convierte en energía eléctrica. Estas celdas son conectadas en serie para aumentar el voltaje. Los módulos, típicamente producen de 40 a 400 watts de potencia eléctrica. Varios módulos conectados entre sí forman un arreglo solar.

Los arreglos solares, típicamente se instalan en los techos de las residencias, alrededor, donde haya mucho sol. En algunas instalaciones, los módulos solares son instalados en polos metálicos.

Los arreglos solares producen Corriente Directa (DC), cuando los rayos del sol inciden directamente en estos. Estos arreglos son de 12, 24, y 48 voltios y la corriente directa producida luego es convertida a corriente alterna por un inversor. El inversor también tiene la función de elevar el voltaje de 12, 24, 48 voltios, Corriente Directa (DC) a 120 o 240 voltios, Corriente Alterna (CA).
La Corriente Alterna utilizada en los Estados Unidos y muchos países de Latinoamérica fluye con una frecuencia de 60 ciclos por segundo; en Europa fluye con una frecuencia de 50 ciclos por segundo.

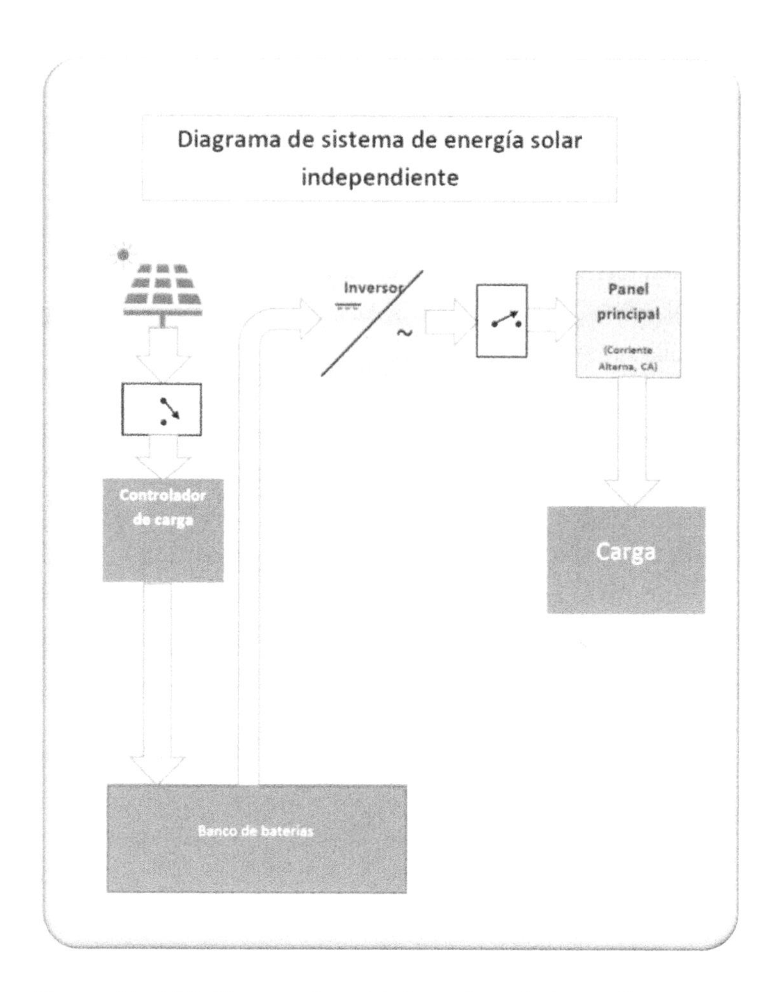

Ilustración 16.9: Sistema de módulos solares independientes, no conectado a las redes eléctricas.

2. **Sistemas de energía solar "Bimodal", conectado a las redes eléctricas con baterías**

Los sistemas de energía solares bimodales son conectados a las redes eléctricas y un banco de baterías. Son similares a los sistemas independientes, descritos arriba, con la particularidad de que este está conectado a las redes eléctricas para suministrar energía a la red, cuando el sistema produce suficiente energía en exceso para cubrir la carga de la edificación y suministrar el resto de la energía producida a la red. Cuando el sistema no produce suficiente energía, entonces complementa el déficit energético de la red.

Si el medidor es inteligente, el proceso de inyección de energía y de obtención de suministro de la red, es a través del medidor o contador que mide la cantidad de energía, generada por el sistema y la cantidad de energía obtenida de la red.

Este consiste en varias partes esenciales que forman la anatomía del sistema:

1. Módulos solares
2. Interruptor de protección de Corriente Directa
3. Cargador controlador
4. Inversor
5. Banco de baterías
6. Interruptor de protección de Corriente Alterna
7. Panel de servicio
8. Metro o contador

Si el medidor es análogo, la energía generada por este sistema es primeramente utilizada por el usuario, y cuando el sistema no produce la cantidad de energía demandada por el usuario, la diferencia de esta energía demandada es suministrada por la utilidad de energía. Cuando el sistema produce exceso de energía, el metro o contador es forzado a trabajar en reversa y el exceso de energía es transmitida a las redes eléctricas. Las compañías distribuidoras de energía que reciben esta energía otorgan cierta cantidad de créditos en las facturas eléctricas al usuario, como pago a la energía inyectada a las redes. Estas anatomías tienen las ventajas de utilizar las baterías como fuentes de energía secundarias, usadas en caso de apagones, o bien sean interrupciones de energía en las redes eléctricas.

La ilustración 16-10, muestra un diagrama de un sistema de módulos solares bimodal independiente e interconectado a las redes eléctricas.

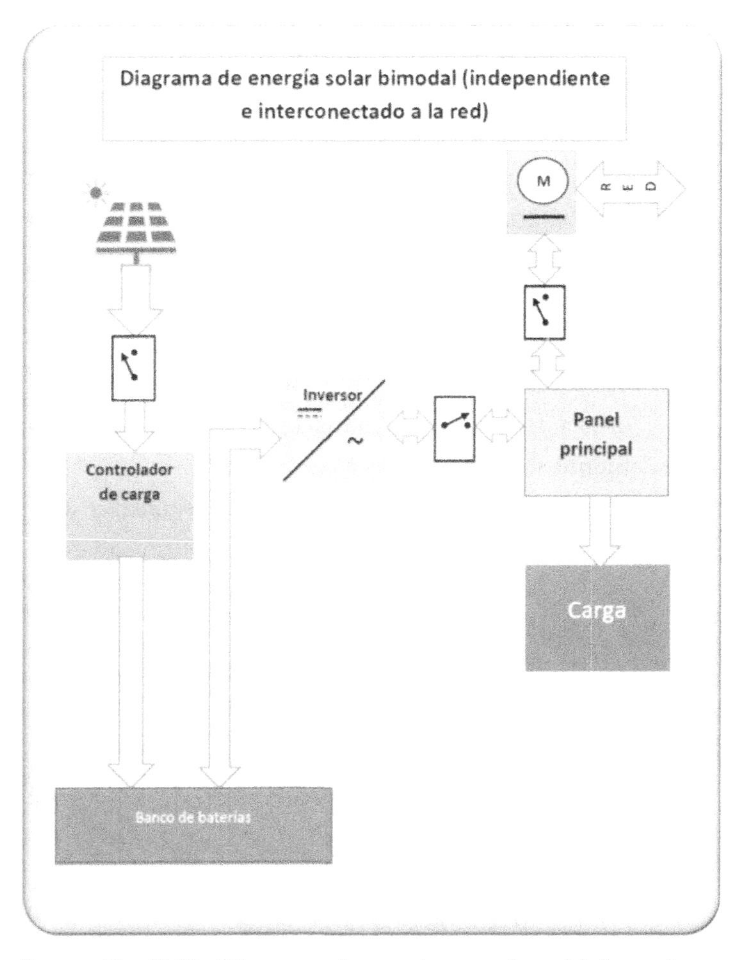

Ilustración 16.10: Diagrama de un sistema de módulos solares bimodal (independiente e interconectados a las redes eléctricas).

3. **Sistemas de energía solar conectados a las redes eléctricas solamente**

   Los sistemas de energía solares conectados a las redes eléctricas solamente, son similares a los sistemas independientes y conectados a las redes con baterías descritos arriba, con la particularidad que este está conectado a las redes eléctricas, a través del medidor o contador que mide la cantidad de energía generada por el sistema, utilizando las redes como energía secundaria y no utiliza baterías para almacenar la energía como fuente secundaria.

   Este consiste en varias partes esenciales que forman la anatomía del sistema:

   1. Módulos solares
   2. Interruptor de protección de Corriente Directa
   3. Inversor
   4. Interruptor de protección de Corriente Alterna
   5. Panel de servicio
   6. Metro o contador

La ilustración 16-11, muestra un sistema de módulos solares interactivo, conectado paralelo a las redes eléctricas.

Estos sistemas requieren de un metro o contador (algunas veces dos), instalados por las compañías suministradoras de energía, para mantener la relación del consumo y producción de energía y, a la vez, poder producir las facturas mensuales, con un detalle mostrando la cantidad de energía utilizada y producida por el sistema.

Cuando las compañías suministradoras utilizan un metro solamente, este trabaja en forma regular, girando en posición habitual durante el usuario; este consumiendo energía de la red y en reverso, cuando la energía generada por el sistema es mayor que la energía utilizada por el usuario. Al girar el metro en reversa durante el proceso de producción de energía, reduce la cantidad de kilovatios horas previamente consumido por el usuario.

Generalmente, para las compañías suministradoras tener más control y poder mostrar una relación más exacta del consumo y producción de energía, utilizan dos metros, uno para medir la energía consumida y el otro para medir la energía generada por el sistema.

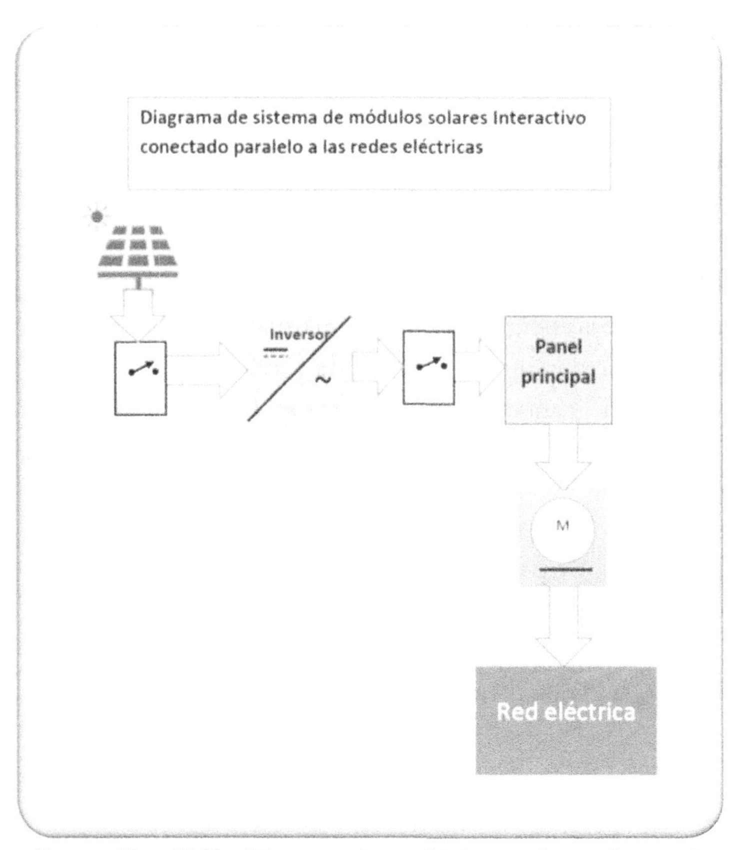

Ilustración 16.11: Sistema de módulos solares interactivo, conectado paralelo a las redes eléctricas.

Energía eólica

El viento es la corriente de aire que se produce en la atmosfera, por causas naturales, y es un fenómeno originado por los movimientos de rotación y translación de la Tierra. Este se crea por la radiación solar.

El sol calienta la superficie desnivelada de la Tierra, generando diferencias de temperaturas en la atmosfera y dando origen a las diferencias de presión y al movimiento de aire.

El viento ha sido utilizado para generar energía desde hace mucho tiempo, ya que los marinos lo utilizaban para la navegación de botes de velas, y los hacendados utilizaban molinos de viento para bombear agua de los pozos.

Actualmente, la velocidad del viento se está utilizando para producir energía eléctrica llamada eólica.

Ventajas:

El viento es una fuente limpia de energía renovable que no produce contaminación. Además, es gratis, por lo cual, los costos operacionales de estos sistemas son muy bajos. El costo mayor, por el contrario, sería la compra de los equipos, en la instalación inicial, y los costos de mantenimiento. En la medida que la tecnología ha ido avanzando, los precios de producción de estas turbinas han ido en descenso, y los precios de estos equipos han disminuido. Los gobernantes de muchos países han creado incentivos de impuestos para impulsar y desarrollar el crecimiento de producción de esta energía eólica.

La mayoría de la energía eólica se genera con turbinas que oscilan en alturas de 50 pies, hasta alrededor de 600 pies, con tres aspas que pueden alcanzan hasta 200 pies de largo. El viento gira las aspas que se encuentran conectadas a un generador que produce energía eléctrica.

Las turbinas grandes generan alrededor de 12 megavatios-hora de energía, con la capacidad de suplir electricidad a un promedio de 600 residencias en los Estados Unidos.

Las turbinas de vientos pequeñas pueden producir suficiente energía para suministrar electricidad a una residencia o negocio pequeño. Esta producción es dependiente de la capacidad de producción, en términos de potencia del generador de la turbina y de la cantidad de viento que circule en el área.

Desventajas:

Algunas de las desventajas de los sistemas de la energía eólica:

1. El capital iniciar para la compra e instalación de estos sistemas es un poco elevado

2. Los costos de mantenimientos son elevados, debido a que el personal, para mantener los equipos, debe de ser debidamente entrenado para la reparación de estos

3. Si el viento es variable y no hay suficiente viento, no se genera electricidad

4. Algunas personas consideran que estas turbinas hacen mucho ruido y afean los vecindarios

5. Los ambientalistas protestan porque algunas aves son atraídas y mueren mutiladas por las aspas de las turbinas

La energía eólica se encuentra en una etapa de crecimiento a nivel mundial. La capacidad de generación a nivel mundial aumentó de 17,000 megavatios, en el año 2000, a más de 430,000 megavatios, en 2015. De acuerdo con los analistas, en energía se percibe que, para el año 2050, un tercio de la electricidad generada en el mundo será suministrada por la energía eólica.

La ilustración 16-12 muestra el primer banco de energía eólica instalado en la República Dominicana localizado en el poblado de Juancho de la provincia de Pedernales.

Ilustración 16.12: Banco de energía eólica en Juancho, Pedernales, República Dominicana.

ENERGÍA GEOTÉRMICA

Conversión del vapor de la Tierra a electricidad

La energía geotérmica es una reserva natural de vapor y agua caliente que se encuentra en el subsuelo de la Tierra, y se utiliza para generar electricidad o proveer calefacción y enfriamiento directo a una edificación.

La energía geotérmica es un tipo de energía renovable que consiste en extraer aguas a elevadas temperaturas del subsuelo de la Tierra. La presión y temperatura son producidas naturalmente, extrayendo la energía calórica para producir calefacción o generar electricidad.

Esta energía proviene de una fuente renovable, debido a que emana del subsuelo terrestre y es inagotable. Estas fuentes pueden ser de tres tipos:

- **Secos**. Yacimientos de vapor y gas caliente, carentes de agua en estado líquido
- **Aguas calientes**. Pueden ser fuentes o depósitos acuíferos subterráneos, con aguas comprimidas a altas temperaturas
- **Geiseres**. Yacimientos termales donde la presión es tan alta que ocasionalmente emanan vapor o agua hirviendo hacia la superficie en grandes chorros

La mayoría de las plantas eléctricas que utilizan combustibles de carbón, gas, nucleares o geotermal, tienen un factor común; estas plantas convierten el vapor a electricidad. El vapor se emplea en las plantas geotérmicas para movilizar un complejo de turbinas para generar electricidad.

Este tipo de energía es popular, debido a que también se puede utilizar para dar calefacción a edificaciones y secar materias agrícolas o industriales.

Para utilizar esta energía en edificaciones, generalmente se perforan varios pozos en el subsuelo terrestre, a grandes profundidades, para extraer el agua con ayuda de bombas geotérmicas, para utilizar el vapor o agua hirviente como calefacción en los edificios o viviendas. También, este proceso suele invertirse para utilizarse como aire acondicionado, extrayendo el calor de las edificaciones para reinyectar agua a los pozos a temperaturas normales para darle continuidad al ciclo.

La Escuela Superior de Ciencias (Science Park High School) del Distrito Escolar de Newark es una de las más modernas en el Estado de New Jersey, construida en el año 2007. Esta fue diseñada para operar parcialmente con sistemas de energías renovables. Los sistemas de calefacción y aire acondicionados operan con energía geotérmica. En la construcción de esta, varios pozos fueron perforados en el subsuelo terrestre, del área que hoy se utiliza como parqueadero de carros.

Esta Escuela también cuenta con una producción mínima de energía solar, con varios módulos solares instalados en el techo de la edificación.

Ilustración 16.13: Escuela Superior de Ciencias (Science Park High School), una de las escuelas más modernas construidas recientemente en el Estado de New Jersey. Los sistemas de calefacción y aire acondicionados de esta escuela operan con energía geotérmica. Además, tiene una producción mínima de energía solar con varios módulos solares instalados en el techo de la edificación.

ENERGÍA BIOMASA

La bioenergía es generada por el empleo de materiales orgánicos (biomasa), con residuos producidos por sustancias derivadas de los seres vivos, bien sean plantas, animales o los propios seres humanos. Esta generación es una fuente renovable, porque se logra a través de un proceso mecánico o biológico, con diferentes materiales orgánicos que se reproducen fácilmente en todos los lugares donde habitan los seres humanos.

Biomasa: Recurso de energía renovable, derivado de plantas y materiales a base de algas que incluyen:

1. Residuos de cultivos
2. Residuos forestales
3. Hierbas cultivadas
4. Cultivos energéticos leñosos
5. Microalgas
6. Residuos urbanos de la madera
7. Desperdicio de alimentos

Biocombustible: energía para el transporte

La biomasa es un tipo de recurso energético renovable que se puede convertir en combustibles líquidos, conocidos como biocombustibles, para el transporte. Los biocombustibles incluyen etanol celulósico y biodiesel. **Esta es** una forma posible de contribuir con las demandas energéticas de algunas industrias, fincas de producción de animales, comunidades, ciudades o países.

La producción de energía **biomasa** no contamina el medio ambiente, porque es un sistema biológico, cuya inversión económica no es muy costosa y utiliza la materia que pertenece a cualquier elemento orgánico que pueden ser residuos agrícolas, forestales, industriales, ganaderos y urbanos.

Bio-productos: productos básicos cotidianos hechos de biomasa

La biomasa es un recurso energético versátil, al igual que el petróleo. Más allá de convertir la biomasa en biocombustible, para uso de vehículos, también puede servir como una alternativa renovable a los combustibles fósiles en la fabricación de bio-productos, como plásticos, lubricantes, productos químicos industriales y muchos otros productos derivados actualmente del petróleo o el gas natural.

Producción de energía natural forestal: los árboles son la forma más antigua de producir energía, porque hace miles de años que las generaciones ancestrales la utilizaban como forma de alumbrarse y calentarse. En la actualidad los residuos de explotaciones forestales producen un alto poder energético que no sirven para la fabricación de muebles ni papel, como son las hojas y ramas pequeñas que se están aprovechando como fuente energética.

Producción de energía con residuos sólidos municipales: los residuos sólidos municipales son quemados para producir energía calórica, utilizada para movilizar las turbinas y producir electricidad. Esto ha sido de gran beneficio para las municipalidades, porque ha reducido la cantidad de espacio necesitada para los vertederos de basura.

Producción de energía con aguas negras residuales: los desechos de tratamiento de aguas negras residuales son descompuestos por bacterias anaeróbicas, en tanques digestores para producir metano y otros gases, que pueden purificarse y quemarse como combustible.

Producción de energía con residuos animales: los restos de animales pueden ser quemados como biomasa. El estiércol producido por animales de granja, incluyendo vacas y cerdos, también puede ser tratado para producir un biogás, rico en metano que puede ser quemado como combustible

Producción de energía con residuos industriales: residuos sobrantes de procesos industriales, como el licor negro de la pulpa de madera, la producción de papel, los residuos agrícolas (paja, bagazo de caña, cascaras de arroz y coco), son ricos en materia orgánica que pueden quemarse como combustible.

Producción de energía con productos agrícolas: los cultivos, como el maíz, la caña de azúcar y la remolacha, se cultivan para su transformación en biocombustibles. El etanol es un alcohol que se produce de los azúcares que se encuentran en los cultivos de biomasa, incluyendo la caña de azúcar y el maíz.

ENERGÍA OCEÁNICA O MAREOMOTRIZ (ECONOMÍA AZUL)

La energía mareomotriz es el movimiento de las olas del mar y de los océanos. El movimiento es provocado por la atracción gravitatoria de la luna sobre la Tierra, y es una fuente de energía inagotable.
El Banco Mundial define la economía azul como **"el uso sostenible de los recursos oceánicos para el crecimiento económico, la mejora de los medios de vida y el empleo, preservando al mismo tiempo la salud de los ecosistemas oceánicos".**

Ventajas:

Las corrientes marinas, provocadas por gravedad que ocasionan la luna y el sol, hacen que el movimiento de las olas genere energía de manera permanente, y es una opción ideal para utilizarlo como alternativa a los sistemas actuales que utilizan combustibles fósiles.
En la actualidad, varias universidades y departamentos de energía en algunos países se encuentran haciendo estudios para desarrollar este tipo de generación eléctrica para el futuro.

Actualmente existe un conocimiento de los horarios del movimiento de las mareas, y se puede predecir si estarán altas o bajas. Con estos datos se pueden ubicar las localizaciones de las centrales en los lugares deseados para hacerlas lo más eficientes posibles.
Aunque todavía no se tienen muchos datos de estas plantas, debido a que hay pocas operando a nivel mundial, en la actualidad existen varias en operación, siendo la más vieja la central de energía mareomotriz de La Rance, en

Francia, que fue construida en un periodo de 6 años y está funcionando desde 1966. Esta tiene una capacidad de generación instalada de 240 megavatios (MW).

Desventajas:

Una de las desventajas de esta tecnología es su alto costo, debido a que aún está en etapa de desarrollo. Los costos de infraestructuras, operación, control y mantenimiento son muy altos comparados con otros sistemas de generación energética que se están utilizando actualmente. Los ambientalistas se oponen a estas formas de generar energía eléctrica, porque demandan que esta pone en peligro las especies marinas.

También la producción de esta energía puede afectar la flora y fauna del lugar, además puede crear impactos negativos sobre determinadas especies marinas, el ecosistema y las poblaciones residentes alrededor de estas áreas.

Enfoque del Departamento de Energía de los Estados Unidos en producir Tecnologías para la Energía Oceánica

El Departamento de Energía de los Estados Unidos a través de la Oficina de Water Power Technologies (Oficina Tecnológica de potencia y Agua) está impulsando una iniciativa para la economía azul. Esta iniciativa es un primer paso significativo hacia la protección, la comprensión y el aprovechamiento del inmenso poder y promesa de los océanos para ayudar a alcanzar objetivos económicos, sociales y ambientales colectivos. La colaboración y el compromiso son fundamentales para los esfuerzos de apoyo a las comunidades y la vida marina, al tiempo que proporcionen energía de manera sostenible a la economía azul.

El Departamento de Energía de los Estados Unidos esta intensamente enfocado en encontrar soluciones para la creciente necesidad de la sociedad de alimentos, materiales, energía y conocimientos derivados de los océanos y está impulsando el crecimiento de las tecnologías marítimas o "azules" de la próxima generación (U.S Department of Energy, 2021). Con la observación oceánica, se están moviendo más lejos de la costa para aprovechar y capturar datos a gran escala en el océano. Este esfuerzo requiere el acceso a energía renovable consistente y sin ataduras a las redes eléctricas terrestres.

Referencias

Energy, U. D. (2015, April 28). *Office of Geothermal Technologies*. Retrieved from www.eren.doegov/geothermal.

Harris, C. (2019). *Grid-interactive Efficient Buildings Technical Report Series.* U.S, Department of Energy (DOE), Office of Efficiency & Renewable Energy / National Renewable Energy Laboratory (NREL).

How Technology works. (2019). New York: DK publishing.

Inc., U. L. (2011). *Alternative Energy Equipment and Systems, UL Aplication Guide.* Underwriters Laboratories Inc.

Ken Sufka, A. E. (2014). *Energy Management Guideline.* Washington, DC.

Kennedy, C. /. (2012). *Guide to Energy Management, 7TH Edition.* Lilburn, Georgia: The Fairmont Press.

McMordie, R. K. (2012). *Solar Energy Fundamentals.*

Monica Neukomm, U. S. (2019). *Grid-interactive Efficient Buildings Technical Report Series (Overview of Research Challenges and Gaps).* Washington, DC: U. s. Department of Energy, Office of Energy Efficency & Renewable Energy.

National Renewable Energy Laboratory (NREL). (2006). Procedure for Measuring and Reporting Commercial Building Energy Performance. In M. D. D. Barley. www.nrel.gov/docs.

Office of Energy efficiency and Renewable Enegy, U. D. (October 2017, October). *EnergySaver.gov.* Retrieved from energy.gov/eere.

Turner, W. C. (2001). *Energy Management Handbook, Fourth Edition.* Lilburn, Georgia: The Farimont Press, Inc.

U.S Department of Energy, W. P. (2021, August 18). *Powering the Blue Economy.* Retrieved from www.energy.gov.

White, S. (2018). *Photovoltaic Systems and the National Electric Code.* New York: Routledge.

White, S. (2019). *Solar Photovoltaic Basics, 2nd Edition.* Routledge.

White, S. (2019). *Solar PV Engineering and Installation.* New York: Routledge.

Lección 17

Conservación de agua para contribuir con la población y el medio ambiente

En esta lección hacemos algunas recomendaciones para conservar el precioso líquido llamado ***AGUA***, vital para los seres humanos y todas las especies vivientes en la Tierra. Administrando el uso del agua, podemos reducir los desperdicios y, por tanto, conservar energía en la reducción del uso de los motores y bombas utilizados para proveer agua potable a la ciudadanía.

Este tema es bastante amplio, y podríamos hablar de los millones de seres humanos en el mundo, carentes de agua potable y de las formas que están encarando las autoridades municipales en varios países para suministrar el preciado líquido a sus poblaciones. Una forma que se está utilizando con frecuencia en algunos países, es la desalinización de las aguas de los océanos. En esta edición solamente nos vamos a enfocar en presentar algunas informaciones y tablas que hemos preparado, con ejemplos y calculaciones de la cantidad de galones de agua que podríamos ahorrar ***administrando el consumo***, utilizando estrategias para reducir los desperdicios que producen los escapes de agua en las tuberías averiadas y la inmensa cantidad de galones que podríamos reducir cambiando los inodoros y llaves de agua viejos u obsoletos con nuevos, los cuales reducen casi el doble el consumo de agua por unidad.

RECOMENDACIONES PARA LA ADMINISTRACIÓN Y CONSERVACIÓN DE AGUA

Conservando agua, podemos hacer una contribución enorme a la humanidad, porque cada galón/litro conservado, puede abastecer a otros seres humanos carentes de este precioso líquido que es vital para sobrevivencia. En la medida que crece la población, crecen las demandas de agua por diversas necesidades.

Este incremento de consumo ha sido posible por múltiples razones, que van desde el uso diario personal, expansión de ciudades y pueblos, industrialización, irrigación, y otros factores donde se utiliza el agua diariamente.

Todos los países del mundo están encarando escasez de agua, motivados por las demandas del aumento poblacional y por los cambios climáticos que han ocasionado grandes sequias en muchas áreas del planeta. Los escases de agua están significando un gran reto para las entidades municipales.

El aumento de consumo del precioso líquido ha creado un problema común a los administradores municipales, con el suministro de agua potable y las descargas de las aguas grises y negras. Esto ha creado que la demanda haya crecido más rápido que las fuentes abastecedoras de agua y a la vez la producción de aguas negras y grises se ha multiplicado, ocasionando la necesidad de aumentar y construir sistemas de descargas y depósitos para estos.

Los países industrializados han optado por crear códigos y estándares para administrar y proteger la distribución y preservación de este preciado líquido, incluyendo el procesamiento de los desperdicios, disminuyendo el descargo de las aguas negras y grises al medio ambiente.

Este crecimiento por las demandas de agua también ha ampliado las demandas energéticas, debido a la creación y expansión de las plantas procesadoras de agua potable, grises y negras.

Muchas comunidades han comenzado a implementar proyectos simples, de bajos costos, de recolección de agua de las precipitaciones fluviales y reciclaje de aguas grises, los cuales tienden a mejorar, ambos disminuyen la demanda de agua potable y el flujo de aguas grises y negras. Estos proyectos tienen muchas ventajas ambientales, porque ayudan a minimizar la contaminación de bahías, ríos, lagos y lagunas.

Conservación y eficiencia de consumo de agua es una gran contribución con la humanidad y el medio ambiente

---

De acuerdo con los estándares utilizados en los Estados Unidos, las recomendaciones básicas requeridas del uso doméstico por persona para satisfacer las necesidades humanas diarias son un mínimo de 50 litros (13.2 galones) de agua, o un promedio de 37 a 200 litros (10 a 55 galones) diarios.

SISTEMA DE AGUA EN LOS ESTADOS UNIDOS

Las autoridades federales de los Estados Unidos se ocupan de que haya agua potable en todos los vecindarios, para todas las poblaciones y existen 156,000 Sistemas Públicos de Agua, a través de los 50 Estados de la unión, y son regulados por la Agencia de Protección Ambiental (Environmental Protection Agency, EPA). El 97% de los Sistemas Públicos de Agua son pequeños y la mayoría proporcionan agua para el consumo humano, a una población de 10,000 personas o menos.

Los sistemas públicos de agua incluyen:

1. Municipios
2. Pueblos pequeños
3. Asociaciones de propietarios
4. Otros tipos de instalaciones como escuelas, restaurantes o localidades de acampar

La EPA siempre está vigilante de que la calidad del agua potable que suministran los sistemas de agua sea apta para el consumo humano, por lo que los estándares y requisitos son bien estrictos y, además, conocen que los pequeños suministradores de agua enfrentan desafíos financieros y operativos, al proporcionar constantemente agua potable que cumplan los estándares y requisitos de EPA. Las Regulaciones Nacionales de Agua Potable Primaria (National Primary Drinking water Regulations, NPDWR) son estándares primarios legalmente exigibles y técnicas de tratamiento que se aplican a los sistemas públicos de agua. Las normas primarias y las técnicas de tratamiento protegen la salud pública al limitar los niveles de contaminantes en el agua potable.

La Ley de Agua Potable Segura (Safe Drinking Water Act, SDWA) se estableció para proteger la calidad del agua potable en los Estados Unidos. Esta ley se centra en todas las aguas real o potencialmente diseñadas para el uso de bebidas, ya sea de fuentes sobre el suelo o subterráneas.

La EPA establece límites legales para más de 90 contaminantes en el agua potable, "https://www.epa.gov/ground-water-and-drinking-water/national-primary-drinking-water-regulations"). El límite legal para un contaminante refleja el nivel que protege la salud humana y que los sistemas de agua pueden alcanzar, utilizando la mejor tecnología disponible. Las reglas de la EPA también establecen programas y métodos de pruebas de agua que los sistemas de agua deben seguir.

La Ley de Agua Potable Segura (Safe Drinking Water Act, SDWA) brinda a los estados individuales la oportunidad de establecer y hacer cumplir sus propios estándares de agua potable, si los estándares son como mínimo tan estrictos como los estándares nacionales de la EPA.

Conociendo los retos que encaran los pequeños suministradores, y para mantener un suministro de agua constante a la población, la EPA ha creado una Asociación de Sistema de Agua, para trabajar en estrecha colaboración con los estados y ayudar a estos pequeños suministradores con recursos financieros y técnicos que garanticen agua de manera sostenible.

El Manual de Asociación del Sistema de Agua es una de las herramientas provistas por la EPA, para ayudar a los programas estatales de agua potable a identificar, evaluar e implementar las asociaciones de sistemas de agua; este manual está destinado a proporcionar a los estados, y sus programas de agua potable, las guías y oportunidades para identificar y crear posibles asociaciones con el sistema de agua, guiando a los estados a través de una serie de pasos interactivos.

Factores acerca de desperdicio con escape de agua

Desperdicio y costo de agua en los Estados Unidos

De acuerdo con la Fundación para la Investigación del Agua (Water Research Foundation (Environmental Protection Agency, WaterSense)), el uso de agua en las mayorías de las residencias de los Estados Unidos consume más de 300 galones de agua por día, con un consumo de un 24% en los inodoros, 20% en las duchas, 19% en los grifos (llaves), 12% fugas (escapes) y 8% en otras cosas.

En los Estados Unidos, conservar agua se refleja como un problema de economía y representa un ahorro económico anual a cada propietario de edificio, porque "la reducción de consumo de agua" significa una facturación más baja en las cuentas de agua potable y desagüe de aguas negras. Sin embargo, la Agencia de Protección Ambiental, a través de muchas de las municipalidades, tienen programas tendientes a la conservación de agua, porque han experimentado periodos de sequias que han afectado gran parte de la población en algunos lugares de los estados de la nación americana.

En los Estados Unidos, estos desperdicios son muy costosos para los propietarios de edificaciones, porque el agua es facturada con base en el consumo de galones de agua potable, con un medidor localizado en la conexión de las líneas de distribución y la entrada de la edificación. Los desagües de aguas grises y negras también son facturados, independientemente de cada propiedad, basadas en un porcentaje del consumo de los galones del agua potable. Algunas municipalidades facturan el consumo y el porcentaje de desagüe de aguas negras juntos, porque son administradas por la misma agencia, mientras que en otras municipalidades son administradas por agencias independientes y por tanto las facturaciones son independientes.

DESPERDICIOS Y COSTO DE AGUA EN REPÚBLICA DOMINICANA

En la República Dominicana, el consumo de agua es facturado por medición en algunas ciudades y por cantidades fijas mensuales o anuales. El desagüe de aguas grises y negras es solamente facturado a algunos hoteles conectados a plantas de procesamiento de desperdicios de aguas negras (excrementos).

Económicamente, los desperdicios de agua afectan de forma directa a los propietarios de edificaciones que están conectados a un medidor, porque las facturas que reciben se basan en la cantidad de agua consumida. Aquellas edificaciones que reciben el agua y no tienen un medidor que contabilice el consumo no son afectadas directamente, porque pagan una tarifa fija mensualmente. Sin embargo, la problemática de desperdicio de agua es un inconveniente social que está afectando a la mayoría de los usuarios, porque existe una gran deficiencia en la distribución de agua. En algunos lugares la distribución de agua es muy pobre, y solo la reciben en algunas ocasiones. Esta situación afecta a casi todos los usuarios, porque una gran mayoría ha tenido que construir cisternas o instalar grandes tanques (tinacos) para almacenar cantidades de galones de agua para satisfacer sus necesidades, durante los días que no reciben el preciado líquido.

Esto afecta económicamente a la gran mayoría, porque ha tenido que incurrir en gastos para la construcción de las cisternas, instalación de los tanques, compra de bombas, incremento en los costos de energía para energizar las bombas y, en muchas ocasiones, la compra directa a compañías purificadoras de agua y a camiones cisterna que la distribuyen en los barrios que apenas la reciben.

OBSERVACIONES Y SUGERENCIAS PARA MITIGAR EL DESPERDICIO DE AGUA

De acuerdo con la Agencia de Protección Ambiental de Estados Unidos y su programa Sentido de Agua (Water Sense) los escapes de agua a través de inodoros y grifos (llaves) defectuosos son inmensos y causan muchos desperdicios del preciado líquido.
Factores de desperdicio de agua en los grifos (llaves), inodoros y regaderas de baños (duchas):

- La mayoría de los problemas comunes, encontrados en las residencias que causan los escapes de agua, son las aletas (también llamados Flapper, sapito, etc.) de los inodoros, goteaderos de los grifos (llaves), regaderas de baños (duchas) y otras válvulas conectadas al sistema de agua

- Se calcula que 10% de las residencias tienen escapes de agua y desperdician 90 galones o más diariamente

- El promedio de escape de agua por residencia puede contar con la pérdida de más de 10,000 galones desperdiciado cada año. Esta cantidad de agua sería la necesaria para lavar 270 lotes de ropa.

- Un escape de agua en un grifo, gotereando una gota cada segundo, puede desperdiciar más de 3,000 galones por año

- Una regadera de baño (ducha), gotereando 10 gotas por minuto, desperdicia más de 500 galones de agua por año

- Un escape de agua en un inodoro puede desperdiciar miles de galones mensualmente. Si el baño de su edificación tiene un inodoro con un tanque estándar, con capacidad de 1.5 galones de agua, después de una descarga le tomará aproximadamente 30 segundos para rellenar

- Muchos de los escapes en los grifos y regaderas de baño pueden eliminarse apretando bien las válvulas al final de su uso. También se pueden reparar reemplazando las arandelas y zapatillas de asiento

- Corrigiendo estos escapes, fácilmente pueden ahorrar 10 % del consumo de agua

Corrija los escapes y mantenga su edificación libre de desperdicios, reparando los grifos, los inodoros y otras válvulas del sistema de distribución de agua. La mayoría de las veces no es muy costosa corregir estos escapes.
Es recomendable que cuando tenga que reparar una de estas unidades de consumo de agua considere la factibilidad de reemplazar o modificar la unidad vieja con una nueva de alta eficiencia.

CONSERVACIÓN DE AGUA, MODIFICANDO LAS UNIDADES DE CONSUMO CON UNIDADES EFICIENTES

En la tabla 17.1 mostramos un estimado de la cantidad de agua requerida diariamente para satisfacer la necesidad de una persona; en la tabla 17.2 mostramos el consumo de agua estimada para una residencia ocupada por cuatro personas, con inodoros y llaves de agua antiguas; en la tabla 17.3 mostramos el consumo y la cantidad de agua que se podría reducir por minuto en la misma residencia, utilizando inodoros y llaves de bajo consumo; en la tabla 17.4 presentamos los cálculos de cantidad de agua y costos económicos que se podría ahorrar en la residencia de la tabla 17.2, utilizando equipos modernos; en la tabla 17.5 mostramos el consumo de agua estimado en un día en un establecimiento comercial u oficina, con 40 ocupantes, utilizando equipos antiguos; en la tabla 17.6 presentamos el consumo del mismo establecimiento comercial, con 40 ocupantes, utilizando equipos modernos; en la tabla 17.7 presentamos una lista de equipos modernos conteniendo la cantidad de consumo de agua por minuto, para comparar la cantidad de agua que se podría reducir cambiando los equipos viejos por equipos modernos de bajo consumo.

Recomendaciones básicas de la cantidad de agua requerida por persona para satisfacer las necesidades humanas				
	Consumo mínimo		Promedio	
Actividad	Litros / día	Galones / día	**Litros / día**	**Galones / día**
Agua para tomar	5	1.3	2 a 5	0.5 a 1.3
Servicios Sanitarios	20	5.3	20 a 75	5.3 a 20
Baño	15	3.9	5 a 70	1.3 a 20
Cocina (preparación de alimentos y limpieza)	10	2.6	10 a 50	2.6 a 13
Cantidad	**50**	**13.2**	**37 a 200**	**10 a 55**

Tabla 17.1: Cantidad de agua requerida para satisfacer las necesidades humanas diarias por persona.

Si obserbamos la tabla y la cantidad de la demanda de agua por persona, un municipio con una población de 40,000 habitantes requiere proveer dos millones de litros (528,000 galones) para satisfacer las demandas mínimas y, aproximadamente, 8 millones de litros (2,200,000 galones) para satisfacer una demanda promedio de agua potable diariamente para el uso doméstico solamente. A este consumo tenemos que agregarle las demandas de agua, dependiendo de la cantidad de industrias, edificios comercios, oficinas gubernamentales y privadas, hospitales, escuelas, irrigaciones y otros usos que, por razones de espacio, no vamos a mencionar. Además, tenemos que agregar las posibles filtraciones, debido a tuberías rotas, llaves o grifos, inodoros y regaderas de baños defectuosos.

Una gran reducción en el uso del agua puede efectuarse con la creación de programas de conservación de agua en las municipalidades. Estos programas estarían dirigidos a incentivar las instalaciones de equipos de bajo consumo de agua en las construcciones nuevas y modificaciones en las instalaciones existentes reemplazando las llaves o grifos de agua, inodoros, etc

Las tablas 17.2 y 17.3, que aparecen más abajo, muestran un ejemplo de la cantidad de galones de agua estimada que se utiliza diariamente en una residencia, y la cantidad de galones que se podría ahorrar en una residencia de 4 habitantes. Para las comparaciones, los cálculos mostrados en las tablas fueron hechos utilizando inodoros que consumen 3.5 y 1.28 galones de agua por descarga, y llaves (grifos) para un lavamanos con un flujo de 2.2 y 1.5 galones por minuto, una llave (grifo) para fregadero en la cocina con un flujo de 2.2 galones por minuto y una regadera (ducha) para el baño con un flujo de 2.5 galones por minuto.

Consumo diario de agua estimado en una Residencia ocupada por 4 habitantes					
Artículo	Consumo (galones)	Uso Diario	Duración	Ocupantes	Consumo diario (galones)
3.5 gpf Inodoros	3.5	5	1	4	70
Llave (grifo) lavamanos 2.2 gpm	3.5	8	0.25	4	28
Fregadero (cocina) 2.2 gpm	4	6	1	4	96
Regadera (ducha) 2.5 gpm	4	1	5	4	80
Consumo total en galones					284

Tabla 17.2: Consumo diario de agua estimado para una residencia ocupada por cuatro habitantes con inodoros y llaves antiguos.

Consumo diario de agua estimado en una residencia ocupada por 4 habitantes					
Artículo	Consumo (galones)	Uso Diario	Duración	Ocupantes	Consumo diario (galones)
1.28 gpf Inodoros	1.28	5	1	4	25.6
Llave (grifo) Lavamanos 1.5 gpm	1.5	8	0.25	4	12
Fregadero (cocina) 2.2 gpm	2.2	6	1	4	52.8
Regadera (ducha) 2.5 gpm	2.5	1	5	4	50
Consumo total en galones					140.4

Ilustración 17.3: Consumo diario de agua estimado para una residencia ocupada por 4 Habitantes, equipadas con inodoros y llaves que reducen la cantidad de agua utilizada por minuto en comparación con la tabla 17-2.

En los resultados de la tabla 17.2 se consumieron un total de 284 galones diarios, mientras que en la tabla 17.3 se consumieron 140.4 galones diarios, con una reducción de 143.6 galones diarios, equivalentes a un ahorro de consumo diario de agua de un 50.6 %; lo que significa que la reducción de agua diaria serviría para abastecer otra vivienda similar a esta, disminuyendo el déficit de agua que existe en muchos barrios de algunos municipios. Estos cálculos nos dan unos resultados anuales de **una reducción de consumo** en esa residencia de **52,414 galones de agua al año**.

La tabla 17.4 que aparece abajo, nos muestra una comparación de los costos y la cantidad de agua que se desperdicia cuando se utilizan inodoros y llaves (grifos) de agua estándares y la cantidad de agua que se puede ahorrar cuando se utilizan inodoros y llaves (grifos) para conservar agua.

Comparación de precios, consumos y ahorros de agua para algunos inodoros y llaves de fregaderos						
Modelos Estándar			Conservación de agua		Diferencias	
Artículo	Costo	Flujo de agua	Costo	Flujo de agua	Diferencia de costo	Cantidad de agua no usada
Inodoro	$100	3.5 gpf	$169	1.28 gpf	+ $69	**1.9 gpf**
Llave (grifo)	$39	1.8 gpm	$175	1.5	+ $136	0.3 gpm

Tabla 17.4: Comparación de costos y cantidad de agua que se ahorraría utilizando equipos modernos.

gpf = galones por flush *(galón por descarga)*

gpm= galones por minuto

***Los precios usados en esta tabla son valores en USA dólares.**

Las empresas que consumen mucha agua en sus operaciones pueden también modificar los sistemas y utilizar estrategias para ahorrar más de 40 % del consumo. Las tablas 17.5 y 17.6 que aparecen más abajo, muestran un ejemplo de la cantidad de galones de agua estimada que se utiliza diariamente, y la cantidad de galones que se puede ahorrar en un establecimiento comercial u oficina, con un personal de 40 empleados, 20 hombres y 20 mujeres. Las comparaciones en los cálculos mostrados en las tablas fueron hechos utilizando inodoros que consumen 3.5 y 1.28 galones de agua por descarga, urinarios que consumen 1 y 0.125 galones de agua por descarga y llaves (grifos) de 2.2, con un flujo de 2.2 y 0.5 galones por descarga.

Consumo estimado de agua en un establecimiento comercial u oficina con 40 ocupantes Utilizando un inodoro de 3.5 gpf y un urinario de 1 gpf					
Artículo	Consumo (galones)	Uso diario	Duración	Ocupantes	Consumo diario (galones)
3.5 gpf Inodoros Uso de hombres	3.5	1	1	20	70
3.5 gpf Inodoros Uso de mujeres	3.5	3	1	20	210
1.0 Gpf (Descarga) 1.1 Urinario	1	2	1	20	40
Llave (grifo) lavamanos comerciales – 2.2 gpm	2.2	6	0.25	40	132
	Consumo total en galones				452

Tabla 17.5: Consumo estimado de agua en establecimiento comercial u oficina con 40 ocupantes, utilizando equipos antiguos.

Consumo de agua en un establecimiento comercial u oficina con 40 ocupantes Utilizando un inodoro de 1.28 gpf y un urinario de 0.125 gpf					
Artículo	Consumo(galones)	Uso diario	Duración	Ocupantes	Consumo diario(galones)
1.28 gpf inodoros - hombres	1.28	1	1	20	25.6
1.28 gpf inodoros - mujeres	1.28	3	1	20	76.8
0.125 gpf Urinario	0.125	2	1	20	5
Llave (grifo) lavamanos comerciales 0.5 gpm	0.5	6	0.25	40	30
Consumo total en galones					137.4

Tabla 17.6: Consumo estimado de agua en establecimiento comercial u oficina con 40 ocupantes, utilizando equipos modernos.

En los resultados de la tabla 17.5 se consumieron un total de 452 galones diarios, mientras que en la tabla 17.6 se consumieron 137.4 galones diarios, con una reducción de 314.6 galones diarios, equivalentes a una reducción de consumo diario de un 69.6 %. Estos cálculos nos dan unos resultados anuales de ***una reducción de consumo de agua al año*** de ***81,796 galones*** en ese establecimiento.

Si evitamos el desperdicio de agua le hacemos una gran contribucion a la humanidad

Ilustración 17.1: "Cada gota de agua cuenta si se escapa y se desperdicia". Aparentemente, una gota de agua es poco, pero contando una gota por segundo suma 3,600 gotas por hora; 86,400 al día; 2,592,000 al mes y 31,536,000 al año. Esto significa un desperdicio de más de 3,000 galones de agua por año.

CONECTANDO CADA GOTA DE AGUA

Énfasis acerca de perdida y conservación de agua

Haciendo énfasis en la necesidad de que nuestros lectores a todos niveles se preocupen de la problemática del desperdicio de agua, incluyendo a las Autoridades municipales, Estatales o provinciales, ministros de Medio Ambiente, entidades suministradoras y los consumidores de agua sean parte integra de la necesidad imperante de conservar agua, y entendiendo que cada gota que no se desperdicie es importante. Por esta razón hemos analizado e incluido parte de un artículo publicado el 8 de octubre del 2021 por el "**Boletín Informativo en línea sobre Agua (Water Online)" titulado "Conectando Cada Gota: ¿Están actualizados sus esfuerzos de Perdida y Conservación de Agua?".**

El artículo es basado en un estudio publicado por Nature.com que confirma que muchas de las empresas suministradoras de agua enfrentan todos los días escasez el cual se ha convertido en un problema y su crecimiento está obligando a tomar acciones ahora. Apuntan que afortunadamente existen herramientas probadas que, aunque no han sido ampliamente adoptadas están disponibles para las empresas de servicios públicos para combatir y resolver esta amenaza de manera rentable y más rápida que los métodos convencionales. Estos métodos abarcan desde la reducción de las pérdidas de agua no contabilizada o facturada (Non Revenue Water, NRW) hasta el cumplimiento de los mandatos regulatorios para la conservación de esta. El estudio recomienda algunos pasos tangibles que pueden tomar las empresas de servicios públicos para enfrentar tales desafíos actuales y futuros.

RECOMENDACIONES PARA APLICAR PASOS TANGIBLES Y ENCONTRAR SOLUCIONES

Tiempo para evaluar y planificar

Estas recomendaciones de evaluación y planificación dentro de un tiempo determinado son bien importantes para muchas municipalidades donde existe escases de agua. "Ya sea que las circunstancias estén controlables (como la inversión y reparación de infraestructura) o incontrolables (como el clima). Hay múltiples áreas de enfoque y oportunidades donde los servicios públicos de agua pueden prepararse mejor para el futuro:"

1. **Escasez de agua.** El cambio climático, el crecimiento de la población y el deterioro de las redes de servicios públicos se han combinado para tensar los suministros de agua hasta el punto de fallar en un número creciente de regiones.

2. **Infraestructura envejecida.** Gran parte de la infraestructura de distribución de agua urbana y suburbana instalada hasta hace más de 100 años para apoyar la migración inicial a los centros de población industrializados está alcanzando o excediendo su vida útil anticipada, causando fugas costosas, interrupciones del servicio y posibles problemas de calidad del agua. La mayoría de las empresas de servicios públicos pueden ver ese riesgo en función de sus propias tendencias de historial de reparaciones en los últimos años.
3. **Falta de sistemas de monitoreo eficientes.** Con un despliegue generalmente bajo de

herramientas probadas, como el concepto de medición de distrito en América del Norte, la mayoría de las empresas de servicios públicos carecen de herramientas de evaluación y monitoreo de la condición de la red para mantener los segmentos locales de su red de distribución de manera rentable. Eso hace que tratar de identificar las pérdidas de agua no facturada (ANF) sea más como buscar una "aguja en el pajar" de toda una ciudad, en lugar de solo un radio de seis u ocho cuadras.

4. **Monitoreo impreciso del agua.** Las lecturas mensuales de los sistemas de lectura de medidores manuales y de accionamiento carecen de granularidad y limitan la capacidad de las empresas de servicios públicos para administrar de manera efectiva las pérdidas presupuestarias o el desperdicio de agua de medidores inexactos, fugas, medidores inaccesibles, robos y muchos más problemas innecesarios.

5. **Monitoreo de Cumplimiento.** Si bien las amenazas de escasez de agua han sido principalmente un problema local o regional hasta la fecha, la proliferación de noticias sobre sequías y embalses cada vez más pequeños pronto podría hacer de esto un problema principal para más servicios públicos de agua y sus clientes. ***Las empresas de servicios públicos preocupadas por el desarrollo de planes de conservación, planes de monitoreo de cumplimiento y planes de comunicaciones para prepararse para una posible***

escasez pueden usar la infraestructura de medición avanzada (IMA) y el análisis de hoy como base para el monitoreo y la aplicación del cumplimiento futuro.

Paso uno: reconocer la realidad

1. **Para muchos consumidores, el agua es como el aire:** necesaria para la vida y se espera que esté siempre disponible. Si bien el concepto de pagar por el agua, más exactamente, pagar por el servicio de limpieza y distribuirla a su grifo (llave), es una realidad que aceptan a regañadientes, el concepto de que el agua no está disponible a cualquier precio es mucho más difícil de comprender. Es por lo que las empresas de servicios públicos deben hacer que la ***planificación de la conservación y la educación*** formen parte de su estrategia de resiliencia como la infraestructura reforzada y la ciberseguridad.

2. ***Comunicar los temas de conservación en el contexto del uso del agua frente a la pérdida de agua, el crecimiento de la población, el pronóstico de la demanda y los programas de educación para la conservación puede ser un enfoque más efectivo que simplemente imponer un racionamiento estricto del agua una vez que surge una crisis.*** Pero depende de que los servicios públicos tengan una buena acción de servicios públicos habilitada para datos sobre la disponibilidad de agua de la fuente, las tendencias de consumo y las pérdidas de agua no facturada (ANF) obtenidas a través de esfuerzos de monitoreo de campo que solo sean

posibles en una plataforma de medición avanzada inteligente (MAI).

Paso dos: Implementar alternativas oportunas

1. ***Afortunadamente, gran parte de la infraestructura necesaria para promover y gestionar la conservación del agua se puede implementar de manera incremental para ofrecer tasas de rendimiento que valgan la pena para reducir las pérdidas de agua no pagada (Non Revenue Water, NRW) incluso antes de que surjan problemas de escasez.*** Con una mejor medición, reducción de fugas y monitoreo del sistema de distribución, las empresas de servicios públicos pueden usar estos datos para impulsar acciones más rentables para ahorrar costos de agua y presupuesto y luego están mejor preparadas para lidiar con posibles déficits entre el agua disponible y el agua consumida.

2. **Una buena planificación de la conservación del agua y el monitoreo del cumplimiento respaldados por datos altamente granulares, de lecturas diarias, horarias y nocturnas, mantiene a los servicios públicos a la *vanguardia.*** En primer lugar, ayuda a gestionar tanto la educación sobre conservación como el cumplimiento o los esfuerzos de aplicación de la ley frente a la creciente escasez de agua. En segundo lugar, muestra a los clientes cómo los esfuerzos de reducción de fugas están dando sus frutos en términos de ahorro de agua, prevención

de aumentos de tarifas y protección de los usuarios contra sorpresas de facturación debido a fugas que ocurren más allá de sus medidores de facturación. Muchos de esos enfoques ya se han adoptado en áreas del mundo con escasez de agua, que van desde Australia hasta Europa y el Medio Oriente.

3. Para hacer realidad los objetivos de sostenibilidad, es útil trabajar con proveedores que entiendan la toma de decisiones operativas, así como los entre saltes del financiamiento de capital federal, local y de terceros que puede permitir a las empresas de servicios públicos asegurar las herramientas MAI que se necesitan ahora. Un enfoque integral de gestión de operaciones del agua, que incluye visibilidad operativa, gestión de eventos, gestión de fugas, modelado hidráulico, pronóstico de demanda estacional, mantenimiento predictivo y más, puede preparar el escenario para ahorros de costos operativos, así como prepararse para una posible escasez de agua en el futuro. Esta calculadora de valores muestra cómo las mismas herramientas utilizadas para la detección de fugas puede proporcionar valor más allá de los períodos de uso restringido debido a la escasez de agua.

"Cumplimiento de la conservación del agua: un ejemplo de ello":

1. Dicen que "lo que sucede en Las Vegas se queda en Las Vegas". Pero ese no debería ser el caso cuando se trata de compartir pasos prácticos que los servicios públicos de agua pueden tomar para reducir el uso de agua desperdiciada. ***Debido a su ubicación en el desierto y al rápido crecimiento de la población, el Distrito de Agua del Valle de Las Vegas tiene una larga historia de conservación obligatoria del agua y monitoreo de cumplimiento.*** Cuando la empresa de agua realizó un estudio para analizar los patrones de uso de agua que no cumplen con los requisitos en 2019, descubrieron que las lecturas de los medidores de agua por hora podrían ayudarlos a mejorar el cumplimiento de las restricciones de riego estacionales y producir ahorros significativos en el uso del agua.

2. ***Utilizando análisis habilitados para MAI, identificaron cuentas donde el consumo excedía los 150 galones en una hora más de tres días a la semana, una condición que se supone que representa el regadío de riego en violación de las restricciones estacionales. El envío de cartas de notificación directa a aquellos presuntos infractores del uso del agua tuvo el efecto deseado, lo que resultó en una reducción del 12 por ciento en el consumo de agua entre el 47 por ciento de los***

receptores que restablecieron su riego para cumplir con las pautas de riego de tres días por semana. Eso representó un ahorro directo de 128 millones de galones.

ESCRIBIENDO EL PRÓXIMO CAPÍTULO

El estudio del caso anterior es solo un ejemplo de las docenas de acciones positivas que las utilidades pueden implementar una vez que pueden capturar y utilizar los datos oportunos que proporciona MAI. Las oportunidades van mucho más allá de la lectura básica del medidor para incluir la identificación del uso excesivo de agua, la identificación de fugas de ANF a medida que surgen y la gestión de las presiones dentro de las áreas de medición del distrito (AMD) para equilibrar la eficiencia energética con la satisfacción del cliente. ***Las empresas de servicios públicos de agua interesadas en mejorar su servicio al cliente y su rendimiento financiero, así como el rendimiento de su sistema físico, pueden beneficiarse más al trabajar con expertos de la industria que tienen experiencia en la entrega de soluciones de inteligencia operativa en todas las facetas de las operaciones de servicios públicos.***

osibles Ahorros de galones de agua reemplazando equipos de agua antiguos, con equipos de tecnología moderna

Categoría Tecnológica	Tipo	Tipo de edificación	Consumo de agua			Posibles ahorros de agua
			Tradicional	Estándar	Alta eficiencia	
Grifo (llave)	Para lavamanos residenciales	Residencias Hoteles Hospitales	3 GPM	2 GPM	1.5 GPM	1.5 GPM
	Para lavamanos públicos	Escuelas Oficinas Restaurantes	3 GPM	2 GPM	0.5 GPM	
	Cocinas	Cocinas Oficinas Publicas	3.5 – 5 GPM	2.2 GPM	1.5 GPM	3.5 – 1.5 GPM
Duchas (regaderas para baño)	Montada en la pared o manuales	Residencias Oficinas	3.5 – 5 GPM	2.5 GPM	2.0 GPM	Cerca de 12 galones/ Baño
Inodoros		Montados antes del 1980		Montados del 1980 al 94		
	Residencias Oficinas		5 Galones/ descarga	3.5 Galones/ descarga	1.6 Galones/ descarga	1.9 – 3.4 Galones por descarga
	Residencias Oficinas		5 Galones por descarga	3.5 Galones/por descarga	1.28 Galones/por descarga	2.2 – 3.7 Galones/por descarga
Urinarios	Instalación estándar	Oficinas Restaurantes Escuelas	1.5 – 3 Galones por descarga	1 Galón por descarga	0.5 Galón por descarga	1-2.5 Galones por descarga
	No usan agua	Oficinas Restaurantes Escuelas	1.5 – 3 Galones por descarga	1 Galón por descarga	0.0 Galón por descarga	1.5 – 3 Galones por descarga

Tabla 17.7: Equipos de agua, para comparar la cantidad de galones que se pueden ahorrar cambiando los equipos antiguos de altos consumos con equipos modernos de bajo consumo.

REFERENCIAS

Energy, U. D. (2011, Septiembre). Advance Energy Retrofit Guide.

Environmental Protection Agency, WaterSense. (n.d.). Retrieved June 2021, from EPA.gov.

How Technology works. (2019). New York: DK publishing.

Ken Sufka, A. E. (2014). *Energy Management Guideline.* Washington, DC.

Kennedy, C. /. (2012). *Guide to Energy Management, 7TH Edition.* Lilburn, Georgia: The Fairmont Press.

Thumann, A. (2008). *Guide to Energy Conservation, Ninth Edition.* Lilburn, Georgia: The Fairmont Press, Inc.

Turner, W. C. (2001). *Energy Management Handbook, Fourth Edition.* Lilburn, Georgia: The Farimont Press, Inc.

Wisconsin, C. o. (1990). *Energy Conservation Booklet for Small Commercial Buildings.* Madison, Wisconsin: University of Wisconsin.

Lección 18

Contribución de la conservación energética con los cambios climáticos

En esta lección presentamos la gran contribución que está ofreciendo la conservación energética al mundo y a los efectos del calentamiento global. Incluimos los objetivos de conservar energía y agua; los récords de incrementos de temperaturas en los últimos 15 años; el aumento del nivel de las aguas de los océanos, debido al derretimiento de la masa de las capas de hielo de algunas partes de los glaciares; la realidad del calentamiento global; Manifiesto Ambiental por el Papa Francisco; contribución de las Naciones Unidas y el Acuerdo de Paris; objetivos de la cumbre sobre la Acción Climática, ONU 2019; metas alineadas a lo largo de los Estados Unidos: Donal Trump ordena retiro del Acuerdo Climático de París; reunión de la 87th Conferencia de Alcaldes de los Estados Unidos para discutir Metas Energéticas y Climáticas, para comenzar los Modelos de Códigos Energéticos Americanos con un deslizamiento planificado para Edificios de Cero Energía para el 2050; preocupación de lideres y empresarios mundiales por los cambios climáticos y su apoyo a las Naciones Unidas, creando organizaciones filantrópicas y aportando capital para programas dirigidos a minimizar el calentamiento global; Joe Biden asume la presidencia de los Estados Unidos y promete reintegrar la nación americana al Acuerdo de París; resiliencia energética.

CALENTAMIENTO GLOBAL

El calentamiento global es el inusual incremento de la temperatura en la superficie de la tierra, por las emisiones de los gases invernadero producidos por los combustibles fósiles. La temperatura promedio en la superficie de la tierra subió de 0.6 a 0,9 grados Celsius (1.1 a 1.6 grados Fahrenheit), entre los años 1906 al 2005 (earthobservatory.nas.gov/Features/GlobalWarning, 2016), y la proporción de incremento en las temperaturas casi se ha duplicado en los últimos 50 años.

CONTRIBUCIÓN DE LA CONSERVACIÓN ENERGÉTICA CON LOS CAMBIOS CLIMÁTICOS

De acuerdo con las publicaciones de Energy Star, la energía utilizada en edificaciones comerciales es equivalente a un cuarto de todas las emisiones generadas en el mundo. Estas emisiones están asociadas directamente con los cambios climáticos y el calentamiento global.

Las emisiones totales que producen los gases invernadero, asociadas a los edificios comerciales están clasificadas en:

- **Emisiones directas.** Estas emisiones son producidas por combustibles directamente utilizados/ quemados en sus edificaciones. Por ejemplo, el gas natural utilizado para general calefacción, calentar agua, o cocinar los alimentos en una estufa

- **Emisiones indirectas.** Estas emisiones son producidas por la electricidad que se consume en nuestras edificaciones, cuando es producida por combustibles fósiles en las plantas generadoras de las compañías suministradoras de electricidad

También existen las Emisiones producidas por biomasas. Estas emisiones son producidas por combustibles biogénicos. Un ejemplo es la madera que produce una combustión cuando es quemada.
Las emisiones son calculadas multiplicando los valores del consumo de energía en las edificaciones, por los factores de emisión que producen los combustibles utilizados para general la energía.
Dióxido de carbono (CO_2), metano (CH_4), óxido nitroso (N_2O), son los principales gases que forman los efectos invernaderos emitidos a la atmosfera producidos por los combustibles fósiles y biomasas.

Para calcular la cantidad de las emisiones de gases invernadero tenemos que:

1. Tomar la cantidad de energía (facturada o medida) consumida en la edificación y convertir la unidad de cada combustible a BTU. Los combustibles consumidos en unidades de volumen o masa se convierten a energía utilizando el contenido calórico estándar

2. El total de la energía consumida por cada combustible es multiplicado por el factor equivalente de CO_2, el cual incorpora la referencia

potencial al calentamiento global de cada gas (CO_2=1, CH_4=25, y N_2O=298)

3. Las emisiones directas son agregadas y reportadas como emisiones métricas directas
4. Las emisiones directas son agregadas al total de la producción de gases invernadero

Factores de Emisiones de gases invernadero en los Estados Unidos	
Tipo de combustible	Emisiones CO_2 (kg/MBtu)
Gas natural	53.11
Gas propano	64.25
Petróleo (No. 1)	73.50
Petróleo (No. 1)	74.21
Petróleo (No. 1)	75.30
Petróleo (No. 1)	75.35
Petróleo (No. 1)	74.21
Gasoil	77.69
Querosín	77.69
Carbón (anthracite)	104.44
Carbón (bituminoso)	94.03
Coque	114.42

Tabla 18.1: Factores de Emisiones de Gases Invernadero en los Estados Unidos

OBJETIVOS PRINCIPALES DE CONSERVAR ENERGÍA Y AGUA

Unos de los principales objetivos de conservar energía y agua es que, además de ahorrar dinero para nuestros bolsillos, por cada kilovatio-hora de energía que dejemos de consumir, o por cada galón de gas, gasolina o cualquier producto derivado del petróleo que no usemos, o por cada galón de agua no desperdiciado, hacemos una gran contribución al planeta, pues contribuimos grandemente conservando los recursos naturales del ecosistema y disminuimos la contaminación ambiental, que está afectando grandemente nuestra generación y, por consiguiente, estamos causando graves peligros a nuestras generaciones futuras.

El calentamiento global está tocando todos los puntos del globo, en varias formas, y están afectando a la humanidad. ***Muchas personas no creen en este calentamiento de la Tierra***, pero los fenómenos naturales ocurridos en los últimos diez años, los incrementos de temperaturas en los últimos siete años, donde los récords se han roto, el incremento de los niveles de los océanos, debido al derretimiento del hielo de los glaciares, las catástrofes causadas por las fuertes tormentas de los últimos años son resultados tangibles de los cambios climáticos. Estas condiciones climáticas son supervisadas por la National Oceanic and Atmospheric Aministration (NOAA) (Administración Nacional Oceánica y de la Atmosfera) y la National Aeronautic and Space Administration (NASA) (Administración de Aeronáutica y el Espacio) de los Estados Unidos, la Organización Meteorológica Mundial (OMM) el Programa de las Naciones Unidas para el Medio Ambiente (PNUMA) y el Grupo Intergubernamental de Expertos sobre el Cambio Climático (IPCC)

RÉCORDS DE INCREMENTO DE TEMPERATURAS EN LOS ÚLTIMOS 15 AÑOS

Es de suma importancia destacar cómo las temperaturas promedias han ido en aumento en el siglo XXI, estableciendo récords de altas temperaturas en las superficies de la tierra y los océanos en los primeros veintiún años del siglo.

Para su información, ofrecemos algunos datos que afirman el calentamiento de la Tierra y los océanos en los últimos años. Estos datos han sido obtenidos de un reporte generado y publicado por NOAA.

La Administración Nacional Oceánica y de la Atmósfera de los Estados Unidos (NOAA) y la Administración Nacional de Aeronáutica y el Espacio (NASA) supervisan las condiciones climáticas de los Estados Unidos y el globo. Estas organizaciones mantienen conexiones con otras organizaciones similares en el mundo, que archivan los cambios de temperaturas diarias que ocurren en el planeta. Estas observan los cambios climáticos y analizan los cambios en temperaturas, los niveles de los océanos, los fenómenos naturales y las condiciones de los glaciares para un mejor entendimiento de las condiciones globales.

De acuerdo con NOAA, durante el mes de mayo de 2015, el promedio de las temperaturas de la superficie de la Tierra y los océanos, a nivel global, fue de 1.57°F (0.87°C), por encima del promedio del siglo XX. Esta fue la temperatura más alta registrada para el mes de mayo, desde que se están colectando los récords de temperaturas del 1880 al 2015. Estas temperaturas sobrepasaron el récord previo de 2014, por 0.14°F (0.08°C). El promedio global de la superficie de la tierra, en el mes de mayo, fue de 2.30°F (1.28°C), por encima del promedio registrado en el siglo XX. El promedio de las temperaturas en la superficie del mar fue de 1.30°F (0.72°C), por encima del promedio del siglo XX. Esta fue la temperatura más alta registrada para el mes de mayo, desde 1880 a 2015, sobrepasando el récord previo registrado en 2014, de 0.13°F (0.07°C).

Durante el mes de agosto de 2018, las temperaturas globales en las superficies de la Tierra y los océanos fueron de 1.33°F, por encima del promedio del siglo XX, que fue de 60.1°F, y la quinta más alta para el mes de agosto desde 1880 a 2018." ***Nueve de los diez agostos con temperaturas más calurosas en la tierra y los océanos han ocurridos desde el 2009"***, siendo los años 2014 a 2018 las más calientes en la historia, desde que se están recopilando los récords. El agosto más caliente que aparece en los récords ocurrió en 2016, con una temperatura promedio de 1.62°F, por encima de la normal. El mes de agosto del 1998 fue el único en el siglo XX que aparece dentro de los diez agostos más calientes en récord, clasificado como el séptimo más caliente de la historia, con un promedio de temperatura de 1.22°F, sobre lo normal. Agosto del 2018, también marcó el cuadragésimo segundo mes de agosto consecutivo y los cuatrocientos cuatro meses consecutivos que las temperaturas promedias fueron por encima de las temperaturas promedias del siglo XX.

AUMENTO DEL NIVEL DE LOS OCÉANOS DEBIDO AL DERRETIMIENTO DE LA MASA DE LAS CAPAS DE HIELO DE ALGUNAS PARTES DE LOS GLACIARES

De acuerdo con un artículo publicado por la **Academia de Ciencias Nacional (Publicado online por Eric Regnot en enero 14, 2019)** en el 2018, los niveles oceánicos han subido varios milímetros de altura por los derretimientos de los glaciares. Varias universidades, incluyendo la de Columbia e Institutos de Ciencias geo-científicas, han **compilado** datos obtenidos por satélites, y han producidos muchos cálculos estimados de las actividades y cambios de los glaciares en los últimos cuarenta años. En el 2018, estas entidades publicaron un artículo titulado "**Cuatro décadas del balance de las masas y capas de hielo de los glaciares del 1979 al 2017**" donde presentaron una serie de datos documentados en las actividades atmosféricas de los glaciares en los últimos cuarenta años.

Con esta publicación se comprueba cómo el derretimiento de hielo de los glaciares está afectando los niveles de los océanos y, por consiguiente, el nivel de los lagos y lagunas en muchas partes del mundo.

Los métodos utilizados fueron la evaluación del estado del balance de masa de las capas de hielo de las últimas cuatro décadas, usando datos precisos, tomados por satélites y mantenidos en récords de los modelos de climas atmosféricos, para documentar el impacto del incremento del nivel del mar.

PÉRDIDA DE MASA DE LA CAPA DE HIELO DEL ANTÁRTICO

De acuerdo con los datos publicados en este artículo, el total de pérdida de masa de las capas de hielo aumentó de 40 ± 9Gt/y en un periodo de 11 años, del 1979 al 1990; a 50 ± 14Gt/y, del 1989 al 2000; 166 ± 18Gt/y del 1999 al 2009; y 252 ± 26Gt/y del 2009 al 2017. El cambio en pérdida de masa refleja una aceleración de ± 94Gt/y por década, desde el 1979 hasta el 2017.
Gt/y = gigatonelada de masa de hielo por año.

CALENTAMIENTO GLOBAL UNA REALIDAD

Estos datos que enumeramos arriba son interesantes, porque confirman que el "**calentamiento global es una realidad**", ***no un mito como piensan muchos***, y es responsabilidad de cada ser humano educarse para proteger los recursos naturales y el medio ambiente.

Las Naciones Unidas y varias instituciones del mundo, incluyendo entidades gubernamentales, sociales, educativas, organizaciones filantrópicas y otras, están realizando muchos trabajos de investigación sobre los efectos del calentamiento global, planificación de reducción de los gases invernadero y concientización a la humanidad, con el fin de reducir la contaminación ambiental. A estas entidades tenemos que agregar a la Iglesia Católica, encabezada por el papa Francisco, quien expresó sus preocupaciones y recomendaciones para detener el calentamiento global en una encíclica, dirigida a la humanidad en el mes de junio de 2015. El papa Francisco hizo un llamado para hacer una revolución, con el objetivo de preservar la Tierra y salvarla de los cambios climáticos.

Queremos agregar algunas de las partes de un artículo publicado por la revista *Electric Light & Power*,por el editor Jeff Postelwait, en junio 19 de 2015, en el que se refiere a un llamado del papa Francisco. Además, recomendamos leer el libro "Laudato Si, ON CARE FOR OUR COMMON HOME", con el contenido de la Encíclica.

"Laudato Si (Alabado Seas Tu), En el Cuidado de nuestra Casa Común"

El 18 de junio de 2015, el papa Francisco hizo un llamado por una ***"Revolución"*****, para** preservar el planeta de los cambios climáticos.

El papa Francisco preparó un Manifiesto Ambiental, haciendo un llamado a las gentes del mundo a ser más cuidadosos con los recursos naturales y revertir los cambios climáticos. El documento oficial papal, titulado **"Laudato Si, En el Cuidado de nuestra Casa Común"** es una condenación de la poca atención que reciben las materias ambientales, como también un análisis bastante detallando de las realidades económicas y políticas que soporten el camino del progreso en la lucha contra los cambios climáticos.

"La Tierra, ahora nos está gritando por los daños que le hemos infligido y por nuestros usos y abusos irresponsables de los bienes por la cual Dios le ha dotado".

Nos hemos vistos nosotros mismos como los dioses y maestros, titulados a saquearla a nuestra voluntad.
"El movimiento ecológico, a través del mundo, ha tenido considerables progresos y encabezados por varias organizaciones comprometidas a levantar conciencia de estos retos. Lamentablemente, se ha comprobado que muchos de los esfuerzos realizados, buscando soluciones a la crisis ambiental, han sido ineficientes, no solo por las oposiciones poderosas, pero también por falta de interés en general."

Católicos y miembros de otras congregaciones frecuentemente son fuentes activas de oposición a los esfuerzos ambientales, sumándose a negarse de vivir responsablemente eludiendo una tarea moral.

"Actitudes obstruccionistas, hasta en la parte creyente, puede alcanzar de la negación de los problemas hasta la indiferencia, resignación indiferente o confidencias ciegas de soluciones técnicas".

Contaminación y desperdicio de energía son síntomas de una "*cultura desechable*," incluyendo cómo las contaminaciones dañinas causan millones de muertes prematuras.

La Tierra, nuestra casa, está comenzando a verse más y más como una inmensa pila de suciedad. Frecuentemente, ningunas medidas son tomadas hasta que la salud de las personas ha sido irreversiblemente afectada.

El clima de la tierra es un "bienestar común," existe un consenso científico sólido de las materias de los humanos, causantes de los cambios climáticos.

"Un llamado a la humanidad a reconocer la necesidad de cambiar el estilo de vida de producción y consumo para combatir este calentamiento o por lo menos las causas humanas que la producen o agravan."

"Un numero de estudios científicos indican que la mayoría del calentamiento global en las décadas recientes son por la gran concentración de los gases invernadero (dióxido de carbono, metano, óxido de nitrógeno y otros) esparcidos mayormente como resultado de las actividades humanas".

GRAN CONTRIBUCIÓN DE LAS NACIONES UNIDAS

Aplaudimos la gran contribución que están ofreciendo las Naciones Unidas, para detener la continuación del calentamiento global, tratando de reducirlo a niveles del siglo XX. Estas contribuciones se pueden notar con varias campañas informativas, a través de los países miembros y contribuciones económicas a los países con menos recursos económicos. Unas de las contribuciones más grande para el medio ambiente podrían ser **"El Acuerdo de París",** donde 195 naciones, de las 197 que forman el grupo de las Naciones Unidas, firmaron un acuerdo para unificar criterios y esfuerzos para reducir la contaminación ambiental y, por tanto, disminuir el calentamiento global.

ACUERDO DE PARÍS

El principal objetivo del Acuerdo de París es limitar el calentamiento de la Tierra, por debajo de 2°C anualmente. Paradójicamente, el consumo energético en el mundo está girando en una dirección errónea, debido a que el crecimiento de las demandas energéticas continuó creciendo en el 2018. De acuerdo con informaciones de la Agencia Internacional de Energía, estas demandas energéticas hicieron crecer la producción de dióxido de carbono, en una cifra récord de 33.1 gigantones, o sea un incremento de 1.7%.

El 12 de diciembre de 2015, se reunieron en París 195 países de las Naciones Unidas y adoptaron un acuerdo internacional para tratar acerca de los cambios climáticos, requiriendo un compromiso de todas las naciones, para reducir las producciones de emisiones en los países desarrollados y subdesarrollados. Antes de la conferencia, un grupo de países responsables del 97% de las emisiones globales sometieron sus obligaciones con el medioambiente.

Estos compromisos han sido preservados por 160 países con aceptación, aprobación y ratificación domésticas.

El acuerdo contiene requerimientos para mantener los países desarrollados responsables de sus compromisos y de ayudar a los países subdesarrollados, en construir economías bajas en carbonización y climas económicos resistentes.

Esto nos proporcionara una mejoría climática, más segura, en las décadas futuras. Los países participantes han acordado ayudar a fortalecer acciones nacionales, para asegurar que los compromisos corrientes sean cumplidos. El acuerdo también ayudaría a estimular grandes acciones para ciudades, estados, provincias, compañías e instituciones financieras.

OBJETIVOS DE LA CUMBRE SOBRE ACCIÓN CLIMÁTICA ONU 2019 CELEBRADA EN LA CIUDAD DE NEW YORK, el 23 DE SEPTIEMBRE de 2019

Cumbre sobre la Acción Climática ONU 2019
Texto de los objetivos publicados por la ONU

Las emisiones a nivel mundial están alcanzando unos niveles sin precedentes, que parecen que aún no han llegado a su cuota máxima. Los últimos cuatro años han sido los más calurosos de la historia, y las temperaturas invernales del Ártico han aumentado 3 °C, desde 1990. Los niveles del mar están subiendo, los arrecifes de coral se mueren y estamos empezando a ver el impacto fatal del cambio climático en la salud, a través de la contaminación del aire, las olas de calor y los riesgos en la seguridad alimentaria.

Los impactos del cambio climático se sienten en todas partes y están teniendo consecuencias muy reales en la vida de las personas. Las economías nacionales se están viendo afectadas por el cambio climático, lo cual hoy nos está costando caro y resultará aún más costoso en el futuro. Pero se empieza a reconocer que ahora existen soluciones asequibles y escalables que nos permitirán dar el salto a economías más limpias y resilientes.

Los últimos análisis indican que, si actuamos ya, podemos reducir las emisiones de carbono de aquí a 12 años, y frenar el aumento de la temperatura media anual, por debajo de los 2 °C, o incluso a 1,5 °C, por encima de los niveles preindustriales, según los datos científicos más recientes. Por suerte, contamos con el Acuerdo de París, un marco normativo visionario, viable y puntero que detalla exactamente las medidas a tomar para detener la alteración del clima e invertir su impacto. Sin embargo, este acuerdo no tiene sentido en sí mismo, si no se acompaña de una acción ambiciosa.

El Secretario General de la ONU, António Guterres, hizo un llamamiento a todos los líderes de las naciones, para que acudieran a Nueva York el 23 de septiembre, con **planes concretos y realistas, para mejorar sus contribuciones concretas a nivel nacional para el 2020, siguiendo la directriz de reducir las emisiones de gases de efecto invernadero en un 45 % en los próximos diez años y a cero para 2050**.

> ***Quiero que me informen sobre cómo vamos a frenar el aumento de las emisiones para el 2020 y cómo vamos a reducir las emisiones drásticamente para alcanzar cero emisiones en el 2050.***

Para que sean efectivos y fiables, estos planes no pueden enfrentarse a la reducción de forma aislada: deben mostrar una vía hacia la **transformación completa de las economías, siguiendo los objetivos de desarrollo sostenible**. No deberían generar ganadores y perdedores, ni aumentar la desigualdad económica. Tienen que ser justos, crear nuevas oportunidades y proteger a aquellos que se ven afectados por los impactos negativos, en el contexto de una transición justa. También deberían incluir a las mujeres como principales encargadas de la toma de decisiones: solo la toma de decisiones desde la diversidad de género es capaz de abordar las diferentes necesidades que surgirán en este próximo periodo de transformación fundamental.

La cumbre reunirá a gobiernos, sector privado, sociedad civil, autoridades locales y otras organizaciones internacionales, para desarrollar soluciones ambiciosas en seis áreas: la transición global hacia energías renovables; infraestructuras y ciudades sostenibles y resilientes; la agricultura y ordenación sostenible de nuestros océanos y bosques; la resiliencia y adaptación a los impactos climáticos; y la convergencia de financiación pública y privada con una economía de emisiones netas cero.

El sector empresarial está de nuestra parte. La aceleración de las medidas contra el cambio climático puede fortalecer nuestras economías y crear empleos, al mismo tiempo que genera un aire más limpio e impulsa la conservación de los hábitats naturales y la biodiversidad y la protección de nuestro medio ambiente.

Las nuevas tecnologías y las soluciones ofrecidas por la ingeniería ya producen energía a un coste menor que la economía basada en combustibles fósiles. La solar y la eólica son actualmente las fuentes de energía más baratas, en casi todas las principales economías. Pero debemos empezar ya a poner en marcha cambios radicales.

Esto significa acabar con las subvenciones a los combustibles fósiles y a la agricultura alta en emisiones, para promover el cambio hacia la energía renovable, los vehículos eléctricos y prácticas de agricultura inteligente. Significa fijar un precio del carbono que refleje su auténtico coste de emisiones, desde los riesgos climáticos, hasta los peligros para la salud que provoca la contaminación del aire. Y significa acelerar el cierre de las centrales de carbón, parar la construcción de nuevas, y reemplazar los puestos de trabajo con alternativas más saludables para que la transición sea justa, inclusiva y rentable.

CARPETAS DE ACCIÓN

Para asegurar que las acciones de transformación tengan el mayor impacto posible en la economía real, el secretario general ha priorizado las siguientes carteras de acción, las cuales tienen un alto potencial para frenar las emisiones de gases de efecto invernadero y una acción global para la adaptación y la resiliencia.

- **Finanzas:** movilización de fuentes de financiación públicas y privadas para impulsar la descarbonización de todos los sectores prioritarios y promover la resiliencia

- **Transición energética:** aceleración del cambio de combustibles fósiles hacia la energía renovable, además de la obtención de considerables ganancias en eficiencia energética

- **Transición industrial:** transformación de industrias como la petrolera, siderúrgica, química, cementera, del gas o de la tecnología de la información

- **Medidas basadas en la naturaleza:** reducción de emisiones, incremento de la capacidad de absorción y mejora de la resiliencia en silvicultura, agricultura, océanos y sistemas alimentarios, incluidos en la conservación de la biodiversidad, el impulso de cadenas de suministros y tecnología

- **Acción local y en ciudades:** avance de la mitigación y la resiliencia a nivel urbano y local, con un foco de especial atención en nuevos compromisos sobre edificios de bajas emisiones, transporte público e infraestructura urbana, y resiliencia para las personas pobres y vulnerables

- **Resiliencia y adaptación:** fomento de los esfuerzos globales para abordar y gestionar los impactos y riesgos del cambio climático, particularmente en las comunidades y naciones más vulnerables

Además, existen tres áreas clave adicionales:

- **Estrategia de mitigación:** impulsar las Contribuciones Determinadas a Nivel Nacional (CDN) y las estrategias a largo plazo, para conseguir las metas del Acuerdo de París

- **Compromiso de la juventud y movilización pública:** movilizar a las personas de todo el mundo, para que actúen contra el cambio climático, y asegurar que las personas jóvenes estén integradas y representadas en todos los aspectos de la cumbre, incluidas las seis áreas de transformación
- **Impulsores sociales y políticos:** avanzar en los compromisos dentro de las áreas que afectan al bienestar de la población, como la reducción de la contaminación del aire, la creación de puestos de trabajo dignos, el fortalecimiento de las estrategias de adaptación climática y la protección de los trabajadores y los grupos vulnerables

Las organizaciones están dándole prioridad a las prácticas de sostenibilidad, usando estrategias para disminuir los impactos que afectan el medioambiente. Para muchos empresarios, monitorear el uso energético es crítico, por lo que han adoptado iniciativas sostenibles, tomando en cuenta los equipos que utilizan para sus proyectos.

METAS ALINEADAS A LO LARGO DE LOS ESTADOS UNIDOS

Estados y ciudades han establecido compromisos a largo tiempo, para reducir las emisiones de gases invernadero hasta en un 90 % para el año 2050. Muchos Estados y líderes locales han desarrollado planes de acciones climáticas para describir objetivos y estrategias para alcanzar las metas de descarbonización.

Estos planes, a menudo, son informados por un inventario de emisiones de gases invernadero (Green House Gas, GHG), para contabilizar las emisiones atribuibles a varios sectores. Alineando el Rendimiento Estándar de los Edificios (Building Performance Standard, BPS), con los objetivos de la descarbonización, que pueden ayudar a asegurar que los estándares descritos, para los edificios produzcan la reducción necesaria para ayudar a alcanzar las jurisdicciones de las metas climáticas.

DONALD TRUMP ORDENA RETIRO DEL ACUERDO CLIMÁTICO DE PARÍS

Estados Unidos fue uno de los países que acordó firmar el Acuerdo de París en el 2015. Sin embargo, en el año 2016, Donald Trump fue electo a la presidencia y en junio de 2017 hizo que los Estados Unidos se retiraran del acuerdo firmado.

No todos los Estados y municipalidades estaban de acuerdo con este retiro, por lo que alcaldes de más de 230 ciudades dijeron "***nosotros todavía estamos dentro y continuaremos echando América hacia adelante***", y se mantuvieron trabajando y planificando para individualmente cumplir con los compromisos contraídos por la nación americana, con el Acuerdo de París.

LA 87° CONFERENCIA DE ALCALDES DE LOS ESTADOS UNIDOS SE REUNIÓ PARA DISCUTIR METAS ENERGÉTICAS Y CLIMÁTICAS, Y PARA COMENZAR LOS MODELOS DE CÓDIGOS ENERGÉTICOS AMERICANOS, CON UN DESLIZAMIENTO PLANIFICADO PARA EDIFICIOS DE CERO ENERGÍA PARA EL 2050

La octogésima séptima Conferencia de Alcaldes de los Estados Unidos reunió a más de 250 alcaldes de ciudades de los Estados Unidos, con más de 30,000 habitantes que emitieron una resolución, apoyando el Acuerdo Climático de París.

De acuerdo con los alcaldes, el despertar del Panel Internacional para Cambios Climáticos (IPCC), encontrando que nacionalmente tenemos que limitar el calentamiento global por 1.5 grados, para el 2030 evitará impactos catastróficos.

Los alcaldes de las ciudades americanas están unidos de la mano, montando esfuerzos de eficiencias energéticas, agrupándose en campañas como "Alcaldes Climáticos", "Retos de Ciudades Climáticas Americanas", "Ciudades LEAP", "Pacto Global de Alcaldes para un Cambio Climático", "Nosotros Todavía Estamos Dentro", "Alcaldes por 100% Energía Limpia", "Listo para 100", que son designadas a emplear una relación con medidas de la demanda y el suministro de energía para reducir las huellas de carbono.

Estos son algunas de las resoluciones emitidas:

"Considerando que las casas, edificios multi familiares, comerciales y gubernamentales americanas corrientemente son los mayores sectores consumidores de energía – utilizando 40% de la energía de la nación, 54% del gas natural y 70% de la electricidad – y el 39%, es la mayor fuente artificial de los gases invernadero; y"

"**Considerando,** que los códigos energéticos para edificios, ajustando los requerimientos de mínima eficiencia para todos las construcciones nuevas y residencias renovadas, edificios multi familiares y comerciales proveen medibles y permanentes ahorros energéticos y reducciones de emisiones de carbono sobre la envergadura de un siglo de vida de esas construcciones: y"

"**Considerando,** que los gobernantes locales juegan un rol esencial en el desarrollo, adopción y aplicación de los modelos de los códigos de energía, el Código Internacional de Conservación de Energía (International Energy Conservation Code, IECC), y"

"**Considerando,** que la participación de alcaldes en el desarrollo de IECC desde el 2008 ha levantado la eficiencia de la más reciente edición de IECC por casi 40% sobre la base del 2006, ahorrando miles de dólares en las facturas de energía a los propietarios e inquilinos de casas y edificios comerciales contabilizando por millones de toneladas de reducción de carbono, y"

"**Considerando,** que el éxito de la participación de los alcaldes en las recientes ganancias de eficiencia de las edificaciones, adjunto con el consolidado estándar son tan profundo que ellos son acreditados con la compensación de la combinación del crecimiento nacional industrial, comercial y residencial necesarios en la fuerte economía de hoy, rompiendo la necesidad histórica de nuevas plantas generadoras para satisfacer el crecimiento del Producto Interno Bruto (Gross Development Product, GDP), y"

"**Considerando,** que los alcaldes americanos tienen un fuerte récord de hacer un llamado a las ciudades, comunidades y al gobierno federal a tomar acción para reducir el carbono y otras emisiones de gases invernadero incorporados por la Conferencia del Acuerdo de Protección Climática de Alcaldes de Estados Unidos, y"

"Considerando, que en el despertar del Panel Internacional sobre Cambios Climáticos (International Panel on Climate Change, IPCC) encontrando que nacionalmente tenemos que limitar el calentamiento global por 1.5 grados para el 2030 para evitar impactos catastróficos. Los alcaldes de las ciudades americanas están unidos de la mano montando esfuerzos de eficiencias energéticas agrupándose en campañas como "Alcaldes Climáticos," "Retos de Ciudades Climáticas Americanas," Ciudades LEAP," "Pacto Global de Alcaldes para un Cambio Climático," "Nosotros Todavía Estamos Dentro," "Alcaldes por 100% Energía Limpia," "Listo para 100," que son designadas a emplear una relación con medidas de la demanda y el suministro de energía para reducir las huellas de carbono, y"

"**Considerando**, que desde el 2008 los alcaldes han apoyado las metas, principios y recomendaciones de eficiencia de una base amplia basado en Coalición de Códigos Eficientes de Energía (Energy Efficient Codes Coalition, EECC) quienes son partidarios incluyendo gobernantes; caseríos de bajos ingresos; organizaciones de eficiencia regionales, negocios y trabajadores; consumidores y grupos ambientalistas; arquitectos; manufactureros; y toda clase de utilidades".

AHORA, POR LO TANTO, YA SE HA RESUELTO que la Conferencia de Alcaldes de Estados Unidos realiza con urgencia de reconocer el Acuerdo de París y los objetivos de las pólizas de energía americanas para mejorar las eficiencias energéticas de las construcciones de residencias nuevas y existentes, edificios multi familiares, comerciales y gubernamentales.

LÍDERES Y EMPRESARIOS MUNDIALES PREOCUPADOS POR LOS CAMBIOS CLIMÁTICOS ESTÁN APOYANDO A LAS NACIONES UNIDAS, CREANDO ORGANIZACIONES FILANTRÓPICAS Y APORTANDO CAPITAL PARA PROGRAMAS DIRIGIDOS A MINIMIZAR EL CALENTAMIENTO GLOBAL

En 2018, Michael Bloomberg, ex alcalde de la Ciudad de New York, preocupado por las medidas tomadas del retiro de los Estados Unidos del Acuerdo de París, formó una organización filantrópica llamada **Retos Climáticos de las Ciudades Americanas**.

Esta iniciativa fue creada con soporte de otras organizaciones, para apoyar a los alcaldes, trabajando para alcanzar las metas del Acuerdo Climático de París. Siendo las ciudades responsables por más del 70 % de las emisiones globales de gases invernadero y los alcaldes tienen suficiente autoridad sobre los sectores emisivos (transportación y edificaciones) de los retos climáticos que apuntan a acelerar el impacto en esas dos áreas.

Los alcaldes de varias ciudades fueron invitados a proponer formas que significativamente profundizaran acelerar los esfuerzos para abordar el cambio climático y mejorar la vida de sus residentes. 70 millones de dólares fueron asignados para este programa y seleccionaron a 25 ciudades ganadoras, a las cuales les están proveyendo nuevos recursos poderosos y apoyo para ayudarlos a alcanzar sus metas.

MENSAJE DE BLOOMBERG

Esto es parte del mensaje de Bloomberg, que aparece en el prólogo de un manual preparado para el Reto Climático de las Ciudades Americanas. "El peligro del cambio climático está creciendo, pero nuestro momento para abordar este problema también está creciendo y las ciudades están lidereando el camino. Estamos trabajando duro en la Filantrópica Bloomberg para apoyar sus esfuerzos y ayudarlos aún más".

"Un año dentro del programa, las ciudades participantes en el **Reto Climático** están persiguiendo más de 170 pólizas y programas probados para reducir las emisiones. El esfuerzo de ellos, construyendo nuevos proyectos de energía renovable, modificando edificios viejos ineficientes, comprando autobuses y otros vehículos eléctricos para las ciudades, están proyectados colectivamente a reducir las emisiones de carbono, sobre 40 millones de toneladas métricas para el 2025. Eso es el equivalente a sacar 8.5 millones de carros de circulación. Esos esfuerzos son vitales para traer a los Estados Unidos cerca del compromiso al Acuerdo Climático de París, pero todavía tenemos mucho más que hacer. Esperamos que esto ayude a propagar el buen trabajo que las ciudades están haciendo e inspire a más comunidades a actuar audazmente".

OBJETIVO DEL PROGRAMA DE LAS 25 CIUDADES PARTICIPANTES EN EL RETO CLIMÁTICO DE LAS CIUDADES AMERICANAS

Las ciudades participantes tendrán que:

- **Hacer las metas reales del Acuerdo de París**. Los alcaldes y sus socios escalarán e implementarán soluciones probadas e innovaciones que ayudarán a la economía, protegerán la salud pública y mejorarán la calidad de vida de los ciudadanos

- **Pondrán el centro de atención en impactos elevados.** Las ciudades líderes enfocarán sus esfuerzos en los dos sectores que contribuyan más con las emisiones en las ciudades americanas: edificios y transportación. En casi cada ciudad grande de la nación americana, las edificaciones y transportación consumen mucha energía y son responsables de la mayoría contaminación de carbono que otros sectores totalizando el 80% de las emisiones a lo largo de la ciudad

- **Crear comunidades**. Las ciudades líderes tendrán acceso a líderes expertos quienes ayudarán a movilizar apoyo para acelerar acciones climáticas, agrupando los residentes, negocios y organizaciones comunitarias

- **Liderear un movimiento.** La red de 25 ciudades líderes empujará el único poder de aprendizaje colectivo y responsabilidad, proveerán visión y momentos para otros. Ellas servirán como modelos para el resto de América

- **Acarrear resultados.** Los alcaldes y sus equipos trabajaran con expertos entregados a dedicar y poner sus planes en práctica, comprometiendo departamentos de las ciudades, revisando evidencias de los progresos regularmente, innovando y produciendo, hasta que las metas sean cumplidas

JOE BIDEN ASUME LA PRESIDENCIA DE LOS ESTADOS UNIDOS Y PROMETE REINTEGRAR LA NACIÓN AMERICANA AL ACUERDO CLIMÁTICO DE PARÍS, Y CONTINUAR CON LOS PROGRAMAS DE EFICIENCIA ENERGÉTICA Y LA INSTALACIÓN DE SISTEMAS DE FUENTES RENOVABLES

En noviembre de 2020, Joe Biden gana las elecciones generales para la presidencia de los Estados Unidos y es juramentado como presidente el 20 de enero de 2021. Una de las promesas de campaña del presidente Biden fue reintegrar a los Estados Unidos a ser miembro del Acuerdo Climático de París, y continuar con los programas de eficiencia energéticas, la instalación de fuentes renovables y la reducción de los gases invernadero que contaminan el ambiente.

RESILIENCIA ENERGÉTICA

Interpretando algunas de las prioridades mencionadas por el secretario general de las Naciones Unidas en la Cartera de Acciones a ejecutarse, dentro del Acuerdo de París para asegurar que las acciones tengan el mayor impacto posible, queremos incluir el tema de la resiliencia energética.

Resiliencia es la capacidad de recuperarse frente a una adversidad en poco tiempo, en otras palabras, es la capacidad que tiene el ser humano para sobreponerse a circunstancias de adversidad o fenómenos naturales en su existencia.

En términos energéticos, la resiliencia es la forma de preparar un sistema que responda a las necesidades energéticas en tiempo de crisis o catástrofe de una forma efectiva.

Resiliencia energética es un diseño de ingeniería, en el cual se aplican conocimientos técnicos para asegurar que un sistema de emergencia energética funcione en momentos de catástrofes, de acuerdo con la intensión que fue diseñado, para ejercer una tarea o trabajo por la dirección requerida dentro de un ambiente dado. Esto incluye la habilidad del diseño de mantenimiento, prueba y durabilidad del producto o sistema a través del ciclo de vida útil.

Este método de resiliencia se aplica a los sistemas energéticos con un procedimiento de redundancia en una edificación o sistema para mantener la energía constantemente. Por lo regular se aplica en los lugares donde el uso de la energía es crítico. En los Estados

Unidos, los códigos nacionales eléctricos requieren que los hospitales, lugares asignados de refugios de emergencia, escuelas, centros de datos, centros comerciales y lugares públicos mantengan energía constantemente; en caso de que ocurra un desastre o una interrupción en las redes eléctricas, inmediatamente un sistema energizado por batería debe proveer energía a las luminarias de emergencia, computadoras y a otros equipos críticos que deben permanecer energizados las 24 horas del día. Los lugares asignados como refugio de emergencia, hospitales, recintos policiales y bomberos deben de tener un generador de emergencia con una capacidad de reserva energética de un mínimo de 72 horas de servicio.

De acuerdo con un artículo del código eléctrico americano, los generadores de emergencia deben estar conectados a un equipo de transferencia automática que encienda el generador y cambie del sistema eléctrico de las redes al sistema energético del generador en un máximo de diez segundos.

Grandes acuerdos y Firmas de Tratados de países del mundo en 2021 claves para dar seguimientos a la agenda del Acuerdo de París, las Eficiencias Energéticas y de gran valor para la humanidad con la contribución de los Cambios Climáticos

En los meses de octubre y noviembre de 2021 ocurrieron dos grandes eventos que van a aportar avances significativos al Acuerdo de París, las eficiencias energéticas y a la contribución de los cambios climáticos.

Estos eventos son:

- La Conferencia COP26 de la Naciones Unidas en Glasgow, Escocia, y
- La Firma del Histórico Acuerdo Bipartidista de Infraestructura en los Estados Unidos.

Antes de entrar en detalles acerca de COP26, queremos presentar breves informaciones del surgimiento de las Partes (COP) y de sus propósitos.

Surgimiento de la Conferencia de las Partes (COP)

En 1992, la ONU organizó un importante evento en Río de Janeiro llamado la Cumbre de la Tierra, en la que se adoptó la Convención Marco de las Naciones Unidas sobre el Cambio Climático (CMNUCC). En este tratado, las naciones acordaron "estabilizar las concentraciones de gases de efecto invernadero en la atmósfera" para evitar interferencias peligrosas de la actividad humana en el sistema climático.

El tratado entró en vigor en el 1994, siendo la primera reunión en Berlín, Alemania, en marzo de 1995; desde entonces la mayoría de los países que conforman la ONU se reúnen anualmente para cumbres climáticas globales o "COP", que significa "Conference of Parts en inglés y Conferencia de las Partes en español".
En 2021 debió haber sido la 27ª cumbre anual; sin embargo, por el Covid 19, fue retrasado un año, celebrándose la COP26.

Propósitos de la Conferencia de las Partes (COP)

La COP es el órgano supremo de adopción de decisiones de la Convención. Todos los Estados que son Partes están representados, en la que examinan la aplicación y cualquier otro instrumento jurídico que la COP adopte y adoptan las decisiones necesarias para promover la aplicación efectiva de la Convención, incluidos los arreglos institucionales y administrativos.

Una tarea clave para la COP es examinar las comunicaciones nacionales y los inventarios de emisiones presentados por las Partes. Sobre la base de esta información, evalúa los efectos de las medidas adoptadas por las Partes y los progresos realizados en el logro del objetivo último de la Convención.

La Presidencia de la COP rota entre las cinco regiones reconocidas de las Naciones Unidas, que son: África, Asia, América Latina y el Caribe, Europa Central y Oriental y Europa Occidental.

La Conferencia tiene el apoyo científico del Grupo Intergubernamental de Expertos sobre el Cambio Climático (IPCC), el Programa de las Naciones Unidas para el Medio Ambiente (PNUMA) y la Organización Meteorológica Mundial (OMM).

Grupo Intergubernamental de Expertos sobre el Cambio Climático (IPCC)

El Grupo Intergubernamental de Expertos sobre el Cambio Climático (Intergovernmental Panel on Climate Change (IPCC)) es el órgano de las Naciones Unidas para evaluar la ciencia relacionada con el cambio climático. Fue establecido por el Programa de las Naciones Unidas para el Medio Ambiente (PNUMA) y la Organización Meteorológica Mundial (OMM) en 1988 para proporcionar a los líderes políticos evaluaciones científicas periódicas sobre el cambio climático, sus implicaciones y riesgos, así como para proponer estrategias de adaptación y mitigación.

En el mismo año, la Asamblea General de las Naciones Unidas respaldó la acción de la OMM y el PNUMA de establecer conjuntamente el IPCC.

Miles de personas de todo el mundo contribuyen al trabajo del IPCC. Para los informes de evaluación, los científicos del IPCC ofrecen voluntariamente su tiempo para evaluar los miles de artículos científicos publicados cada año para proporcionar un resumen completo de lo que se conoce sobre los impulsores del cambio climático, impactos, riesgos futuros, y cómo la adaptación y la mitigación pueden reducir esos riesgos.

Al inicio de las Conferencias de las Partes (COP), el IPCC presenta un informe del estado del clima detallando las condiciones actuales, los eventos extremos, impactos importantes y recomendaciones para adaptación y mitigación de riesgos futuros.

Estado del Clima en 2021: Eventos extremos e impactos importantes

Un informe provisional sobre el estado del clima 2021, se publicó en una conferencia de prensa el día de apertura de la COP26. Este proporcionó los indicadores climáticos, como las concentraciones de gases de efecto invernadero, las temperaturas, el clima extremo, el nivel del mar, el calentamiento y la acidificación de los océanos, el retroceso de los glaciares y el derretimiento del hielo, así como los impactos socioeconómicos.

Fue uno de los informes científicos emblemáticos que anuncio a los negociadores y que se exhibió en el pabellón de ciencia organizado por la OMM, el Grupo

Intergubernamental de Expertos sobre el Cambio Climático y la Oficina Meteorológica del Reino Unido.
El informe fue preparado por la Organización Meteorológica Mundial (OMM), emitido el 31 de octubre de 2021 en Ginebra. En esta se confirma que las concentraciones récord de gases de efecto invernadero en la atmósfera y el calor acumulado asociado han impulsado al planeta a un territorio desconocido, con repercusiones de gran alcance para las generaciones actuales y futuras.

Este, combina aportaciones de múltiples organismos de las Naciones Unidas, servicios meteorológicos e hidrológicos nacionales y expertos científicos. Además, destaca los impactos en la seguridad alimentaria y el desplazamiento de la población, dañando ecosistemas cruciales y socavando el progreso hacia los Objetivos de Desarrollo Sostenible.
De acuerdo con la OMM los últimos siete años van encaminados a ser los siete más cálidos registrados, según el informe provisional sobre el estado del clima mundial 2021, **basado en datos de los** primeros nueve meses de 2021.

Un evento de enfriamiento temporal "La Niña" a principios de año significa que se espera que 2021 sea "solo" el quinto al séptimo año más cálido registrado. Pero esto no niega ni revierte la tendencia a largo plazo del aumento de las temperaturas.

El aumento global del nivel del mar se aceleró desde 2013 a un nuevo máximo en 2021, con el calentamiento continuo de los océanos y la acidificación de los océanos.
António Guterres, secrétario general de las Naciones Unidas apunto que "El informe se basa en las últimas

pruebas científicas para mostrar cómo **nuestro planeta está cambiando ante nuestros ojos**. Desde las profundidades del océano hasta las cimas de las montañas, desde el derretimiento de los glaciares hasta los implacables eventos climáticos extremos, los ecosistemas y las comunidades de todo el mundo están siendo devastados. Dijo que la COP26 debe ser un punto de inflexión para las personas y el planeta". Se refirió a que "Los científicos son claros en los hechos. Ahora los líderes deben ser igual de claros en sus acciones. La puerta está abierta; las soluciones están ahí. La COP26 debe ser un punto de inflexión. Debemos actuar ahora, con ambición y solidaridad, para salvaguardar nuestro futuro y salvar a la humanidad".

También, el secretario general de la Organización Meteorológica Mundial (OMM), Prof. Petteri Taalas expresó que "Llovió, en lugar de nevar, por primera vez en el pico de la capa de hielo de Groenlandia. Los glaciares canadienses sufrieron un rápido derretimiento. Una ola de calor en Canadá y partes adyacentes de los Estados Unidos llevó las temperaturas a casi 50 °C en un pueblo de columbia británica. Death Valley, California alcanzó los 54,4 °C durante una de las múltiples olas de calor en el suroeste de los Estados Unidos, mientras que muchas partes del Mediterráneo experimentaron temperaturas récord. El calor excepcional a menudo iba acompañado de incendios devastadores". Señaló que los "Meses de lluvia cayeron en el espacio de horas en China y partes de Europa vieron graves inundaciones, lo que provocó docenas de víctimas y miles de millones en pérdidas económicas. Un segundo año consecutivo de sequía en América del Sur subtropical redujo el flujo de poderosas cuencas fluviales y golpeó la agricultura, el transporte y la producción de energía".

Enfatizó en que "Los eventos extremos son la nueva norma", que "Existe una creciente evidencia científica de que algunos de estos llevan la huella del cambio climático inducido por el hombre".

"Al ritmo actual de aumento en las concentraciones de gases de efecto invernadero, veremos un aumento de la temperatura para fines de este siglo muy por encima de los objetivos del Acuerdo de París de 1,5 a 2 grados centígrados por encima de los niveles preindustriales". "La COP26 es una oportunidad para volver a encarrilarnos".

MENSAJES CLAVES DEL INFORME

El informe incluye los siguientes datos afirmando los cambios ocurridos en las condiciones climáticas en 2021. **Gases de efecto invernadero.** En 2020, las concentraciones de gases de efecto invernadero alcanzaron nuevos máximos. Los niveles de dióxido de carbono (CO_2) fueron de 413,2 partes por millón (ppm), metano (CH_4) a 1889 partes por billón (ppb)) y óxido nitroso (N_2O) a 333,2 ppb, respectivamente, 149%, 262% y 123% de los niveles preindustriales. El aumento ha continuado en 2021.

Temperaturas. La temperatura media global para 2021 (basada en datos de enero a septiembre) fue de aproximadamente 1,09 ° C por encima del promedio de 1850-1900. Actualmente, los seis conjuntos de datos utilizados por la OMM en el análisis sitúan a 2021 como el sexto o séptimo año más cálido registrado a nivel mundial, pero la clasificación puede cambiar a finales de año. Sin embargo, es probable que 2021 esté entre el 5° y 7° año más cálido registrado siendo 2015 a 2021 los siete años más cálidos registrados.

2021 fue menos cálido que los últimos años debido a la influencia del fenómeno climático *La Niña* a principios de año con efecto de enfriamiento temporal sobre la temperatura media global. La huella de La Niña se vio claramente en el Pacífico tropical en 2021.

Océano. Alrededor del 90% del calor acumulado en el sistema de la Tierra se almacena en el océano, y se mide a través del contenido de calor del océano. La profundidad superior de 2000 m del océano continuó calentándose en 2019 alcanzando un récord. Un análisis preliminar basado en siete conjuntos de datos globales sugiere que 2020 superó ese récord. Todos los conjuntos de datos coinciden en que las tasas de calentamiento oceánico muestran un aumento particularmente fuerte en las últimas dos décadas y se espera que continúe calentándose en el futuro.

Gran parte del océano experimentó al menos una "fuerte" ola de calor marina en algún momento de 2021, con la excepción del Océano Pacífico ecuatorial oriental (debido a La Niña) y gran parte del Océano Austral. El mar de Laptev y Beaufort en el Ártico experimentó olas de calor marinas "severas" y "extremas" de enero a abril de 2021.
El océano absorbe alrededor del 23% de las emisiones anuales de CO_2 antropogénico a la atmósfera y, por lo tanto, se está volviendo más ácido. El pH de la superficie del océano abierto ha disminuido a nivel mundial en los últimos 40 años y ahora es el más bajo en al menos 26,000 años. Las tasas actuales de cambio de pH no tienen precedentes desde al menos ese momento. A medida que el pH del océano disminuye, su capacidad para absorber CO_2 de la atmósfera también disminuye.

Nivel del mar. Los cambios en el nivel medio global del mar son el resultado principal del calentamiento del océano a través de la expansión térmica del agua de mar y el derretimiento del hielo terrestre.
Medido desde principios de la década de 1990 por satélites altímetro de alta precisión, el aumento medio del nivel del mar medio mundial fue de 2,1 mm por año entre 1993 y 2002 y de 4,4 mm por año entre 2013 y 2021, un aumento de un factor de 2 entre los períodos.

Esto se debió principalmente a la pérdida acelerada de masa de hielo de los glaciares y las capas de hielo.

Hielo marino. El hielo marino del Ártico estaba por debajo del promedio de 1981-2010 en su máximo en marzo. La extensión del hielo marino luego disminuyó rápidamente en junio y principios de julio en las regiones del Mar de Laptev y el Mar de Groenlandia Oriental. Como resultado, la extensión del hielo marino en todo el Ártico fue récord en la primera quincena de julio. Hubo entonces una desaceleración en el derretimiento en agosto, y la extensión mínima de septiembre (después de la temporada de verano) fue mayor que en los últimos años en 4,72 millones de km^2. Fue la 12ª extensión mínima de hielo más baja en el registro satelital de 43 años, muy por debajo del promedio de 1981-2010. La extensión del hielo marino en el Mar de Groenlandia Oriental fue un mínimo histórico por un amplio margen.
La extensión del hielo marino antártico fue generalmente cercana al promedio de 1981-2010, con una extensión máxima temprana alcanzada a fines de agosto.

Glaciares y capas de hielo. La pérdida de masa de los glaciares de América del Norte se aceleró en las últimas dos décadas, casi duplicándose para el período 2015-2019 en comparación con 2000-2004. Un verano excepcionalmente cálido y seco en 2021 en el oeste de América del Norte tuvo un costo brutal en los glaciares de montaña de la región. La extensión del derretimiento de la capa de hielo de Groenlandia estuvo cerca del promedio a largo plazo hasta principios del verano. Pero las temperaturas y esparcimiento de agua de deshielo estuvieron muy por encima de lo normal en agosto de

2021 como resultado de una gran incursión de aire cálido y húmedo a mediados de agosto.
El 14 de agosto, se observó lluvia durante varias horas en Summit Station, el punto más alto de la capa de hielo de Groenlandia (3,216 m), y las temperaturas del aire permanecieron por encima del punto de congelación durante aproximadamente nueve horas. No hay un informe previo de lluvias en Summit. Es la tercera vez en los últimos nueve años que la Cumbre experimenta condiciones de fusión. Los registros del núcleo de hielo indican que sólo un evento de derretimiento de este tipo ocurrió en el siglo 20.

Clima extremo. El informe provisional fue acompañado de un mapa (no mostrado en este libro) interactivo en el que se destaca la información proporcionada por los Miembros sobre los acontecimientos extremos a los que se enfrentaron de enero a agosto.
Olas de calor excepcionales afectaron el oeste de América del Norte durante junio y julio, con muchos lugares rompiendo récords de estaciones de 4 °C a 6 °C y causando cientos de muertes relacionadas con el calor. Lytton, en el centro-sur de la Columbia Británica, alcanzó los 49,6 °C el 29 de junio, rompiendo el récord nacional canadiense anterior en 4,6 °C y fue devastada por el fuego al día siguiente.

También hubo múltiples olas de calor en el suroeste de los Estados Unidos. Death Valley, California alcanzó los 54.4 °C el 9 de julio, igualando un valor similar en 2020 como el más alto registrado en el mundo desde al menos la década de 1930. Fue el verano más caluroso registrado en promedio sobre los Estados Unidos continentales.

Hubo numerosos incendios forestales importantes. El incendio de Dixie en el norte de California, que comenzó el 13 de julio, había quemado unas 390.000 hectáreas para el 7 de octubre, el mayor incendio registrado en California. El calor extremo afectó a la región mediterránea más amplia. El 11 de agosto, una estación agrometeorológica en Sicilia alcanzó los 48,8 °C, un récord europeo provisional, mientras que Kairouan (Túnez) alcanzó un récord de 50,3 °C. Montoro (47,4 °C) estableció un récord nacional para España el 14 de agosto, mientras que el mismo día Madrid tuvo su día más caluroso registrado con 42,7 °C.

El 20 de julio, Cizre (49,1 °C) estableció un récord nacional turco y Tbilisi (Georgia) tuvo su día más caluroso registrado (40,6 °C). Se produjeron grandes incendios forestales en muchas partes de la región, con Argelia, el sur de Turquía y Grecia especialmente afectados.
Las condiciones anormalmente frías afectaron muchas partes del centro de los Estados Unidos y el norte de México a mediados de febrero. Los impactos más severos fueron en Texas, que generalmente experimentó sus temperaturas más bajas desde al menos 1989. Un brote anormal de frío de primavera afectó a muchas partes de Europa a principios de abril.

Precipitación. Las precipitaciones extremas afectaron a la provincia china de Henan del 17 al 21 de julio. La ciudad de Zhengzhou recibió el 20 de julio 201,9 mm de lluvia en una hora (un récord nacional chino), 382 mm en 6 horas y 720 mm para el evento en su conjunto, más que su promedio anual. Las inundaciones repentinas se relacionaron con más de 302 muertes, con pérdidas económicas reportadas de US $ 17.7 mil millones. Europa occidental experimentó algunas de sus inundaciones más graves registradas a mediados de julio. Alemania occidental y el este de Bélgica recibieron de 100 a 150 mm en una amplia área los días 14 y 15 de julio sobre un terreno ya saturado, causando inundaciones y deslizamientos de tierra y más de 200 muertes. La precipitación diaria más alta fue de 162,4 mm en Wipperfürth-Gardenau (Alemania).

Las persistentes precipitaciones por encima del promedio en la primera mitad del año en partes del norte de América del Sur, particularmente en la cuenca norte del Amazonas, provocaron inundaciones significativas y de larga duración en la región. El Río Negro en Manaos (Brasil) alcanzó su nivel más alto registrado. Las inundaciones también afectaron partes de África oriental, y Sudán del Sur se vio particularmente afectado.

Una sequía significativa afectó a gran parte de América del Sur subtropical por segundo año consecutivo. Las precipitaciones fueron muy por debajo del promedio en gran parte del sur de Brasil, Paraguay, Uruguay y el norte de Argentina. La sequía provocó importantes pérdidas agrícolas, exacerbadas por un brote de frío a fines de julio, que dañó muchas de las regiones cafetaleras de Brasil. Los bajos niveles de los ríos también redujeron la producción hidroeléctrica e interrumpieron el transporte fluvial.

Los 20 meses de enero de 2020 a agosto de 2021 fueron los más secos registrados para el suroeste de los Estados Unidos, más del 10% por debajo del récord anterior. La producción pronosticada de cultivos de trigo y canola para Canadá en 2021 es de 30 a 40% por debajo de los niveles de 2020. Una crisis de desnutrición asociada con la sequía se apoderó de partes de la isla de Madagascar, en el océano Índico.

CONFERENCIA COP26 EN GLASGOW, ESCOCIA DEL 25 DE OCTUBRE AL 13 DE NOVIEMBRE DEL 2021

Esta conferencia se caracterizó por varios acuerdos firmados por la mayoría de las naciones que componen las Naciones Unidas donde casi la totalidad acordó comprometerse con la agenda de reducción de la producción de gases invernadero para mantener el incremento de las temperaturas por debajo de 1.5 °C para el periodo 2030 y 2050. Algunos representantes de los países miembros y muchos críticos que le dieron seguimiento a esta conferencia consideraron que no se obtuvieron los resultados deseados; pero particularmente, *creemos que los acuerdos que se firmaron arrojarán resultados positivos en corto tiempo.*

Informaciones publicadas por las Naciones Unidas señalan que, al concluir la conferencia, los países acordaron acelerar la acción durante "esta década decisiva" para reducir las emisiones globales a la mitad, para alcanzar el objetivo de temperatura de 1,5 °C, como se describe en el histórico Acuerdo de París de 2015.

El documento final de la COP26, conocido como el Pacto Climático de Glasgow, pide a 197 países que presenten planes de acción nacionales más fuertes para acciones climáticas más ambiciosas el próximo año, además de la fecha límite de 2025 establecida en el cronograma original, en la COP27, que está programada para tener lugar en Egipto.

Según la ONU, Glasgow señaló "un cambio acelerado de los combustibles fósiles hacia la energía renovable". El pacto exige una eliminación gradual del carbón y una eliminación gradual de los subsidios a los combustibles fósiles, "dos cuestiones claves que nunca se habían mencionado explícitamente en una decisión en las conversaciones sobre el clima, a pesar de que el carbón, el petróleo y el gas son los impulsores clave del calentamiento global".
Otro resultado impactante del pacto de Glasgow fue el llamamiento a duplicar la financiación para apoyar a los países en desarrollo con la adaptación a los impactos del cambio climático.

En respuesta a ese llamado varios de los **países desarrollados acordaron duplicar sus fondos colectivos para financiar y ayudar algunos de los proyectos de los países pobres**. Sin embargo, algunos de los representantes de países pobres han expresado su escepticismo y descontento porque la mayoría son compromisos voluntarios que no les garantiza la ayuda que necesiten para afrontar las dificultades que puedan ocasionar los fenómenos naturales ocurrentes debido a los cambios climáticos y poder efectuar una resiliencia adecuada que les permita restablecer los daños en el menor tiempo posible.

Un artículo publicado el 14 de noviembre de 2021 por Georgina Rannard en el BBC News obtenido en **www.bbc.com** titulado El Acuerdo Climático **"no evitará que nos ahoguemos"** expresiones de algunos activistas de las regiones más amenazadas por el cambio climático donde hablaron con la BBC sobre lo que ese pacto realmente significa para ellos.

En su mayoría expresaron pesimismo en torno a los resultados de la cumbre y explicaron emotivamente sus temores de que esos acuerdos políticos no son suficientes para salvar sus hogares y sus culturas. Según Elizabeth Kité líder de la juventud en Nuku'alofa, Tonga, el acuerdo no hace lo suficiente para salvar a su hogar en las islas del Pacífico de quedar sumergido en el océano. Kité dijo estar frustrada por lo que cree que es una **falta de urgencia** y de acciones inmediatas apuntando que "Es como si los países ricos estuvieran diciendo, Sí, dejaremos que las islas desaparezcan y trataremos de encontrar una solución a lo largo del camino".

Declaración del secretario general Antonio Guterres sobre la conclusión de la Conferencia de las Naciones Unidas sobre el Cambio Climático COP26

Estamos incluyendo las declaraciones del secretario general de la ONU al concluir la conferencia el 13 de noviembre de 2021 porque apunta directamente el consenso establecido entre las Partes y describe algunos de los logros establecidos. Agradeció a los anfitriones—el gobierno del Reino Unido y el pueblo de Glasgow—por su tremenda hospitalidad y expreso lo siguiente:

"Esta fue una conferencia extremadamente desafiante. Han demostrado una notable experiencia en el logro de consensos entre las partes, agradezco a Patricia Espinosa y a todos mis colegas del equipo de Cambio Climático de las Naciones Unidas.
Expreso mi gratitud a todos los delegados, y a todos los que están en el exterior, que han presionado a esta CP para que cumpla.

Los textos aprobados son un compromiso, reflejan los intereses, las condiciones, las contradicciones y el estado de la voluntad política en el mundo de hoy. Dan pasos importantes, pero lamentablemente la voluntad política colectiva no fue suficiente para superar algunas contradicciones profundas.

Como dije en la apertura, debemos acelerar la acción para mantener vivo el objetivo de 1,5 grados. Nuestro frágil planeta pende de un hilo.

Seguimos llamando a la puerta de la catástrofe climática, es hora de entrar en modo de emergencia, o nuestra posibilidad de alcanzar el cero neto será en sí misma cero. Reafirmo mi convicción de que debemos poner fin a las subvenciones a los combustibles fósiles. Eliminación gradual del carbón y poner un precio al carbono.
Construir la resiliencia de las comunidades vulnerables frente a los impactos aquí y ahora del cambio climático.
Cumplir con el compromiso de financiamiento climático de $ 100 mil millones para apoyar a los países en desarrollo.

No logramos estos objetivos en esta conferencia, pero tenemos algunos bloques de construcción para el progreso.

Compromisos para poner fin a la deforestación, reducir drásticamente las emisiones de metano, movilizar la financiación privada en torno a cero netos.

Los textos de hoy reafirman la determinación hacia la meta de 1.5 grados. Impulsar el financiamiento climático para la adaptación, reconocer la necesidad de fortalecer el apoyo a los países vulnerables que sufren daños climáticos irreparables.

Por primera vez alientan a las instituciones financieras internacionales a considerar las vulnerabilidades climáticas en el apoyo financiero concesional y otras formas de apoyo, incluidos los Derechos Especiales de Giro.

Finalmente cerrar el libro de reglas de París con un acuerdo sobre los mercados de carbono y la transparencia. Estos son pasos bienvenidos, pero no son suficientes. La ciencia nos dice que la prioridad absoluta debe ser la reducción rápida, profunda y sostenida de las emisiones en esta década; específicamente, un recorte del 45% para 2030 en comparación con los niveles de 2010.

Pero el conjunto actual de Contribuciones Determinadas a nivel Nacional, incluso si se implementa por completo, aún aumentará las emisiones esta década en un camino que claramente nos llevará a más de 2 grados para fines de siglo en comparación con los niveles preindustriales.

Acojo con satisfacción el acuerdo entre Estados Unidos y China aquí en Glasgow, que, al igual que el texto de hoy, se compromete a acelerar la acción para reducir las emisiones en la década de 2020.

Para ayudar a reducir las emisiones en muchas otras economías emergentes, necesitamos construir coaliciones de apoyo que incluyan países desarrollados, instituciones financieras y aquellos con conocimientos técnicos. Esto es crucial para ayudar a cada uno de esos países emergentes a acelerar la transición del carbón y acelerar la ecologización de sus economías.

La asociación con Sudáfrica anunciada hace unos días es un modelo para hacer precisamente eso.
Quiero hacer un llamamiento especial para nuestra labor futura en relación con la adaptación y la cuestión de las pérdidas y los daños. La adaptación no es un tema tecnocrático; es de vida o muerte.

Una vez fui primer ministro de mi país, y me imagino hoy en la piel de un líder de un país vulnerable. Las vacunas contra la COVID-19 son escasas, mi economía se está hundiendo, la deuda está aumentando, los recursos internacionales para la recuperación son completamente insuficientes.

Mientras tanto, aunque menos contribuimos a la crisis climática, sufrimos más y cuando otro huracán devasta mi país, el tesoro está vacío.
Proteger a los países de los desastres climáticos no es caridad. Es solidaridad e interés propio ilustrado.

Hoy tenemos otra crisis climática. Un clima de desconfianza está envolviendo nuestro mundo, la acción climática puede ayudar a reconstruir la confianza y restaurar la credibilidad. Eso significa finalmente cumplir con el compromiso de financiamiento climático de $ 100 mil millones para los países en desarrollo.

No más pagarés, significa medir el progreso, actualizar los planes climáticos cada año y aumentar la ambición. Convocaré una cumbre mundial de balance a nivel de jefes de Estado en 2023.

Significa, más allá de los mecanismos ya establecidos en el Acuerdo de París, establecer estándares claros

para medir y analizar los compromisos netos cero de los actores no estatales.
Crearé un Grupo de Expertos de Alto Nivel con ese objetivo.

Finalmente, quiero cerrar con un mensaje de esperanza y determinación a los jóvenes, a las comunidades indígenas, a las mujeres líderes, a todos los que lideran el ejército de acción climática. Sé que muchos de ustedes están decepcionados, el éxito o el fracaso no es un acto de la naturaleza, está en nuestras manos.
El camino del progreso no siempre es una línea recta, a veces hay desvíos y a veces hay zanjas.

Como dijo el gran escritor escocés Robert Louis Stevenson: "No juzgues cada día por lo que cosechas, sino por las semillas que siembras". Tenemos muchas más semillas para plantar a lo largo del camino.
No llegaremos a nuestro destino en un día o en una conferencia, pero sé que podemos llegar allí, estamos en la lucha de nuestras vidas, nunca te rindas, nunca te retires, sigue avanzando."

Nuestro punto de vista acerca de la Cumbre del Clima de Glasgow (COP26)

Pacto Climático de Glasgow

Dando seguimiento a los acuerdos firmados en el **"Pacto Climático de Glasgow"** por los 197 países que participaron en la Cumbre del Clima de Glasgow (COP26) creemos que los resultados de los acuerdos serán positivos y continuarán beneficiando al planeta en términos de mantener el incremento del calentamiento global a niveles alrededor de 1.5 °C acordado en Paris en 2015. Aunque, un informe de la ONU dice que las ultimas actualizaciones de los compromisos nacionales indican que se han logrado algunos avances, pero que no ha sido suficiente, pronosticando un aumento considerable de alrededor de 13.7 %, en las emisiones globales de efecto invernadero en 2030 en comparación con 2010.

Opinamos que se está progresado porque muchos de los países están tomando en serio la peligrosidad de los cambios climáticos, recalculando y sometiendo a la conferencia nuevos cálculos con posibles reducciones de emisiones de carbono en 2030.

Creemos en este Pacto Climático de Glasgow, porque los acuerdos firmados toman tiempo para obtener los resultados deseados, tal como señaló el secretario de la ONU cuando dijo que no se llegará al destino en un día o en una conferencia, la historia nos dice que a pesar de que algunos países no cumplen el compromiso 100 %, se ha conseguido un gran avance desde que se iniciaron los tratados en Viena en 1985 donde se adoptó un Convenio para proteger la Capa de

Ozono y controlar las sustancias que causan el incremento de la contaminación ambiental.

Creemos en este pacto, tomando como base la Convención de Viena que sirvió como marco para los esfuerzos para proteger la capa de ozono del mundo. El Convenio de Viena fue el precursor del Protocolo de Montreal y no exigió que los países adoptaran medidas concretas para controlar las sustancias que agotan la capa de ozono. Sin embargo, los países del mundo acordaron el Protocolo de Montreal relativo a las **sustancias que agotan la capa de ozono en el marco del Convenio**, para promover ese objetivo.

El Protocolo de Montreal a través del tiempo con sus modificaciones efectuadas varias veces ha sido un éxito y un gran aporte a la humanidad, mejorando la capa de ozono después de la reducción de uso y eliminación de producción de varias sustancias responsables de agotar la capa de ozono estratosférica.

Protocolo de Montreal Primer Convenio Internacional sobre el Medio Ambiente

El Protocolo de Montreal es un tratado internacional que fue diseñado para proteger la capa de ozono mediante la eliminación gradual de la producción de numerosas sustancias que son responsables del agotamiento de la capa de ozono. Firmado el 16 de septiembre de 1987 entrando en vigor el 1 de enero de 1989, siendo el primer paso en los esfuerzos internacionales para proteger el ozono estratosférico.
En el Acuerdo original los países desarrollados debían comenzar a eliminar gradualmente los clorofluorocarbonos (CFC) en 1993 y lograr una reducción del 20 por ciento en relación con los niveles de consumo de 1986 para 1994 y una reducción del 50 por ciento para 1998. Además, se exigió a los países desarrollados que congelaran su producción y consumo de halones en relación con sus niveles de 1986.

Después de la firma, nuevos datos mostraron daños peores de lo esperado a la capa de ozono. Desde entonces el Convenio ha sido sometido a nueve revisiones y las Partes ha sido enmendado para permitir, entre otras cosas, el control de los nuevos productos químicos y la creación de un mecanismo financiero que permita a los países en desarrollo cumplirlo. Se incluyó una disposición de ajuste única que permite a las Partes en el Protocolo responder rápidamente a la nueva información científica y acordar acelerar las reducciones requeridas en los productos químicos ya cubiertos por el Protocolo. Los ajustes son automáticamente aplicables a todos los países que ratificaron el Protocolo.

En 1992, las Partes en el Protocolo decidieron modificar los términos del acuerdo de 1987 para poner fin a la producción de halones para 1994 y de Clorofluorocarbonos (CFC) para 1996 en los países desarrollados.

¡Resultados Tangibles de Éxitos que son Frutos del Protocolo de Montreal!

"Reducción al mínimo y casi la eliminación mundial de las sustancias que agotan la capa de ozono (SAO)."

"Se espera que la plena implementación del Protocolo de Montreal prevenga 443 millones de casos de cáncer de piel y 63 millones de casos de cataratas solo en los Estados Unidos."

"Los científicos proyectan que del 2060-2075 la capa de ozono estratosférico se recuperará a niveles anteriores a 1980."

El Departamento de Protección Ambiental de los Estados Unidos (EPA) anuncio en su portal **https://www.epa.gov/ozone-layer-protection-milestones-clean-air-act** la celebración de un hecho histórico que marca efectos tangibles que son productos del Protocolo de Montreal. El anuncio titulado "**Garantizar la protección del ozono para las generaciones futuras**" señala los pasos y resultados obtenidos desde que se comenzaron a aplicar medidas para cumplir con los compromisos acordados en este acuerdo.

Estos son algunos de los señalamientos de EPA en el anuncio para Garantizar la protección del Ozono para las generaciones futuras:

"2020 fue un año histórico para la protección de la capa de ozono en los Estados Unidos. En los treinta años transcurridos desde que el Congreso enmendó la Ley de Aire Limpio (Clean Air Act, CAA) para agregar el Título VI: Protección del ozono estratosférico, la EPA ha trabajado con muchos socios para desarrollar e implementar enfoques flexibles, innovadores y efectivos para **eliminar gradualmente las sustancias que agotan el ozono (SAO)** y curar la capa de ozono. Al restaurar la capa de ozono, reducimos los riesgos de cáncer de piel y cataratas.

Las sustancias que agotan la capa de ozono se han utilizado en muchas aplicaciones domésticas, industriales y militares. En respuesta a la preocupación significativa por nuestra capa de ozono, a través del Protocolo de Montreal y el **Título VI de la Ley de Aire Limpio (Clean Air Act, CAA), los Estados Unidos** han estado sustituyendo las

SAO por alternativas más **seguras.** Al mismo tiempo, la demanda mundial de tecnologías de refrigeración y la refrigeración en si continúa expandiéndose. La mayoría de las transiciones a alternativas más seguras han sido perfectas para los consumidores que usan estos productos en su vida diaria.

Hoy en día, vemos señales de que la capa de **ozono** se está curando. Se espera que la plena implementación del Protocolo de Montreal prevenga 443 millones de casos de cáncer de piel y 63 millones de casos de cataratas solo en los Estados Unidos. Este notable éxito, que se puede explorar en nuestra *línea de tiempo* de Descubrimiento a Recuperación, se debe a los logros importantes y cooperativos que continúan siendo realizados por personas, programas y organizaciones que trabajan juntas para proteger la capa de ozono de la Tierra."

Debido a las medidas tomadas bajo el Protocolo de Montreal, las emisiones de sustancias adicionales que agotan la capa de ozono (SAO) están disminuyendo y se espera que se cure completamente cerca de mediados del siglo 21. Las proyecciones climáticas indican que la capa de ozono volverá a los niveles de 1980 entre 2050 y 2070.

Para reducir al mínimo la perturbación para los consumidores, la eliminación mundial de las sustancias que agotan el ozono (SAO) ha sido una reducción gradual a lo largo del tiempo. Esto ha permitido la adopción de productos químicos alternativos que representan un menor riesgo para la salud humana y el medio ambiente en productos como acondicionadores de aire, refrigeradores y aerosoles.

Lapso y Fases implementadas por el Departamento de Protección Ambiental (DPA) para cumplir con los compromisos firmados en el Protocolo de Montreal

1985

Los Estados Unidos firmaron el Convenio de Viena para la Protección de la Capa de Ozono.

1987

Los Estados Unidos firman el Protocolo de Montreal.

1990

Las Enmiendas de la Ley de Aire Limpio CAA, incluyendo el Título VI, Protección del Ozono Estratosférico, se convirtieron en ley.

1992–1994

La Agencia de Protección Ambiental EPA tomó las primeras medidas bajo el Título VI de la CAA:

- Requisitos establecidos para gestionar la liberación de refrigerantes tanto para vehículos de motor como para sistemas estacionarios de refrigeración y aire acondicionado.
- Prohibió la venta de productos no esenciales, incluidos aerosoles y espuma, que contienen CFC e hidroclorofluorocarbonos (HCFC).
- Etiquetado requerido de productos que contengan o estén hechos con las SAO más dañinas.
- Eliminación gradual de la producción e importación de halones, un potente SAO utilizado para la extinción de incendios.

- Estableció el Programa de Política de Nuevas Alternativas Significativas (SNAP) para identificar sustitutos más seguros para las SAO

1996
Eliminación gradual de la producción e importación de las SAO más nocivas, que incluyen los CFC, el tetracloruro de carbono y el metil-cloroformo, con excepciones limitadas.

2003
Eliminación gradual de la producción e importación de HCFC-141b, un agente de soplado de espuma de uso común, con excepciones limitadas, lo que marca el primer paso de reducción en la eliminación de los HCFC "peor primero".

2005
Eliminación gradual de la producción e importación de metilbromuro, un fumigante utilizado para controlar las plagas en la agricultura y el transporte marítimo, con excepciones limitadas.

2010
Prohibió la producción e importación de HCFC-22, el refrigerante más utilizado, y -142b, excepto para el mantenimiento de equipos existentes.

- Prohibió la fabricación e importación de unidades de refrigeración y aire acondicionado que contienen HCFC-22.
- Producción e importación de CFC y halones eliminados a nivel mundial.

2015
Etiquetado requerido de productos que contienen o están hechos con HCFC.

- La producción e importación de HCFC solo se permite para el mantenimiento de equipos existentes de aire acondicionado, refrigeración y extinción de incendios.

2020
Eliminación gradual de todos los HCFC, con la excepción de HCFC-123 y HCFC-124 para el mantenimiento de equipos existentes de aire acondicionado, refrigeración y extinción de incendios.

2030
Estados Unidos eliminará gradualmente la producción e importación de todos los HCFC.

- La producción e importación de HCFC para 2040 se eliminará gradualmente a nivel mundial.

2060-2075
Los científicos proyectan que la capa de ozono estratosférico se recuperará a niveles anteriores a 1980. Restaurando la capa de ozono ayuda a reducir la cantidad de radiación ultravioleta (UV) que llega a la superficie de la Tierra, lo que reduce el riesgo de desarrollar cáncer de piel y cataratas.

Creemos en este pacto, que podría ser una realidad porque tiene las proyecciones de ser una continuación similar al de los compromisos contraídos por los países con el Protocolo de Montreal. Nuestra creencia es basada en los señalamientos de la Agencia de protección Ambiental (EPA) con la celebración de un hecho histórico marcando efectos tangibles en 2020 que son productos del Protocolo de Montreal y porque hemos dado seguimiento a este Protocolo desde sus inicios. Además, hemos sido testigos de los cambios e implementaciones graduales de eliminación de los productos de las sustancias que afectan la capa de ozono (SAO) más nocivas, que incluyen los HCFC, el tetracloruro de carbono.

Otras posibilidades que nos mantienen optimista de que la mayoría de los países van a tratar de mantener los compromisos firmados son:

Compromiso de los países firmantes del Acuerdo de Paris. Los gobiernos de los países que participaron en la Cumbre Glasgow COP26 confirmaron su responsabilidad del acuerdo de Paris para reducir la cantidad de producción de carbono para el 2030 incluyendo un gran acuerdo entre los Estados Unidos y la China, dos de los países que producen más contaminantes al ambiente.

Estamos incluyendo informaciones de la ONU que describen algunos de los compromisos contraídos por los países firmantes que pueden contribuir con alcanzar las metas proyectadas para reducir la contaminación ambiental en un 45% en 2030 y llegar a un neto cero en el 2050:

- Después de extender las negociaciones climáticas de la COP26 un día más, 197 países en Glasgow, Escocia, adoptaron por consenso el sábado 13 de noviembre de 2021 un documento final que, según el secretario general de la ONU, refleja los intereses, las contradicciones y el estado de la voluntad política en el mundo de hoy.

- Los países acordaron acelerar la acción durante "esta década decisiva" para reducir las emisiones globales a la mitad, para alcanzar el objetivo de temperatura de 1.5 °C, como se describe en el histórico Acuerdo de París de 2015.
- La directora de clima de la ONU, Patricia Espinosa, expresó que las negociaciones no habían sido fáciles, en la COP26, "las partes construyeron un puente que conduce a la transformación histórica que debemos hacer para lograr reducciones rápidas esta década y, en última instancia, hacia el objetivo de 1.5 °C".

- El pacto exige una eliminación gradual del carbón y una eliminación gradual de los subsidios a los combustibles fósiles.

Reconocer la crisis mundial interrelacionada al cambio climático y la pérdida de diversidad biológica, así como la función fundamental de proteger, conservar y restaurar la naturaleza y los ecosistemas facilita la adaptación y mitigación del cambio climático. Al mismo tiempo estos beneficios garantizan las salvaguardias sociales y ambientales.

Reconocimiento de la comunidad científica. La comunidad científica ha avanzado grandemente en términos de estudios ambientales en las últimas 5 décadas. El avance de la era digital, los satélites, computadoras y otros instrumentos sofisticados han dotado a la comunidad científica para colectar y archivar informaciones con más exactitud de los cambios climáticos, fenómenos atmosféricos y los elementos que ocasionan estos cambios. La obtención de estas informaciones provee detalles actualizados para preparar reportes de las condiciones actuales y a la vez proyectar posibles cambios de las condiciones atmosféricas del futuro. Estos reportes sirven de orientación para que la comunidad en general se informe de la cantidad de los contaminantes de las emisiones que están alterando las condiciones ambientales y apoyen con la reducción de la producción y consumo de los productos y acciones causantes de los problemas.

Actualmente, la comunidad científica está efectuando análisis independientes que rastrean las acciones climáticas que miden los parámetros del objetivo acordado a nivel mundial del Acuerdo de París de mantener el calentamiento global por debajo de 2 grados centígrados.

El Reporte final de la Cumbre COP26 reconoció la importancia de la Ciencia y la urgencia de continuar observando las recomendaciones científicas y:

1. Reconoce la importancia de la mejor ciencia disponible para una acción climática y una formulación de políticas eficaces;

2. Acoge con beneplácito la contribución del Grupo de Trabajo I al Sexto Informe de Evaluación del Grupo Intergubernamental de Expertos sobre el Cambio Climático y los recientes informes mundiales y regionales sobre el estado del clima de la Organización Meteorológica Mundial, e invita al Grupo Intergubernamental de Expertos sobre el Cambio Climático a que presente sus próximos informes al Órgano Subsidiario de Asesoramiento Científico y Tecnológico en 2022;
3. Expresa su alarma y su máxima preocupación por el hecho de que las actividades humanas hayan causado hasta la fecha alrededor de 1,1 °C de calentamiento global y de que los impactos ya se estén sintiendo en todas las regiones".
4. Destaca la urgencia de aumentar la ambición y la acción en relación con la adaptación y la financiación de la mitigación en este decenio crítico para abordar las brechas entre los esfuerzos actuales y las vías en post del objetivo final del Convenio y su objetivo mundial a largo plazo."

El Reporte de La Cumbre COP26 clamó por la Adaptación de las recomendaciones a las evaluaciones del Grupo Intergubernamental de Expertos sobre el Cambio climático.

Recomendó adaptar lo siguiente:

1. Observa con profunda preocupación las conclusiones de la contribución del Grupo de Trabajo I al sexto informe de evaluación del Grupo Intergubernamental de Expertos sobre el Cambio Climático, en particular que el clima y los extremos meteorológicos y sus efectos adversos sobre las personas y la naturaleza seguirán aumentando con cada incremento adicional del aumento de las temperaturas;
2. Destaca la urgencia de ampliar la acción y el apoyo, incluida la financiación, la creación de capacidad y la transferencia de tecnología, para mejorar la capacidad de adaptación, fortalecer la resiliencia y reducir la vulnerabilidad al cambio climático en consonancia con la mejor ciencia disponible, teniendo en cuenta las prioridades y necesidades de las Partes que son países en desarrollo;
3. Acoge con satisfacción los planes nacionales de adaptación presentados hasta la fecha, que mejoran la comprensión y la aplicación de las acciones y prioridades de adaptación;
4. Insta a las Partes a que sigan integrando la adaptación en la planificación local, nacional y regional;

5. Invita al Grupo Intergubernamental de Expertos sobre el Cambio Climático a que presente a la Conferencia de las Partes en su vigésimo séptimo período de sesiones (noviembre de 2022) las conclusiones de la contribución del Grupo de Trabajo II a su sexto informe de evaluación, incluidas las pertinentes para evaluar las necesidades de adaptación, y exhorta a la comunidad investigadora a que mejore la comprensión de los efectos mundiales, regionales y locales del cambio climático".

Conocimiento de la ciudadanía. Los conocimientos ciudadanos han avanzado en las últimas décadas debido a campañas publicitarias iniciadas por la ONU, organismos creados por los gobiernos centrales de algunos países para lidiar con los problemas ambientales, instituciones educativas y los medios de comunicación que se han hecho eco de la gran problemática ambiental e informan a las comunidades de los territorios donde se encuentran de la peligrosidad que están ocasionando los problemas de los cambios climáticos. Los avances en los medios de la comunicación a nivel mundial mantienen a la ciudadanía informada y esta se encuentra a la vanguardia de las propuestas y compromisos asumidos por los gobiernos regionales y centrales de las localidades donde habitan.

FIRMA DE HISTÓRICO ACUERDO BIPARTIDISTA DE INFRAESTRUCTURA DE LOS ESTADOS UNIDOS

Una inversión monumental en el futuro de la energía limpia de Estados Unidos, el acuerdo allanará el camino para ahorros masivos de los consumidores, mejoras históricas en la calidad del aire y millones de empleos bien remunerados

---

Dando seguimiento a la agenda climática de los Estados Unidos el 15 de noviembre de 2021 el presidente Joseph R. Biden, Jr. promulgó la Ley bipartidista de Inversión en Infraestructura y Empleos (el Acuerdo bipartidista de infraestructura), una inversión única en una generación en la infraestructura de la nación americana que creará empleos bien remunerados combatirá el cambio climático y hará crecer la economía de manera sostenible y equitativa en las próximas décadas. El Acuerdo bipartidista de infraestructura, un componente crítico de la agenda climática de la Administración Biden-Harris, donde el Departamento de Energía de los Estados Unidos (DOE) proporcionará beneficios transformadores a las familias, trabajadores, empresas y comunidades estadounidenses.

El Acuerdo bipartidista de infraestructura ayudará al DOE a desempeñar un papel más efectivo en la agenda climática más audaz en la historia de la nación al trazar el curso hacia alcanzar una electricidad 100% libre de contaminación de carbono para 2035 y cero emisiones netas de carbono para 2050. El DOE está listo para implementar el Acuerdo para:

1. Invertir en la fuerza laboral de Estados Unidos, revitalizar las cadenas de suministro nacionales y afirmar el liderazgo manufacturero de Estados Unidos.
2. Ampliar el acceso a la eficiencia energética y la energía limpia para las familias, las comunidades y las empresas.
3. Continuar ampliando, modernizando y llevando la red eléctrica al siglo 21.
4. Construir tecnologías del mañana a través de demostraciones de energía limpia.

El Acuerdo bipartidista de infraestructura es una inversión largamente esperada en la infraestructura, los trabajadores, las familias y la competitividad de la nación. Una pieza clave en la agenda **"Reconstruir mejor (Build Back Better)"** del presidente Biden. El acuerdo de infraestructura incluye más de $ 62 mil millones para que el Departamento de Energía de los Estados Unidos (DOE) brinde un futuro de energía limpia más equitativo para el pueblo estadounidense.

Las inversiones del Acuerdo bipartidista de infraestructura en cadenas de suministro de tecnología de energía limpia permitirán a Estados Unidos fabricar las tecnologías energéticas del futuro impulsando la competitividad dentro de un mercado global de energía limpia que se espera que alcance los $ 23 billones para fines de la década. Estas inversiones crearán empleos a los de arriba y a los de abajo de la cadena de suministro, especialmente empleos de manufactura y oportunidades de habilidades igualadas para los trabajadores de combustibles fósiles.

El acuerdo de infraestructura:

1. **invertirá más de $ 7 mil millones en la cadena de suministro de** baterías, que son esenciales para impulsar la economía con opciones de energía y transporte limpias, asequibles y resistentes los 24 días de la semana. Esto incluirá la producción de minerales críticos, el abastecimiento de materiales para la fabricación e incluso el reciclaje de materiales críticos sin nueva extracción / minería.
2. **Proporcionará $ 1.5 mil millones adicionales para la fabricación de hidrógeno limpio y el avance de la investigación y desarrollo del reciclaje.**
3. Creará un **nuevo programa de subvenciones de $ 750 millones para apoyar proyectos de fabricación de tecnología energética avanzada en comunidades de carbón.**
4. **Ampliará la autoridad de la Oficina del Programa de Préstamos (Loan Program Office LPO) del DOE** para invertir en proyectos que aumenten el suministro nacional de minerales críticos y expandir los programas de LPO que invierten en la fabricación de tecnologías de cero-carbono para vehículos, trenes, aviones y transporte marítimo de servicio mediano y pesado.

Establecer un Consejo de Empleos de Energía de múltiples agencias para trabajar con las partes interesadas y supervisar el desarrollo y la publicación de empleos de energía y datos de la fuerza laboral para informar las decisiones de los gobiernos, las empresas y otras partes interesadas a nivel nacional, estatal y local.

La energía limpia ya es más barata que los combustibles fósiles en la mayor parte del país, y sigue siendo cada vez más barata. Aumentar el acceso a la energía limpia ahorrará dinero a las familias, y para los hogares de bajos ingresos, que ya gastan hasta el 30% de sus ingresos en costos de energía, esos ahorros son esenciales. Al mismo tiempo, más energía limpia significa menos carbono y contaminación del aire, lo que perjudica desproporcionadamente a las comunidades de bajos ingresos. Una mayor capacidad de energía limpia ofrecerá a estas comunidades un aire más limpio, mejores resultados de salud y facturas de atención médica más bajas.

El Acuerdo bipartidista de infraestructura impulsará el despliegue de energía limpia al financiar varios programas estatales y locales altamente efectivos que estimularán proyectos que aumentarán el acceso a la eficiencia energética para ahorrar dinero para las familias, empresas y comunidades estadounidenses, ayudar a lograr los objetivos de energía limpia y acelerar el crecimiento del empleo. El acuerdo de infraestructura también amplía los programas existentes de subvenciones y préstamos del DOE para ayudar a los estados a climatizar los hogares, aumentar la eficiencia energética y expandir la generación limpia.

La inversión en esta parte de la Ley de infraestructura será:

1. **Invertir $ 3.5 mil millones en el Programa de Asistencia de Climatización** para aumentar la eficiencia energética, aumentar la salud y la seguridad, y reducir los costos de energía para los hogares de bajos ingresos en cientos de dólares cada año.
2. **Invertir $ 500 millones para proporcionar escuelas más limpias para nuestros niños y maestros** al proporcionar mejoras de eficiencia energética y energía renovable en las instalaciones de las escuelas públicas, junto con un esfuerzo de la Agencia para la Protección Ambiental (EPA) de $ 5 mil millones para reemplazar miles de autobuses escolares diéseles contaminantes con autobuses eléctricos. Juntas, estas inversiones reducirán los costos de energía en las escuelas y mejorarán la salud de los maestros y estudiantes al mejorar la calidad del aire interior.
3. **Invertir $550 millones en el Programa de Subvenciones en Bloque de Eficiencia Energética y Conservación** (EECBG) y **$500 millones en el Programa Estatal de Energía** para proporcionar subvenciones a comunidades, ciudades, estados, territorios de los Estados Unidos y tribus indias para desarrollar e implementar programas y proyectos de energía limpia que **crearán empleos.**

ENTREGAR ENERGÍA CONFIABLE, LIMPIA Y ASEQUIBLE A MÁS ESTADOUNIDENSES

Modernización y expansión de la red eléctrica al siglo 21

Los eventos climáticos extremos como los incendios forestales, el huracán Ida y la congelación de Texas de 2021 han dejado en claro que la infraestructura energética existente en los Estados Unidos no puede soportar los impactos del cambio climático. Modernizar y expandir la red eléctrica hará que el sector energético sea más resistente, al tiempo que permitirá la construcción de energía asequible, confiable y limpia para apoyar el objetivo de energía 100% limpia para 2035.

La inversión en esta parte de la Ley de infraestructura será:

1. **Proporcionar $ 11 mil millones en subvenciones para estados, tribus y servicios públicos para mejorar la resiliencia de la infraestructura eléctrica contra eventos disruptivos como el clima extremo y los ataques cibernéticos.**
2. Establecer un Programa de Facilitación de Transmisión de $ 2.5 mil millones para el DOE para ayudar a desarrollar líneas de transmisión de importancia nacional, aumentar la resiliencia al conectar regiones del país y mejorar el acceso a fuentes de energía limpia más baratas.

3. Respaldar una **expansión de $ 3 mil millones del Programa de Subvenciones de Igualación de Inversión en *Redes Inteligentes***, centrándose en inversiones que mejoren la flexibilidad de la red. Estos incluyen la actualización de los sistemas de transmisión y distribución existentes, y otras acciones, como el despliegue de almacenamiento de energía. Juntos, ayudarán a la red a adaptarse a un nuevo futuro energético en el que las familias y las empresas a menudo generan su propia energía limpia a través de microrredes y otras fuentes de energía distribuidas.

Mantenimiento de la flota de generación limpia existente

La nación ya obtiene el 27% de su energía de instalaciones nucleares e hidroeléctricas de décadas de antigüedad. Estas son fuentes críticas de energía limpia, pero a medida que envejecen y son más caras de mantener, corremos el riesgo de perder estas principales fuentes de energía libre de contaminación y empleos bien remunerados. El Acuerdo bipartidista de infraestructura proporcioná fondos para garantizar que podamos mantener estas fuentes de energía limpia en línea.

La inversión en esta parte de la Ley de infraestructura será:

1. **Asignar $ 6 mil millones para el programa de Crédito Nuclear Civil para evitar el retiro prematuro de las plantas nucleares existentes de cero-**carbono, ayudando a salvar miles de empleos en todo el país. El programa está disponible para plantas que de otra manera se retirarían y están certificadas como seguras para continuar las operaciones y prioriza las plantas que usan combustible producido en el país.

2. **Invertir más de $ 700 millones en instalaciones hidroeléctricas existentes** para mejorar la eficiencia, mantener la seguridad de las presas, reducir los impactos ambientales y garantizar que los generadores continúen proporcionando electricidad libre de emisiones.

REFERENCIAS

American Council for an Efficiency Economy. (2016).

r year. *American Council for an Energy Efficient Economy.*

IESNA, A. /. (2008). *Advance Energy Design Guide for Small Retail Buildings.* ASHRAE.

Jeff Posterwait. (n.d.). Pope Francis calls for "Revolution"

.

Mayors, T. U. (2019). Resolutions - United State Conference of Mayors. *Meeting Mayors' energy and Climate Goals by Start America's Model Energy Code on a Glide Path to Net Zero Energy Buildings by 2050.*

Posterwait, J. (2015, June). Pope Francis call for "Revolution" to save earth from Climate Change. *Electric Light & Power.*

Ungar, S. N. (2019). *Halfway There: Energy Efficiency Can Cut Energy Use and Greenhouse Gas Emissions in Half by 2050.* Washington, D.C.: American Council for an Energy-Efficiency Economy, ACEEE.

Lección 19

Tecnologías inteligentes desarrolladas para cubrir las necesidades del siglo XXI

Las tecnologías inteligentes están transformando y automatizando el mundo

La tecnología inteligente, conocida como Las Cosas Industriales del Internet, es una explosión digital de datos que ha llegado al mundo para mejorar la eficiencia y calidad de nuestras vidas. Los beneficios de esta tecnología son incalculables, porque se encuentra en crecimiento y las dimensiones de sus múltiples usos son inmensas.

Ciudades inteligentes

Con los avances tecnológicos, la comunicación se ha desarrollado significativamente de una manera tal que nos permite interactuar más rápido y ser más productivo a nivel personal, profesional y empresarial. Muchos la están llamando la nueva revolución industrial. Esta revolución tecnológica digital está siendo aprovechada por muchas municipalidades y ciudades, y la están utilizando para sistematizar sus departamentos automatizando sus facilidades, con el fin de tener mejor control, administración y uso efectivo de sus recursos y a la vez ofrecer mejor servicio a sus munícipes.

Esta tecnología está siendo llamada por las municipalidades y ciudades que la están utilizando, como ***"Ciudades Inteligentes"***, porque es excelente para informar a la ciudadanía, supervisar las operaciones, mejorar la calidad de servicios y reducir costos en los recursos económicos. Las ciudades y municipalidades están aprovechando las tecnologías inalámbricas celulares y de red de área amplia de baja potencia (LPWAN) para conectar la infraestructura, la eficiencia, la conveniencia y la calidad de vida de los residentes y visitantes por igual.

Ciudad inteligente es un marco, compuesto predominantemente por Tecnologías de la Información y la Comunicación (TIC), para desarrollar, implementar y promover prácticas de desarrollo sostenible para abordar los crecientes desafíos de la urbanización.
Muchas ciudades han creado páginas de Internet para comunicar las informaciones, actividades y servicios que ofrecen a sus residentes. Estas páginas ofrecen directorios de los departamentos y en muchas ocasiones direcciones para la utilización de los sistemas donde se pueden ver las facturas y pagar los arbitrios.

Algunas de las grandes ciudades están utilizando esta tecnología para supervisar el nivel de iluminación de sus calles, con la instalación de sensores que detestan y gradúan la intensidad lumínica, de acuerdo con la cantidad de transeúntes en los horarios durante las noches.
Es utilizada para vigilar y controlar los semáforos y el tránsito, aumentando o disminuyendo el tiempo del cambio de luces rojas, amarillas y verdes de acuerdo con el flujo vehicular.

Muchas de las ciudades supervisan el consumo de energía de todas sus edificaciones, habilitando uno o varios centros de supervisión.

Se estima que las ciudades consumen un 67 % de la energía global, siendo los mayores contribuidores de las emisiones contaminantes que producen los gases invernadero, con un aproximado de un 70 % de CO_2. Actualmente existe una gran oportunidad para aquellas ciudades que todavía no están utilizando la tecnología nueva. Con las nuevas tecnologías, las ciudades podrían integrarse a los objetivos de los cambios climáticos y prepararse para que sus sistemas sean resilientes y preparados para cualquier eventualidad o catástrofe que pudiese ocurrir. La transformación requiere planificación, capital y tiempo por lo que se recomienda que la integración se realice por fases, considerando como prioritarios los aspectos económicos, ambientales y sociales, de acuerdo con las necesidades y presupuestos disponibles.

Es de vital importancia planificar y estar preparados para responder adecuadamente, en casos extremos a cualquier catástrofe que pueda ocurrir. Son bien conocidos los problemas que inesperadamente ocurrieron en la ciudad de New York y otras ciudades aledañas en el Estado de New Jersey, cuando se desató la super tormenta Sandy, dejando varios lugares inundados, incluyendo las subestaciones y la interrupción del servicio eléctrico por varios días. Este fenómeno arrojó como consecuencia la planificación de la remodelación de las redes, con resiliencia enfocada a proveer energía a los lugares esenciales.

La Computación con la Nube (*Cloud Computing*)

La nube, en informática, se refiere a un servicio de computación que procesa y almacena datos por medio de una red de servidores. Estos servidores almacenan los datos y están disponibles para que los usuarios puedan utilizarlos remotamente, sin la necesidad de tener grandes capacidades de almacenamientos en sus sistemas locales. Muchas compañías y organizaciones están utilizando la conexión celular en sus operaciones. Esta conexión es parte del modo de operación en la que cada organización la utiliza, para sacar las mejores ventajas y beneficios económicos de la manera más eficiente.

Las compañías suministradoras de electricidad están utilizando esta conectividad con las redes eléctricas inteligentes, para rastrear la transmisión continua de potencia, balancear la carga de las fases eléctricas, medición de consumo de los usuarios, medición de compra y venta de potencia y energía, especialmente con los pequeños productores de energía renovables (sistemas de energía solar), que utilizan e inyectan energía a las redes, y la seguridad de las redes eléctricas.

Las compañías de transporte utilizan esta conectividad para rastrear las rutas de los vehículos y utilizar las rutas más cortas que ahorren tiempo y combustible. También es utilizada para rastrear la localización de las mercancías y paquetes.

MEDIDORES INTELIGENTES

Medidor inteligente es un término utilizado para los metros (medidores, contadores) que son capaces de medir y proveer informaciones, en retorno de los estados operativos, en las edificaciones a los consumidores y la red de distribución. Adicionalmente, las lecturas remotas pueden ser tomadas automáticamente y mantienen a las utilidades informadas de las situaciones que están ocurriendo en las líneas principales. Las soluciones de medidores inteligentes proveen una visión general de los estados de las redes de distribución.

Con los medidores inteligentes, las utilidades eléctricas y de agua adquieren informaciones y conocimientos acerca de sus líneas principales, en la cual les provee la capacidad de estar bien informados en términos de tomar decisiones acerca de las formas más eficientes, para trabajar con las líneas principales y administrar los activos.

REDES ELÉCTRICAS INTELIGENTES

Las redes eléctricas tradicionales fueron construidas para transmitir potencia eléctrica de las plantas generadoras a los consumidores. El control de las utilidades sobre las redes era de una vía, con el propósito de generar y transmitir potencia, de acuerdo con las demandas de los usuarios.

El propósito fundamental de los sistemas de transmisión de potencia eléctrica era el de transmitir potencia de las unidades generadoras, a los sistemas de distribución. El objetivo principal era el de conectar los generadores a una red de transmisión, para interconectar varias áreas de las redes de transmisión, interconectar una utilidad con otra, o transmitir la potencia eléctrica a varias áreas, dentro de las redes de transmisión a las subestaciones de distribución.

Las utilidades utilizan las redes de transmisión para intercambiar potencia eléctrica, cuando es conveniente económicamente (compra y venta de potencia eléctrica, de acuerdo con las demandas de los usuarios en diferentes horarios del día) y para asistirse una utilidad con otra, cuando es necesario sacar algunas de las plantas de generación del circuito, para reparación o complemento de potencia cuando ocurren averías en los circuitos de las redes.

Con los avances tecnológicos, el incremento de consumo, la demanda de potencia, los problemas de los precios de combustibles, la producción de potencia con las fuentes de energías renovables, almacenamiento de potencia y los problemas causados por las tormentas, han surgido nuevas necesidades que han requerido la modernización de las redes.

Las redes eléctricas inteligentes están desarrollando las líneas de trasmisión, los equipos, controles y tecnologías nuevas, trabajando simultáneamente para responder de inmediato y cubrir las demandas necesarias de electricidad, acorde con los adelantos del Siglo XXI.

El Estándar IEEE 2030 define las redes inteligentes como **"la integración de potencia, comunicaciones e información tecnológica por el mejoramiento de las infraestructuras de potencia eléctrica sirviendo cargas mientras provee una evolución de aplicaciones**

para los usuarios". De acuerdo con IEEE, estas transformaciones les dan un gran beneficio a los consumidores, empoderándolos a administrar el uso de la energía a costos más efectivos, reduciendo las huellas de carbón, desarrollo de oportunidades económicas y el mejoramiento de confiabilidad y seguridad.

Las redes inteligentes comenzaron en los Estados Unidos, a partir del año 2007, como un esfuerzo nacional para monitorizar el consumo de energía, bajo el Apto de Energía Segura e Independiente, iniciando la instalación de cientos de millones de metros (contadores) digitales, con la capacidad de poder ser leídos remotamente.

Además de monitorizar los metros remotamente, las redes inteligentes nuevas están siendo construidas, y las existentes remodeladas, para ajustarse a las necesidades actuales, de manera que las informaciones puedan ser intercambiadas entre las utilidades y los usuarios de formas inmediatas. Las utilidades utilizan computadoras, controles y equipos automatizados en sus plantas, para que las redes sean más eficientes, confiables y seguras.

Las redes inteligentes tienen las ventajas que pueden integrar las nuevas tecnologías, como son la energía solar, eólica, almacenamiento de energía y la conexión de vehículos eléctricos. Los operadores de las redes pueden observar las demandas de potencia, la potencia generada y suministrada por los productores (energía solar y eólica generada por propietarios de casas y otros suministradores) de energía conectadas a las redes en tiempo real y pueden administrar (incrementar o reducir) la potencia, de acuerdo con la demanda; esta práctica les permite a las utilidades ahorrar combustible, porque pueden encender o apagar las plantas generadoras, de acuerdo con las demandas de las redes, especialmente durante las horas punta de consumo.

Con las redes tradicionales, los pequeños productores de energía conectados a las redes solo podían conocer la cantidad de energía producida por los sistemas instalados en sus facilidades, por las informaciones producidas por las utilidades en las facturas mensuales, porque los metros funcionaban en forma de medición normal, reduciendo la velocidad cuando el consumidor consumía más energía que la producida y en reverso, cuando el sistema de energía del consumidor inyectaba potencia a las redes, produciendo más energía que la consumida en su edificación.

Otra de las grandes ventajas de las redes inteligentes es que las utilidades y los usuarios que consumen y producen energía pueden obtener las informaciones de consumo y productividad energética, de forma simultánea; y cuando algunos problemas son detectados en las líneas de transmisión, automáticamente la transmisión es redireccionada para minimizar las interrupciones (apagones).

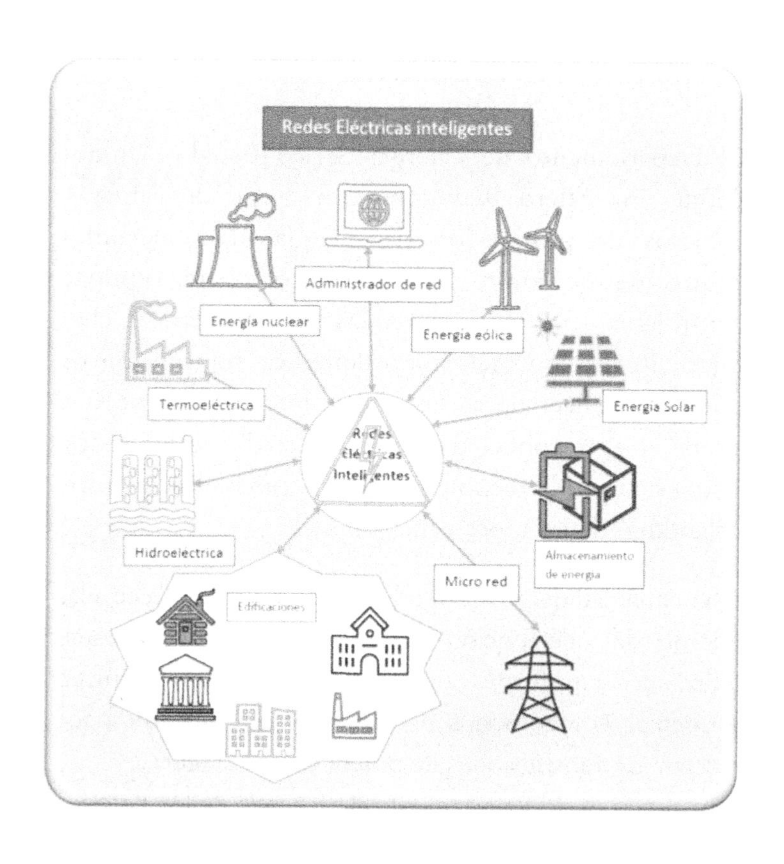

Ilustración 19.1: Redes Eléctricas inteligentes.

MICRO REDES INTELIGENTES

El Departamento de Energía de los Estados Unidos define una Micro Red como un grupo de cargas y recursos de producción de energía interconectados dentro de un límite que actúa como una entidad controlable, con respecto a las redes eléctricas. Las Micro Redes son bien importantes en transmisión de potencia conectada a las redes inteligentes, porque puede operar conectada y desconectada de las redes. Esto es conocido tecnológicamente como "aislamiento" (islanding) de las redes principales.

Esta habilidad de poder operar, independiente ofrece a las microrredes una función preponderante, porque se están utilizando en forma de resiliencia cuando ocurren tormentas o fenómenos naturales, o interrupciones que afectan las transmisiones de potencias en las redes.
Actualmente, el Departamento de Energía de los Estados Unidos publicó una herramienta, conteniendo un listado comprensivo donde existen 461 Micro Redes inteligentes en operación con una capacidad de generación confiable, de 3.1 gigavatios de electricidad.

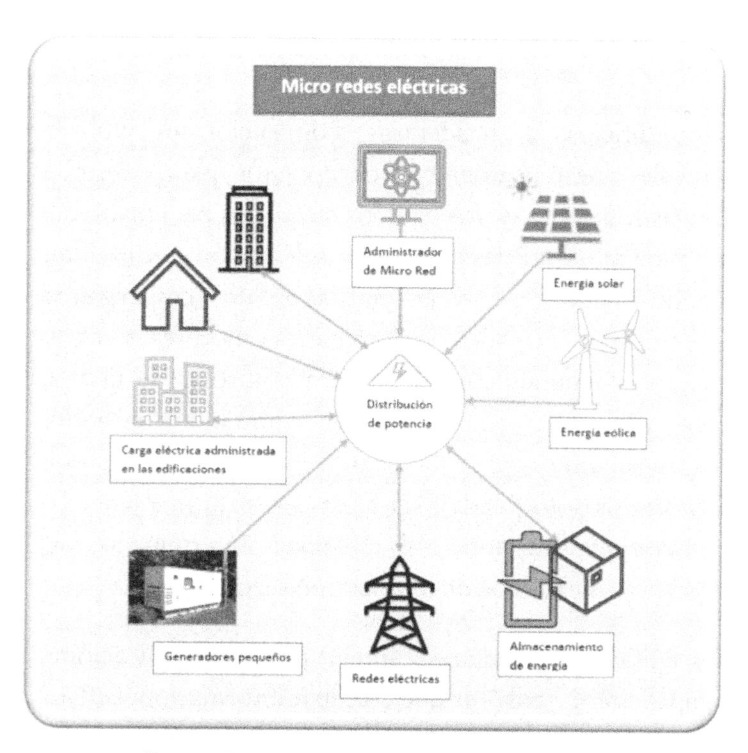

Ilustración 19.2: Micro Redes Inteligentes.

EDIFICIOS Y RESIDENCIAS INTELIGENTES

Los edificios y residencias convencionales utilizan controles, termóstatos y otros aparatos para controlar algunas funciones de los equipos instalados para mantener las temperaturas de las calderas de calefacción y de los aires acondicionados, a niveles ajustados de temperaturas, encendido y apagado de luminarias, motores y otros aparatos. Generalmente se utilizan controles de tiempo para encender y apagar en horarios ajustados mecánicamente y funcionan individualmente; los termostatos solo pueden ser ajustados para mantener las temperaturas interiores, a un nivel determinado, sin importar los cambios de temperaturas exteriores.

Los edificios y residencias inteligentes son edificaciones equipadas con sensores que colectan informaciones (data) de cada sistema o equipo, y crean una red automatizada dentro de la edificación para proveer la información de las condiciones de los equipos; estos equipos pueden ser monitorizados local y remotamente en un tiempo real. Los equipos de estas edificaciones son integrados y centralizados por un sistema computarizado que controla las funciones de los sistemas de calefacción, aire acondicionado, ventilación, alarmas de fuego, iluminación, circuito cerrado de televisión y acceso de seguridad, para controlar entradas a lugares restringidos o puertas residénciales. Las informaciones de cada equipo y sistema son coleccionadas y analizadas electrónicamente por inteligencia artificial programada para ajustar los sistemas automáticamente en tiempo real.

Las edificaciones integradas ofrecen una gran ventaja a los usuarios, porque pueden controlar las funciones de los equipos remotamente desde cualquier lugar, a través de la comunicación celular. Esto les ofrece las ventajas de que pueden ahorrar gran cantidad de dinero en consumo de energía, porque pueden observar y graduar los niveles de temperaturas en sus edificaciones remotamente y encender o apagar luminarias y otros equipos conectados.

También se pueden comunicar con las redes, observar las operaciones y condiciones de los equipos; además habilitan a los usuarios para administrar (ajustar) el uso de los aparatos y, por consiguiente, el consumo de electricidad.

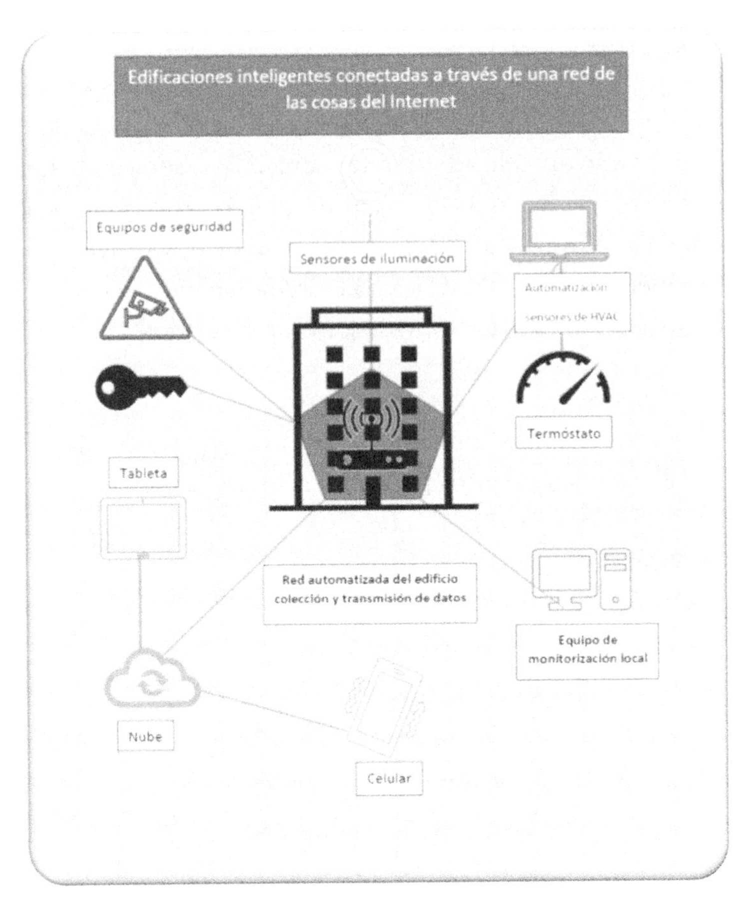

Ilustración 19.3: Edificaciones Inteligentes.

REFERENCIAS

Amir Roth, U. D. (2019). *Grid-interactive Efficient Buildings Technical Report Series (Whole-Building Controls, Sensors, Modeling, and Analitics.* Washington , DC: Office of Energy Efficiency & Renewable Energy.

Bill Goetzler, M. G. (2019). *Grid-interactive Effiecnt Buildings Technica Report Series, (Heating, Ventilation, and Air Conditioning (HVAC); Water Heating; Appliances; and Refrigeration.* Washington, DC: U.S. Department of Energy, Office of Energy Efficiency & Renewable Energy.

Building Performance Institute, I. (2015). *Standard Practice for Standardized Qualification of Whole-House Energy Savings Prediction by Calibration to Energy Use History.* ANSI/ BPI 2400-S-2015.

Chioke Harris, N. R. (2019). *Grid-interactive Efficient Buildings Technical Report Series, (Windows and Opaque Envelope).* Washington, DC: U.S. Department of Energy, Office of Energy Efficiency & Renewable Enegy.

earthobservatory.nasa.gov/Features/Global Warming. (2016, april 20).

(2019). *Grid-interactive Efficient Buildings Technical Report Series, Lighting & Electronics.* Office of Energy Efficiency & Renewable Energy.

Harris, C. (2019). *Grid-interactive Efficient Buildings Technical Report Series.* U.S, Department of Energy (DOE), Office of Efficiency & Renewable Energy / National Renewable Energy Laboratory (NREL).

How Technology works. (2019). New York: DK publishing.

Inc., U. L. (2011). *Alternative Energy Equipment and Systems, UL Aplication Guide.* Underwriters Laboratories Inc.

John Kosozwat, A. S. (2020, February 3). *Top 10 Growing Smart Cities.* Retrieved from www.asme.org.

Laboratory, U. S. (2013). *Advance Energy Retrofit Guide for Grocery Stores, Practical Ways to Improve Energy Performance.* U. S. Department of Energy.

Monica Neukomm, U. S. (2019). *Grid-interactive Efficient Buildings Technical Report Series (Overview of Research Challenges and Gaps).* Washington, DC: U. s. Department of Energy, Office of Energy Efficency & Renewable Energy.

Office of Energy efficiency and Renewable Enegy, U. D. (October 2017, October). *EnergySaver.gov.* Retrieved from energy.gov/eere.

Valerie Nubbe, N. C., & Mary Yamada, U. D. (2019). *Grid-interactive Efficent Buildings Technical Report Series, (Lighting and Electronics).* Washington, DC: U.S. Department of Energy, Office of Energy Efficiency & Renewable Energy.

Lección 20

Resultados de casos estudiados

En esta lección publicamos dos proyectos que demuestran que los ahorros energéticos son beneficiosos para empresas grandes y pequeñas. Queremos concluir este libro demostrando que la eficiencia energética puede mejorar grandemente la calidad del ambiente de los ocupantes de las edificaciones donde se realice y a la vez generar ahorros económicos sustanciosos a empresas grandes y pequeñas, siempre y cuando sean bien planificados, implementados y administrados.

Los resultados de los proyectos presentados en esta lección fueron administrados por el autor de este libro.

1. Proyecto de conservación energética implementado en el Distrito Escolar (Escuelas Públicas) de la ciudad de Newark, New Jersey

El proyecto fue un Contrato por Rendimiento implementado por el Departamento de Diseño y Construcción del distrito, con el patrocinio de la compañía de suministro de energía Public Service Electric and Gas, (PSEG). Johnson Controls, Inc., fue la Compañía de Servicios Energético, (ESCO), que preparó el estudio, instaló, modificó, reemplazó y administrador del proyecto desde su inicio en planificación, supervisó las operaciones de construcción, dirigió el monitoreó, los resultados de rendimiento y todas las transacciones económicas durante los diez años de duración de contrato con las empresas mencionadas. Además, analizó los reportes de las compañías contratistas y preparó varios reportes describiendo los progresos, ahorros y beneficios obtenidos durante la duración de este.

Los objetivos principales del proyecto fueron reducir los costos excesivos de las facturas de energía y los costos operacionales (materiales y salarios). Este consistió en las modificaciones de los sistemas de alumbrado, calefacción e instalación de un sistema de control para automatizar las calderas y las temperaturas en todo el distrito, incluyendo 77 planteles escolares y varias facilidades (almacenes, bibliotecas, oficinas centrales y satélites e instalaciones deportivas) del distrito. Consistió en el reemplazo y la actualización de la iluminación en todas las escuelas, el reemplazo de trampas de vapor en los sistemas de calefacción y la instalación de un sistema de gestión de energía centralizado (Metasys building management system) expandible que permite monitorear y controlar de forma remota las operaciones de las calderas y las temperaturas de los espacios en todas las escuelas.

El costo de construcción fue de $19 millones de dólares, financiado con un préstamo de la Compañía General Electric (G E Capital) y los costos de mantenimiento fueron de $1,098,246. Los costos del préstamo (capital +

interés) y de mantenimiento fueron pagados en un término de 10 años con los beneficios generados por el programa. Los beneficios económicos generados fueron de $30,619,518 arrojando unos ahorros netos de $5.3 millones de dólares.

BENEFICIOS OBTENIDOS

Resumiendo los resultados del programa de Conservación de Energía podemos decir que el retorno de la inversión y los beneficios obtenidos por el distrito escolar de Newark, New Jersey, fueron extremadamente positivos porque contribuyeron con el aspecto humano mejorando la calidad ambiental de los estudiantes, maestros y personal de mantenimiento al proveer un ambiente con mayor iluminación, confortable para aprender y trabajar, con resultados de alta satisfacción y productividad; el aspecto económico arrojó ganancias sustanciosas a los fondos generales y operacionales; en los aspectos de medio ambiente se redujo la cantidad de partículas contaminantes por la disminución de hidrocarburos en la reducción del consumo de energía; y en el aspecto estético se mejoraron las condiciones de las edificaciones.

Descripciones más detalladas de los beneficios del programa:

Impacto humano y contribución educacional

Estudios realizados en muchos distritos escolares han demostrado que la iluminación y el ambiente interior en los salones de clase tienen mucho que ver con el aprendizaje de los estudiantes, el ambiente de trabajo de los maestros y el personal que presta servicios a las escuelas.

- Ambiente de buena iluminación
    - o La calidad de iluminación fue mejorada, aumentando los bajos niveles de iluminación en todos los salones de clase a un nivel por encima de los estándares requeridos por los códigos del Estado de Nueva Jersey
- Confort en las temperaturas
    - o Se instaló un sistema de gestión de energía centralizado expandible que permite monitorear y controlar de forma remota las operaciones de las calderas y las temperaturas de los espacios interiores de acuerdo con las variaciones de las temperaturas exteriores
    - o Se mejoró la calidad del aire en los salones estabilizando las temperaturas en todas las áreas de las edificaciones (planteles escolares y oficinas)
- Seguridad
    - o La seguridad alrededor de los planteles fue mejorada al proveer más iluminación con las modificaciones de las luminarias exteriores

Impacto económico en 10 años

- Reducción de consumo de energía
    - Se evitaron por consumir 130 Megavatios-hora de energía en 10 años
- Reducción de costo de las facturas de energía
    - La reducción de costo por dejar de consumir la energía eléctrica especificada arriba fue de US $ 16,370, 827
    - El costo eléctrico por pies cuadrado se redujo casi en un 50 %
    - Se redujo el consumo de gas y los ahorros producidos fueron de US $ 7,674,439
- Reducción de costos de mantenimiento
    - Se redujo el mantenimiento en un costo estipulado de US $ 1,504,389 por la reducción de materiales (lámparas, balastos, misceláneos) y salarios.
- Ingresos a los fondos generales
    - Ingresos generados por la venta de kWh no consumidos a la compañía suministradora de energía PSEG por la cantidad de $5,069,863

Benefició a la comunidad con un Impacto ecológico reduciendo las emisiones al Medio Ambiente.
Al reducirse el consumo de kWh también se redujo el consumo de carburantes fósiles y las emisiones.

NEWARK PUBLIC SCHOOLS Capital ahorrado en Programa de Conservación Energética implementado en las Escuelas Públicas de Newark, New Jersey de 1999 al 2010.		
Objetivos	Métodos	Ahorros
Costos evitados en consumo de energía	**Ahorros en kWh evitados (no usados)**	**$16,370,827.25**
Costos evitados en mantenimientos	**Ahorros estipulados por disminución de labor y materiales de mantenimiento (lámparas, balastos & labor)**	**$1,504,389.00**
Costos evitados en el consumo de gas	Ahorros en Dekatherms (Pies cúbicos de gas natural evitados)	$7,674,439.00
Capital generado para las cuentas del Fondo General	**Ingresos obtenidos por el Programa Standard Offers por kWh ahorrados y comprados por PSE&G**	**$5,069,862.87**
Total, de Ahorros Acumulados		**$30,619,518.12**

Tabla 20.1: Capital ahorrado en Programa de Conservación Energética Implementado en las Escuelas Públicas de Newark, New Jersey en los años 1999 al 2010.

NEWARK PUBLIC SCHOOLS Resultados de programa de Oferta Estándar (Standard Offers Program) ofrecido por PSEG Este programe consistió en un contrato por 10 años donde el distrito se comprometió a implementar un proyecto de Conservar Energía en todas las escuelas y PSEG pagaría una cantidad estipulada por cada kWh dejado de consumir Los resultados económicos obtenidos por este programa están detallados mostrando las cantidades recibides en cada año fiscal durante el período de los 10 años			
Objetivos	Métodos	Año fiscal	Cantidad recibida
Programa de PSE&G (Standard Offers). Programa preparado por la compañía PSEG para reducir la demanda y consumo de electricidad. Los servicios de medición fueron efectuados por una compañía independiente.	Los kWh ahorrados fueron medidos con sensores instalados en las luminarias en todas las escuelas y monitoreados a través de líneas telefónicas. Los kilovatios horas dejados de consumir fueron facturados y pagados a las escuelas públicas de Newark por la compañía suministradora de energía PSEG.	1999-00	$174,137.01
		2000-01	$498,222.21
		2001-02	$434,637.97
		2002-03	$419,875.05
		2003-04	$536,681.01
		2004-05	$487,830.11
		2005-06	$471,935.83
		2006-07	$613,490.88
		2007-08	$600,490.88
		2008-09	$663,028.04
		2009-10	$169,533.88
Total			$5,069,862.87

Tabla 20.2: Ingresos generados anualmente para los fondos generales de la Escuelas Públicas de Newark, originados por el ahorro de kilovatios-hora no consumidos. Cada kilovatio-hora no consumido fue vendido a la Compañía Generadora PSEG, a través de un programa llamado Oferta Estándar (Standard Offer Program), por un periodo de diez años.

NEWARK PUBLIC SCHOOLS Costo incurrido para implementar Programa de Conservación de Energía		
Dinero pagado a GE capital por pago (Capital + Intereses) por Préstamo para financiar el proyecto en 10 años	Capital pagado a JCI por costos de implementación y mantenimiento	Total, de costos incurridos
$24,230,346.00	$1,098,246.00	$25,328,592

Tabla 20-3: Costo total incurrido para implementar el Programa de Conservación Energética en las Escuelas Públicas de Newark, New Jersey. Este Proyecto fue financiado por GE Capital del año 1999 al 2010.

Newark Public Schools Beneficios económicos obtenidos en programa de Conservación de Energía Periodo año fiscales 1999-2000 al 2009-10		
Total, de ahorros producidos	Costos incurridos	Ahorros netos
$30,619,518.12	$25,328,592.00	$5,290,926.12

Tabla 20.4: Total de ahorros netos generados por el Programa de Conservación Energética en las Escuelas Públicas de Newark, New Jersey, implementado de 1999-2010.

2. Proyecto Conservación Energética Implementado en Family Dentistry, clínica dental de la ciudad de Rutherford, New Jersey

PROYECCIÓN DE AHORRO ENERGÉTICO

Este proyecto fue planificado e implementado con la finalidad de reducir el consumo de energía en la clínica dental Family Dentistry, en la ciudad de Rutherford, Nueva Jersey. El proyecto consistió en la modificación de los sistemas de aire acondicionado y calefacción, reemplazando los termostatos de mercurio por electrónicos, reprogramación de los niveles de grados de temperaturas durante horas laborables y no laborables. Se modificó el sistema de alumbrado reemplazando las luminarias ineficientes con eficientes.

Los resultados obtenidos durante tres años de evaluación e implementación demostraron efectos tangibles, reduciendo el consumo y gastos de operaciones anuales durante tres años consecutivos, como puede apreciarse en las informaciones presentadas en las tabla 20-6.

El año base usado como punto de partida fue el 2011, con un consumo de 28,638 kWh.
La reducción de consumo fue efectuada de la siguiente forma:

Año 2012: el programa comenzó en julio y el consumo se redujo a 27800 kWh, un total de un 3% de reducción.
Año 2013: el consumo se redujo a 26039 kWh, con un desperdicio de 866 kWh por reajuste de termostato por

personal no autorizado como puede observarse en las informaciones presentada en las mediciones de temperatura; un total de un 9.1% de reducción.

Año 2014: el consumo se redujo a 23427 kWh, un total de un 18.2% de reducción.

Esta disminución de consumo de energía se convirtió en la reducción total de 8,648 kWh, y un ahorro económico de $2,426.50 dólares en los costos operacionales en energía en tres años.

Las proyecciones de ahorro energético para este proyecto fueron alcanzadas, puesto que estimamos reducir el consumo de energía de un 10 a 20 %, y los objetivos se cumplieron, pues el consumo de energía se redujo en un 10.2 %, y los costos energéticos se redujeron en un 15 %.

REPARACIÓN DE LOS SISTEMAS DE AIRE ACONDICIONADO Y CALEFACCIÓN

La unidad de aire acondicionado fue inspeccionada y se encontró que estaba en buenas condiciones, por lo que se decidió darle el mantenimiento apropiado y reemplazar los termostatos de mercurio con electrónicos. Los termostatos fueron programados para mantener las temperaturas a un ambiente agradable, para los pacientes, el equipo médico y el personal de oficina durante las horas laborables. Estos fueron programados para mantener las temperaturas (80°F en horas de no ocupación en el verano y 65°F durante las horas de la noche en el invierno) más elevadas o bajas, durante las horas que la clínica no estaba laborando.

Tabla 20.5: Consumo mensual de KWH en los años 2011, 2012, 2013, y 2014 en la clínica dental Family Dentistry.

FAMILY DENTISTRY
Consumo mensual de kWh desde el 2011 al 2014

Mes	Año			
	2011	2012	2013	2014
Enero	1884	1755	1746	1806
Febrero	1803	2175	1860	1692
Marzo	2065	2088	1904	1669
Abril	2013	2187	1789	1705
Mayo	2470	2470	2241	2226
Junio	3116	3116	2978	2253
Julio	3975	3469	3216	2350
Agosto	2644	3188	2657	2542
Septiembre	2195	1895	2438	2018
Octubre	1954	2196	1705	1737
Noviembre	2173	1486	1627	1723
Diciembre	2348	1775	1878	1706
Total	**28635**	**27800**	**26039**	**23427**

REPARACIÓN DEL SISTEMA DE VENTILACIÓN

El sistema de los conductos de ventilación fue inspeccionado, encontrándose varios escapes en los terminales el cual fueron sellados. Una vez corregidos los escapes, el sistema fue balanceado estabilizando las temperaturas en todas las áreas de la clínica.

MEDICIÓN DE TEMPERATURAS Y OBSERVACIÓN DE DESPERDICIO DE ENERGÍA

Las temperaturas fueron monitorizadas con el propósito de medir el consumo y observar las operaciones diarias. Durante el tiempo de observación, cada lunes se hacía una revisión para examinar las operaciones de la semana; en las observaciones del lunes 5 de agosto se pudo notar que el día, jueves 1/08/13 las temperaturas registraron mediciones por debajo de los 72 °F, (ver medición #1631 de las mediciones mostradas abajo) la cual se había programado. Inmediatamente, notamos que el termostato había sido reajustado a temperaturas más bajas y a operar en forma permanente fuera de las horas programadas para cambiar los niveles de temperaturas en horas no laborables; este reajuste inapropiado ocasionó que las bajas temperaturas estuviesen por debajo de los 72 °F y permanecieran en ese nivel durante las horas de la noche cuando la unidad de aire acondicionado estaba supuesta a estar apagada. El precio fue que la unidad de aire acondicionado trabajara 99.5 horas sin cambiar los niveles de temperaturas incluyendo 61 horas de operaciones (17 horas nocturnas del jueves y viernes, 20 horas del sábado y 24 horas del domingo) cuando estaba supuesto a estar apagada, y por supuesto un desperdicio de energía. Los registros de mediciones de temperaturas donde se detectaron las irregularidades que causaron desperdicio de energía pueden observarse en las ilustraciones 20.1, 20.2, 20.3, 20.4, 20.5 y 20.6.

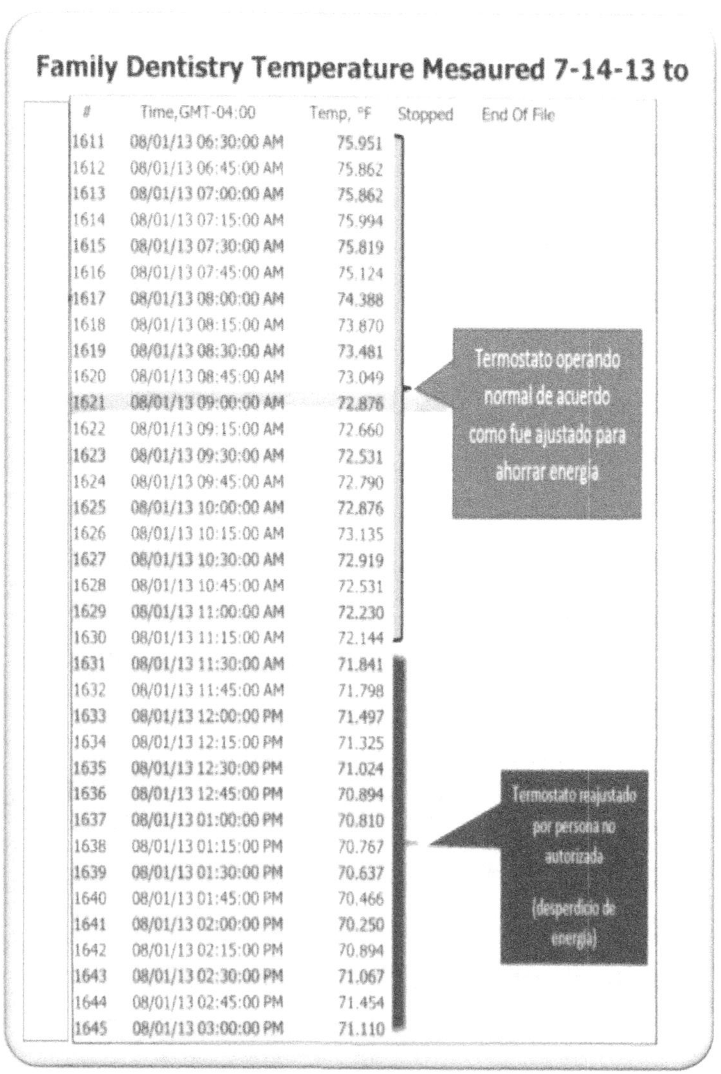

Family Dentistry Temperature Mesaured 7-14-13 to

#	Time,GMT-04:00	Temp, °F	Stopped	End Of File
1611	08/01/13 06:30:00 AM	75.951		
1612	08/01/13 06:45:00 AM	75.862		
1613	08/01/13 07:00:00 AM	75.862		
1614	08/01/13 07:15:00 AM	75.994		
1615	08/01/13 07:30:00 AM	75.819		
1616	08/01/13 07:45:00 AM	75.124		
1617	08/01/13 08:00:00 AM	74.388		
1618	08/01/13 08:15:00 AM	73.870		
1619	08/01/13 08:30:00 AM	73.481		
1620	08/01/13 08:45:00 AM	73.049		
1621	08/01/13 09:00:00 AM	72.876		
1622	08/01/13 09:15:00 AM	72.660		
1623	08/01/13 09:30:00 AM	72.531		
1624	08/01/13 09:45:00 AM	72.790		
1625	08/01/13 10:00:00 AM	72.876		
1626	08/01/13 10:15:00 AM	73.135		
1627	08/01/13 10:30:00 AM	72.919		
1628	08/01/13 10:45:00 AM	72.531		
1629	08/01/13 11:00:00 AM	72.230		
1630	08/01/13 11:15:00 AM	72.144		
1631	08/01/13 11:30:00 AM	71.841		
1632	08/01/13 11:45:00 AM	71.798		
1633	08/01/13 12:00:00 PM	71.497		
1634	08/01/13 12:15:00 PM	71.325		
1635	08/01/13 12:30:00 PM	71.024		
1636	08/01/13 12:45:00 PM	70.894		
1637	08/01/13 01:00:00 PM	70.810		
1638	08/01/13 01:15:00 PM	70.767		
1639	08/01/13 01:30:00 PM	70.637		
1640	08/01/13 01:45:00 PM	70.466		
1641	08/01/13 02:00:00 PM	70.250		
1642	08/01/13 02:15:00 PM	70.894		
1643	08/01/13 02:30:00 PM	71.067		
1644	08/01/13 02:45:00 PM	71.454		
1645	08/01/13 03:00:00 PM	71.110		

Ilustración 20.1: Mediciones de Temperaturas de la clínica Family Dentistry en agosto de 2013.

Family Dentistry Temperature Mesaured 7-14-13 tc

#	Time,GMT-04:00	Temp, °F	Stopped	End Of File
1856	08/03/13 07:45:00 PM	70.423		
1857	08/03/13 08:00:00 PM	70.466		
1858	08/03/13 08:15:00 PM	70.423		
1859	08/03/13 08:30:00 PM	70.380		
1860	08/03/13 08:45:00 PM	70.466		
1861	08/03/13 09:00:00 PM	70.250		
1862	08/03/13 09:15:00 PM	70.293		
1863	08/03/13 09:30:00 PM	70.207		
1864	08/03/13 09:45:00 PM	70.250		
1865	08/03/13 10:00:00 PM	70.250		
1866	08/03/13 10:15:00 PM	70.165		
1867	08/03/13 10:30:00 PM	70.165		
1868	08/03/13 10:45:00 PM	70.122		
1869	08/03/13 11:00:00 PM	70.122		
1870	08/03/13 11:15:00 PM	70.122		
1871	08/03/13 11:30:00 PM	70.079		
1872	08/03/13 11:45:00 PM	69.949		
1873	08/04/13 12:00:00 AM	69.993		
1874	08/04/13 12:15:00 AM	70.036		
1875	08/04/13 12:30:00 AM	69.993		
1876	08/04/13 12:45:00 AM	69.993		
1877	08/04/13 01:00:00 AM	70.036		
1878	08/04/13 01:15:00 AM	70.079		
1879	08/04/13 01:30:00 AM	69.949		
1880	08/04/13 01:45:00 AM	70.036		
1881	08/04/13 02:00:00 AM	70.079		
1882	08/04/13 02:15:00 AM	70.079		
1883	08/04/13 02:30:00 AM	69.949		
1884	08/04/13 02:45:00 AM	70.079		
1885	08/04/13 03:00:00 AM	70.079		
1886	08/04/13 03:15:00 AM	70.122		
1887	08/04/13 03:30:00 AM	69.993		
1888	08/04/13 03:45:00 AM	70.036		
1889	08/04/13 04:00:00 AM	69.993		
1890	08/04/13 04:15:00 AM	70.036		

Termostato reajustado por persona no autorizada

(desperdicio de energía)

Ilustración 20.2: Mediciones de Temperaturas de la clínica Family Dentistry en agosto de 2013.

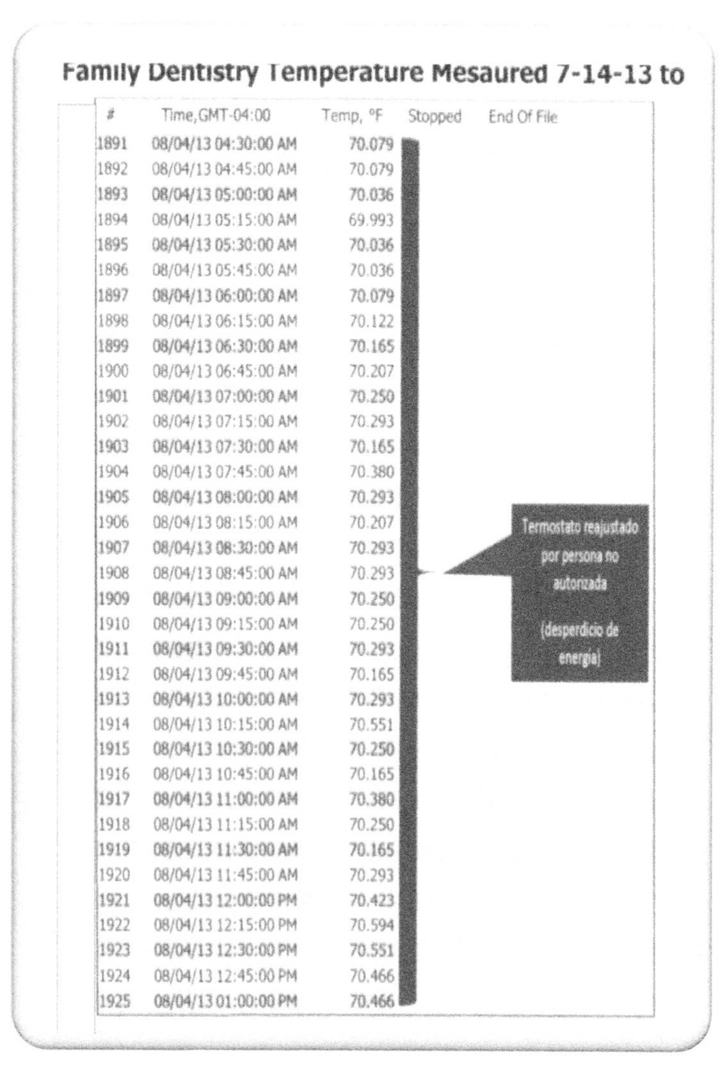

Family Dentistry Temperature Mesaured 7-14-13 to

#	Time,GMT-04:00	Temp, °F	Stopped	End Of File
1891	08/04/13 04:30:00 AM	70.079		
1892	08/04/13 04:45:00 AM	70.079		
1893	08/04/13 05:00:00 AM	70.036		
1894	08/04/13 05:15:00 AM	69.993		
1895	08/04/13 05:30:00 AM	70.036		
1896	08/04/13 05:45:00 AM	70.036		
1897	08/04/13 06:00:00 AM	70.079		
1898	08/04/13 06:15:00 AM	70.122		
1899	08/04/13 06:30:00 AM	70.165		
1900	08/04/13 06:45:00 AM	70.207		
1901	08/04/13 07:00:00 AM	70.250		
1902	08/04/13 07:15:00 AM	70.293		
1903	08/04/13 07:30:00 AM	70.165		
1904	08/04/13 07:45:00 AM	70.380		
1905	08/04/13 08:00:00 AM	70.293		
1906	08/04/13 08:15:00 AM	70.207		
1907	08/04/13 08:30:00 AM	70.293		
1908	08/04/13 08:45:00 AM	70.293		
1909	08/04/13 09:00:00 AM	70.250		
1910	08/04/13 09:15:00 AM	70.250		
1911	08/04/13 09:30:00 AM	70.293		
1912	08/04/13 09:45:00 AM	70.165		
1913	08/04/13 10:00:00 AM	70.293		
1914	08/04/13 10:15:00 AM	70.551		
1915	08/04/13 10:30:00 AM	70.250		
1916	08/04/13 10:45:00 AM	70.165		
1917	08/04/13 11:00:00 AM	70.380		
1918	08/04/13 11:15:00 AM	70.250		
1919	08/04/13 11:30:00 AM	70.165		
1920	08/04/13 11:45:00 AM	70.293		
1921	08/04/13 12:00:00 PM	70.423		
1922	08/04/13 12:15:00 PM	70.594		
1923	08/04/13 12:30:00 PM	70.551		
1924	08/04/13 12:45:00 PM	70.466		
1925	08/04/13 01:00:00 PM	70.466		

Ilustración 20.3: Mediciones de Temperaturas de la clínica Family Dentistry en agosto de 2013

\

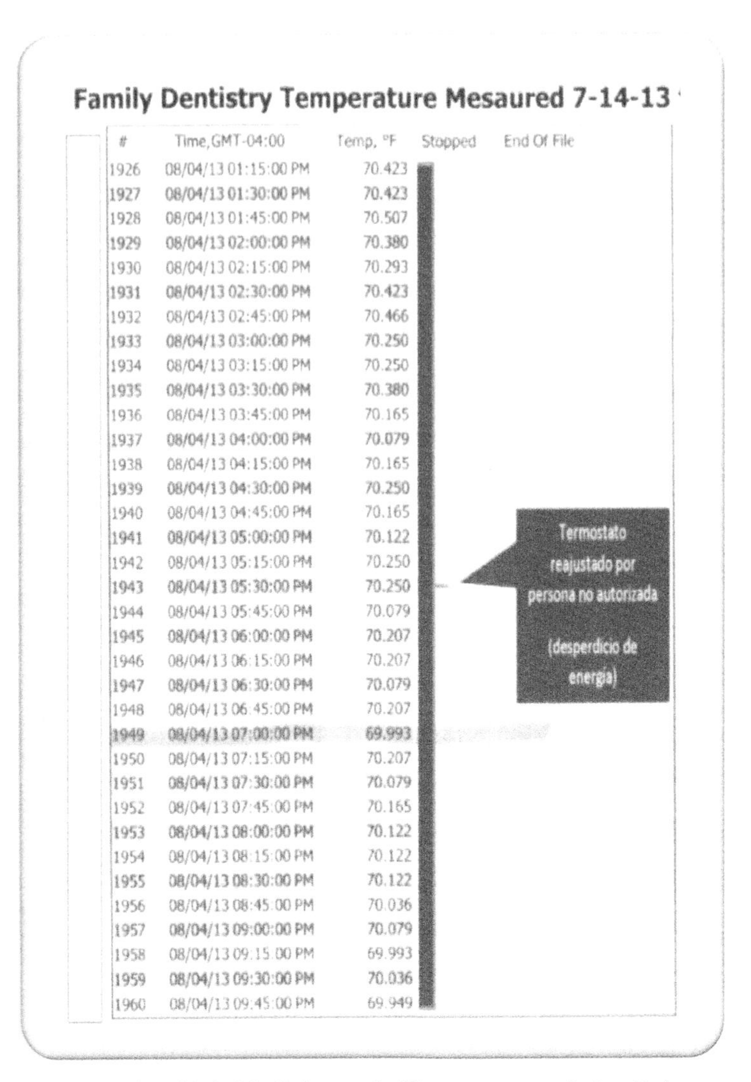

Family Dentistry Temperature Mesaured 7-14-13

#	Time,GMT-04:00	Temp, °F	Stopped	End Of File
1926	08/04/13 01:15:00 PM	70.423		
1927	08/04/13 01:30:00 PM	70.423		
1928	08/04/13 01:45:00 PM	70.507		
1929	08/04/13 02:00:00 PM	70.380		
1930	08/04/13 02:15:00 PM	70.293		
1931	08/04/13 02:30:00 PM	70.423		
1932	08/04/13 02:45:00 PM	70.466		
1933	08/04/13 03:00:00 PM	70.250		
1934	08/04/13 03:15:00 PM	70.250		
1935	08/04/13 03:30:00 PM	70.380		
1936	08/04/13 03:45:00 PM	70.165		
1937	08/04/13 04:00:00 PM	70.079		
1938	08/04/13 04:15:00 PM	70.165		
1939	08/04/13 04:30:00 PM	70.250		
1940	08/04/13 04:45:00 PM	70.165		
1941	08/04/13 05:00:00 PM	70.122		
1942	08/04/13 05:15:00 PM	70.250		
1943	08/04/13 05:30:00 PM	70.250		
1944	08/04/13 05:45:00 PM	70.079		
1945	08/04/13 06:00:00 PM	70.207		
1946	08/04/13 06:15:00 PM	70.207		
1947	08/04/13 06:30:00 PM	70.079		
1948	08/04/13 06:45:00 PM	70.207		
1949	08/04/13 07:00:00 PM	69.993		
1950	08/04/13 07:15:00 PM	70.207		
1951	08/04/13 07:30:00 PM	70.079		
1952	08/04/13 07:45:00 PM	70.165		
1953	08/04/13 08:00:00 PM	70.122		
1954	08/04/13 08:15:00 PM	70.122		
1955	08/04/13 08:30:00 PM	70.122		
1956	08/04/13 08:45:00 PM	70.036		
1957	08/04/13 09:00:00 PM	70.079		
1958	08/04/13 09:15:00 PM	69.993		
1959	08/04/13 09:30:00 PM	70.036		
1960	08/04/13 09:45:00 PM	69.949		

Ilustración 20.4: Mediciones de Temperaturas de la clínica Family Dentistry en agosto de 2013.

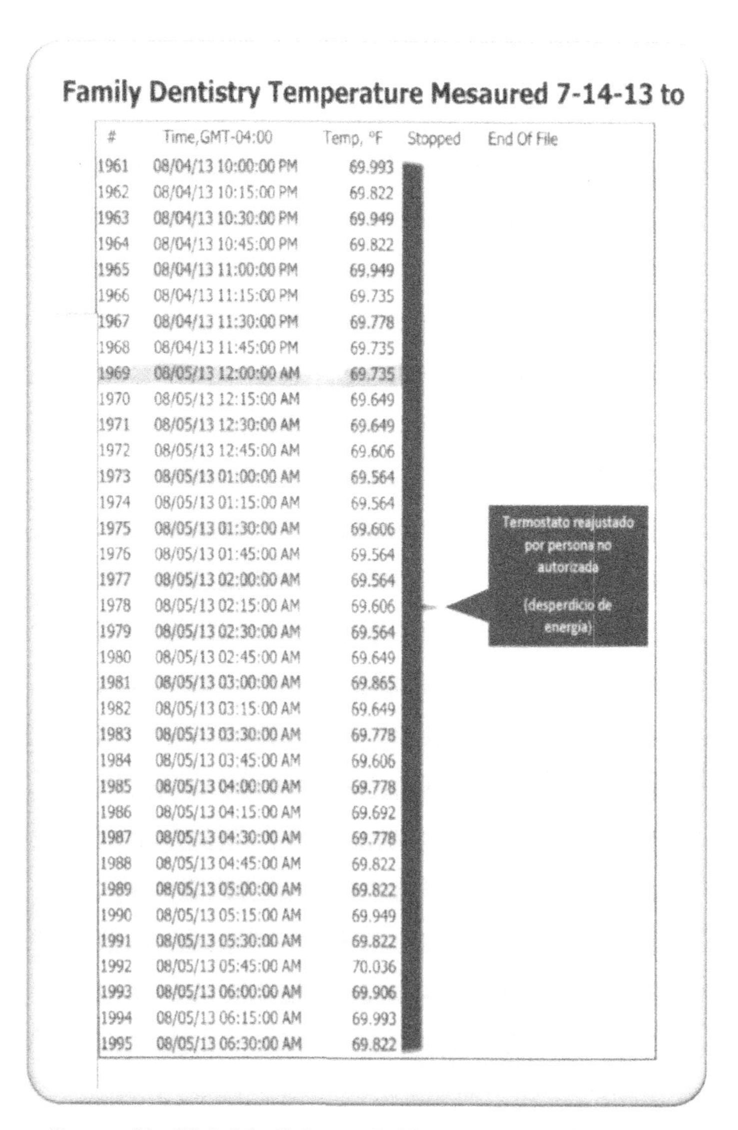

Family Dentistry Temperature Mesaured 7-14-13 to

#	Time,GMT-04:00	Temp, °F	Stopped	End Of File
1961	08/04/13 10:00:00 PM	69.993		
1962	08/04/13 10:15:00 PM	69.822		
1963	08/04/13 10:30:00 PM	69.949		
1964	08/04/13 10:45:00 PM	69.822		
1965	08/04/13 11:00:00 PM	69.949		
1966	08/04/13 11:15:00 PM	69.735		
1967	08/04/13 11:30:00 PM	69.778		
1968	08/04/13 11:45:00 PM	69.735		
1969	08/05/13 12:00:00 AM	69.735		
1970	08/05/13 12:15:00 AM	69.649		
1971	08/05/13 12:30:00 AM	69.649		
1972	08/05/13 12:45:00 AM	69.606		
1973	08/05/13 01:00:00 AM	69.564		
1974	08/05/13 01:15:00 AM	69.564		
1975	08/05/13 01:30:00 AM	69.606		
1976	08/05/13 01:45:00 AM	69.564		
1977	08/05/13 02:00:00 AM	69.564		
1978	08/05/13 02:15:00 AM	69.606		
1979	08/05/13 02:30:00 AM	69.564		
1980	08/05/13 02:45:00 AM	69.649		
1981	08/05/13 03:00:00 AM	69.865		
1982	08/05/13 03:15:00 AM	69.649		
1983	08/05/13 03:30:00 AM	69.778		
1984	08/05/13 03:45:00 AM	69.606		
1985	08/05/13 04:00:00 AM	69.778		
1986	08/05/13 04:15:00 AM	69.692		
1987	08/05/13 04:30:00 AM	69.778		
1988	08/05/13 04:45:00 AM	69.822		
1989	08/05/13 05:00:00 AM	69.822		
1990	08/05/13 05:15:00 AM	69.949		
1991	08/05/13 05:30:00 AM	69.822		
1992	08/05/13 05:45:00 AM	70.036		
1993	08/05/13 06:00:00 AM	69.906		
1994	08/05/13 06:15:00 AM	69.993		
1995	08/05/13 06:30:00 AM	69.822		

Ilustración 20.5: Mediciones de Temperaturas de la clínica Family Dentistry en agosto de 2013.

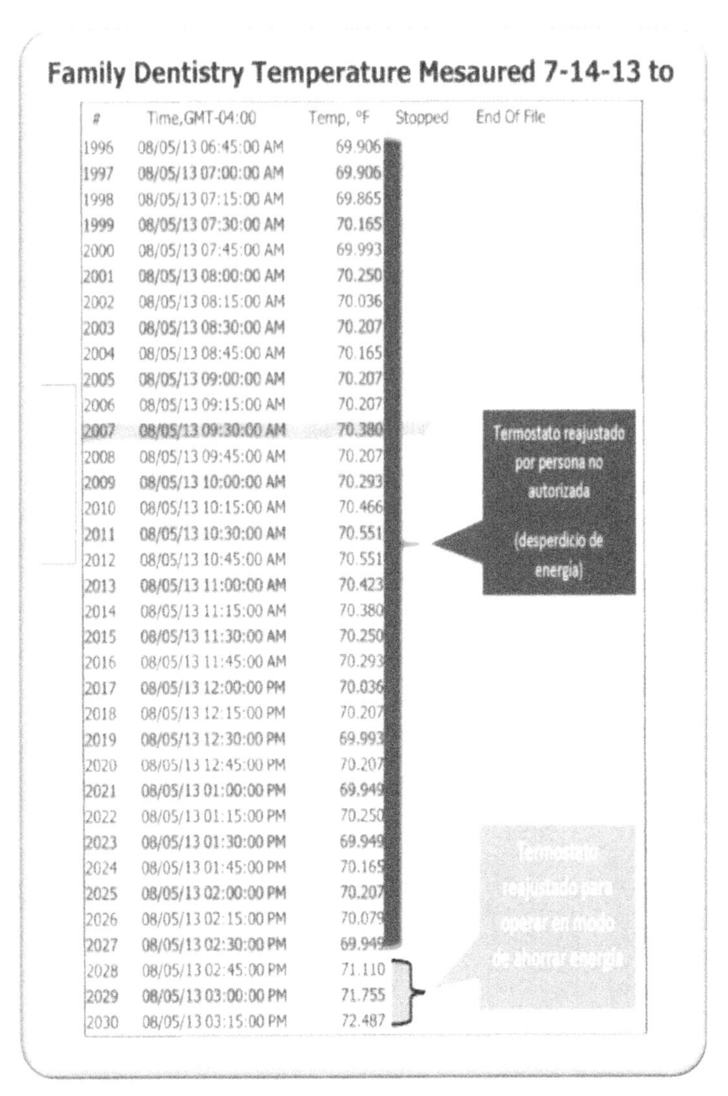

Family Dentistry Temperature Mesaured 7-14-13 to

#	Time,GMT-04:00	Temp, °F	Stopped	End Of File
1996	08/05/13 06:45:00 AM	69.906		
1997	08/05/13 07:00:00 AM	69.906		
1998	08/05/13 07:15:00 AM	69.865		
1999	08/05/13 07:30:00 AM	70.165		
2000	08/05/13 07:45:00 AM	69.993		
2001	08/05/13 08:00:00 AM	70.250		
2002	08/05/13 08:15:00 AM	70.036		
2003	08/05/13 08:30:00 AM	70.207		
2004	08/05/13 08:45:00 AM	70.165		
2005	08/05/13 09:00:00 AM	70.207		
2006	08/05/13 09:15:00 AM	70.207		
2007	08/05/13 09:30:00 AM	70.380		
2008	08/05/13 09:45:00 AM	70.207		
2009	08/05/13 10:00:00 AM	70.293		
2010	08/05/13 10:15:00 AM	70.466		
2011	08/05/13 10:30:00 AM	70.551		
2012	08/05/13 10:45:00 AM	70.551		
2013	08/05/13 11:00:00 AM	70.423		
2014	08/05/13 11:15:00 AM	70.380		
2015	08/05/13 11:30:00 AM	70.250		
2016	08/05/13 11:45:00 AM	70.293		
2017	08/05/13 12:00:00 PM	70.036		
2018	08/05/13 12:15:00 PM	70.207		
2019	08/05/13 12:30:00 PM	69.993		
2020	08/05/13 12:45:00 PM	70.207		
2021	08/05/13 01:00:00 PM	69.949		
2022	08/05/13 01:15:00 PM	70.250		
2023	08/05/13 01:30:00 PM	69.949		
2024	08/05/13 01:45:00 PM	70.165		
2025	08/05/13 02:00:00 PM	70.207		
2026	08/05/13 02:15:00 PM	70.079		
2027	08/05/13 02:30:00 PM	69.949		
2028	08/05/13 02:45:00 PM	71.110		
2029	08/05/13 03:00:00 PM	71.755		
2030	08/05/13 03:15:00 PM	72.487		

Ilustración 20.6: Mediciones de Temperaturas de la clínica Family Dentistry en agosto de 2013.

REEMPLAZO DE LUMINARIAS E INCREMENTO DEL NIVEL DE ILUMINACIÓN

El sistema de alumbrado fue remodelado, reemplazando las luminarias ineficientes con luminarias más eficientes, cambiando la apariencia de la clínica y, a la vez, mejorando la pobre iluminación en todas las áreas de recepción y trabajo. Esta remodelación contribuyó grandemente con la reducción del consumo de energía eléctrica.

El sistema de encendido y apago fue supervisado con sensores, para asegurar que la iluminación estuviera apagada durante las horas no laborables de la clínica. La gráfica 1 muestra parte de la supervisión del alumbrado, durante los meses de julio y agosto del 2013.

Family Dentistry Cantidad de KWh evitados durante los años 2012, 2013 y 2014				
	Consumo de energía anual	Reducción de energía no consumida	Porcentaje de reducción anual de energía	Comentario
Año	KWh	KWh	%	
2011	[illegible]	-		Año base, Punto de Referencia o Comparativo
2012	27800	838	**3%**	Reducción de consumo de julio a diciembre
2013	26039	2,599	**9.1%**	Reducción de consumo en el año
2014	**23427**	5,211	**18.20%**	Reducción de consumo en el año
TOTAL		**8.648**	10.1 %	Promedio de reducción total

Tabla 20.6: reducción de KWh en el consumo de la clínica dental Family Dentistry en un periodo de tres años.

Plot Title: 10353645 Family Dentistry Light Switching recorded

#	"Date Time, GMT-04:00"	"Light (LGR S/N: 10353645, SEN S/N: 10353645)"	Internal Calibration (LGR S/N: 10353645)	Stopped (LGR S/N: 10353645)	End Of File (LGR S/N: 10353645)
1	7/15/2013 12:00	1	Logged		Light on
2	7/15/2013 19:27	0			Light off
3	7/16/2013 9:54 1			Light on	
4	7/16/2013 20:02	0			Light off
5	7/17/2013 18:57	1			Light on
6	7/17/2013 19:07	0			Light off
7	7/17/2013 19:08	1			Light on
8	7/17/2013 21:24	0			Light off
9	7/18/2013 9:46 1			Light on	
10	7/18/2013 19:53	0			Light off
11	7/19/2013 10:02	1			Light on
12	7/19/2013 17:58	0			Light off
13	7/20/2013 8:51 1			Light on	
14	7/20/2013 14:58	0			Light off
	Sunday 0		Light off		
15	7/22/2013 9:55 1			Light on	
16	7/22/2013 19:43	0			Light off
17	7/23/2013 10:01	1			Light on
18	7/23/2013 18:57	0			Light off
19	7/24/2013 14:15	1			Light on
20	7/24/2013 14:15	0			Light off
21	7/24/2013 17:15	1			Light on
22	7/24/2013 18:46	0			Light off
23	7/25/2013 9:56 1			Light on	
24	7/25/2013 19:22	0			Light off
25	7/26/2013 10:04	1			Light on

Ilustración 20.7: los horarios de encendido y apagado de las luminarias fueron monitorizados diariamente con fines de calcular el consumo de energía.

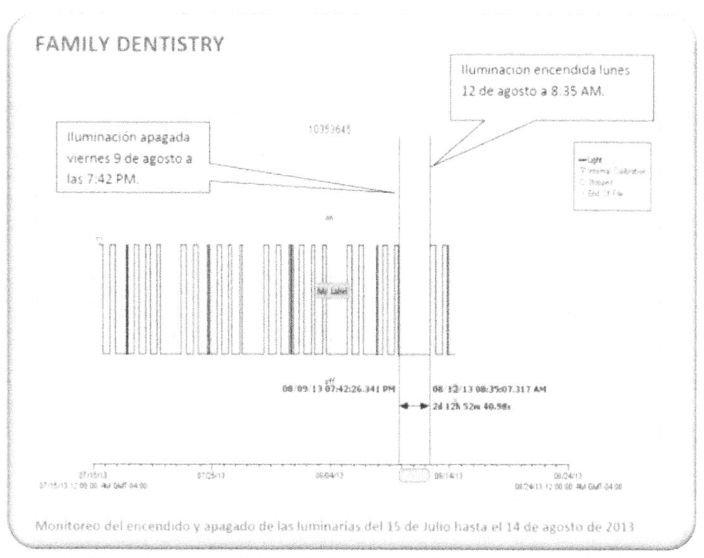

Gráfica 1: Supervisión del encendido y apagado de las luminarias del 15 de julio hasta el 14 de agosto del 2013.

El nivel de iluminación fue incrementado grandemente, cambiando la estética de la clínica y ofreciendo mejor visibilidad para los pacientes, doctores y empleados. El contraste y la diferencia en la iluminación de antes y después, puede notarse en las figuras 20.1, 20.2, 20.3, 20.4, 20.5, y 20.6, donde mostramos la iluminación, antes y después de la modificación del sistema de alumbrado.

Figura 20.1: Iluminación en el pasillo antes, de modificar el alumbrado.

Figura 20.2: Iluminación en el pasillo, después de modificación del alumbrado.

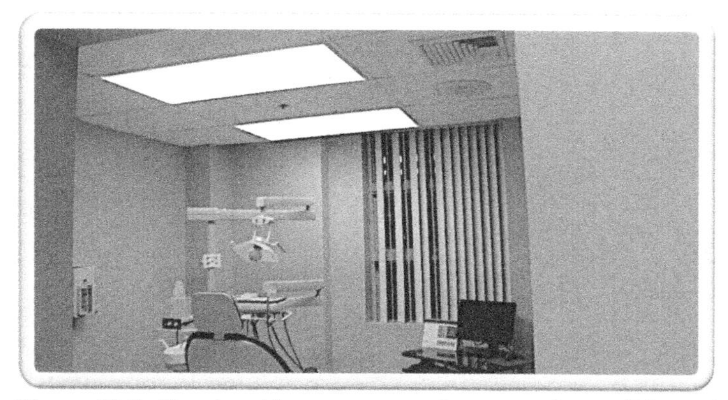

Figura 20.3: Iluminación en operatoria, antes de modificar el alumbrado.

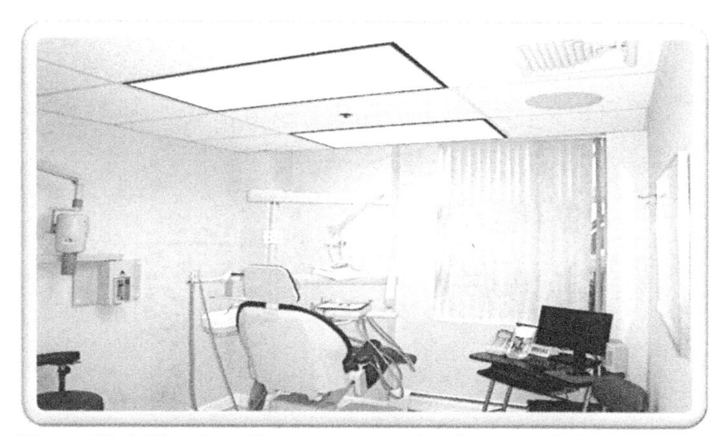

Figura 20.4: Iluminación en operatoria, después de la modificación del alumbrado.

Figure 20.5: Iluminación en oficina antes de modificar el alumbrado.

Figure 20.6: Iluminación en oficina después de la modificación el alumbrado.

CONTRIBUCIÓN CON EL MEDIO AMBIENTE

Con la implementación de este proyecto la clínica Family Dentistry contribuyó con la ecología nacional, disminuyendo la producción de gases invernadero que contaminan el ambiente. Los resultados de la contribución al sistema ecológico nacional pueden observarse en la tabla # 20-7.

La implementación de este proyecto redujo la cantidad de partículas emisivas (dióxido de carbono, dióxido de azufre, SO_2 y óxido de nitrógeno) del medio ambiente, durante los años 2012, 2013 y 2014.

FAMILY DENTISTRY

La implementación de este proyecto contribuyó con el Medio Ambiente reduciendo la cantidad de particulas emisivas (dióxido de carbono, oxido sulfúrico y nitrico) del medio ambiente durante los años 2012, 2013 y 2014

Año	Reduction de kWh	Reducción de partículas Emisivas (lb/kWh)		
		CO_2	SOx	NOx
2012	838	1073.14	9.05	4.61
2013	2599	3328.28	28.07	14.29
2014	5211	6673.21	56.28	28.66
Total	8648	11074.63	93.40	47.56

Tabla 20.7: Reducción de partículas emisivas del Medio Ambiente en proyecto de Conservación de Energía implementado en la clínica dental Family Dentistry.

Este proyecto muestra que un Plan de Conservación de Energía puede arrojar resultados positivos en edificaciones o negocios pequeños, si es planificado e implementado correctamente. La clínica dental Family Dentistry produjo los resultados positivos que proyectamos.

Estos resultados fueron:

1. Se planificó y automatizó el uso y horario de los aparatos que consumen energía durante las horas operacionales
2. Se redujo el consumo de las facturas de energía en un 10.1 %, en un periodo de dos años
3. Se redujeron los costos de energía en un 15 %
4. Se modernizó la apariencia del interior de la clínica con el reemplazo de las luminarias ineficientes, por luminarias eficientes, las cuales suministraron la iluminación apropiada
5. La gerencia y los empleados de la clínica fueron orientados con métodos eficientes para optimizar el uso de los aparatos que consumen energía y mantener el consumo a un nivel mínimo durante las horas operacionales del establecimiento
6. La clínica dental **Family Dentistry** hizo un gran aporte al ecosistema nacional, disminuyendo el consumo energético en 8,648 kWh y, a la vez, contribuyó a reducir el uso de los combustibles y la producción de contaminantes al medio ambiente

CONCLUSIÓN

Queremos concluir expresando las gracias a los lectores que han dedicado su precioso tiempo para leer este libro. Nuestro propósito principal siempre fue preparar un material con informaciones orientadas a mejorar la calidad de vida de nuestra generación actual y futura.

Actualmente todos los humanos dependemos del uso de la energía para sobrevivir y sabemos que en las medidas que incrementa la población y avanzan las tecnologías, las generaciones del futuro serán más dependientes de esta. De la misma manera que acrecienta la dependencia y demanda de energía generada por combustibles fósiles, aumenta la cantidad de contaminantes en el medio ambiente.

Nuestro foco principal fue usted querido lector y la intención principal ha sido proporcionarle los conceptos emitidos aquí para su beneficio personal, empresarial, comercial o administrativo. Por tal razón estructuramos las lecciones del principio al fin con un material basado en cosas prácticas de la administración energética con informaciones actualizadas. De la misma manera quisimos ser explicito con ejemplos para ayudarles a interpretar los conceptos.

La gran demanda de consumo y el aumento de los precios energéticos han creado la necesidad de buscar innovaciones que sean efectivas en términos de ahorros económicos y creemos que cada individuo debe capacitarse para sacar mejores ventajas a esta crisis. A través de los años se han ido encontrando soluciones a los problemas generados por el alto costo de energía, y una de

ellas es la forma de cómo se administra el uso y consumo de energía.
Conociendo las necesidades que tiene la humanidad de hoy y mañana de salvaguardar los recursos naturales quisimos preparar un contenido dando seguimiento a los principios de conservación, la cual representa el desarrollo, la prevención de residuos que en todas las direcciones es una simple cuestión de buen negocio y el bien-común, de la preservación de los recursos naturales para el beneficio de muchos y no simplemente para el beneficio de pocos.
Por esa razón quisimos integrarnos y hacer un pequeño aporte al llamado de las Naciones Unidas y del papa Francisco, siendo parte de la ***"Revolución para cuidar Nuestra Casa Común (Planeta Tierra)"***, haciendo énfasis en la necesidad de la preservación de los recursos naturales, siguiendo los lineamientos de concientización para conservar energía y reducir la contaminación ambiental.

Nuestro mayor objetivo fue ofrecer nociones de administración dando seguimiento a "La **ley de conservación de la energía** que establece que la **energía** no puede ser creada ni destruida, sólo convertida de una forma de energía a otra".

En la conversión de la energía de una forma a otra sólo se aprovecha un porcentaje y el resto se convierte y se disipa en forma de calor. La mayoría de la energía eléctrica que consume el mundo es transformada de combustibles fósiles a vapor y al transformar esta energía se producen cierta cantidad de partículas (CO_2, NO_x, SO_2) que agregadas al aire lo contaminan.
Se ha demostrado que si la usanza de energía se gestiona con eficiencia se obtiene un mayor rendimiento, se reduce

el consumo, los costos incurridos y la contaminación ambiental.
Basándonos en lo establecido por la ley, si los proyectos de conservación energética son administrados apropiadamente, pagan los costos invertidos, producen ganancias, y mejoran la calidad de producción y la eficiencia.

Esperamos que el contenido de este libro haya servido de ayuda, orientación y motivación, para que usted comience o continúe implementando proyectos de conservación energética que beneficien económicamente a su empresa, departamento, o residencia y, a la vez, contribuya con la preservación del medio ambiente y el planeta.

Siempre tenga presente que ocupándonos de maximizar el uso de la energía aportamos al primer gran hecho sobre la conservación que representa al desarrollo, ahorramos dinero, preservamos el medio ambiente, nos ocupamos del bienestar de esta generación primero y después de las generaciones siguientes contribuyendo y resguardando la Tierra en que vivimos.

Lista de abreviaturas

AC	Corriente Alterna
ACCV	Análisis de Costo de Ciclo de Vida
ACEEE	American Council for an Energy Efficient Economy
AEE	Association of Energy Engineers
ANSI	American National Standard Institute
ASHRAE	American Society of Heating, Refrigeration and Air Conditioning Engineers
BTP	Building Technolgies Program
BTU	British Thermal Unit
CDD	Cooling Degree Day (Día de Enfriamiento)
CDN	Contribuciones Determinadas a Nivel Nacional
CFM	Pies Cubico por Minuto
CH4	Metano
DC	Corriente Directa
DOE	Department of Energy (Departamento de Energía de los Estados Unidos)
EER	Energy Efficiency Ratio
EIA	Energy International Agency
EMA	Energy Management Association
EPA	Environmental Protection Agency (Agencia de Protección Ambiental)
FEMP	Federal Energy Management Program
fpm	Pies por Minuto
GDP	Gross Development Product
GE	General Electric
gpf	galones por flush (descarga)

GPM	Galones por Minuto
Gt	Giga tonelada
Gt/y	Giga tonelada por año
HDD	Heating Degree Day
HVAC	Heating, Ventilation, Air Conditioning
ICE	Intensidad de Costo Energético
IECC	International Energy Conservation Code
IESNA	Iluminating Engineering Society of North American
IIoT	Cosas Industriales del Internet (Industrial Internet of Things)
ISO	International Organization for Standardization
IT	Información Tecnológica
IUE	Intensidad de Uso Energético
JCI	Johnson Controls institute
KW	Kilovatio
KWh	Kilovatio-hora
M&V	Medición y Verificación
MEE	Medida de Eficiencia Energética
MW	Mega watt
N2O	Oxido Nitrato
NASA	National Aeronautics and Space Administration
NOAA	National Oceanic and Atmospheric Administration
NOx	Nitrógeno de Oxigeno
OCE	Oportunidades de Conservar Energía
ONU	Organización de las Naciones Unidas
OPEC	Organización de Países Exportadores de Petróleo
Ppm	Partícula por minuto
PSE&G	Public Services and Gas Company

RI	Retorno de Inversión
CO_2	Dióxido de Carbono
SO_2	Dióxido de Azufre
Sq. ft.	Pies Cuadrado
TH	Temperatura Alta
TL	Temperatura Baja
UEP	Uso Efectivo de Potencia
UPS	Uninterructible Power Supply
VA	Valor Actual
VAN	Valor Actual Neto
WH	Watt-Hour

BIBLIOGRAFÍA

(2017, August 20). Retrieved fromwww.inflationData.com.

(2011). In C. Dilouie, *Lighting Redesign for Existing Buildings.* Lilburn, GA: The Fairmont Press, Inc.

Albert Thumann, W. J. (2008). Handbook of Energy Audits, Seventh Edition. Lilburn, Georgia: The Fairmont Press, Inc.

American Council for an Efficiency Economy. (2016).

Amir Roth, U. D. (2019). *Grid-interactive Efficient Buildings Technical Report Series (Whole-Building Controls, Sensors, Modeling, and Analitics.* Washington, DC: Office of Energy Efficiency & Renewable Energy.

ASHRAE. (1999). Energy Managemente Applications Hand book.

ASHRAE. (1999). Energy Management. In *Applications Handbook.*

ASHRAE STAFF, S. P. (2011). *Advance Energy Design Guide for Highway Lodging, Achieving 30% Energy Savings toward a Net Zero Energy Building.* W. Stephen Comstock.

Beaty, D. G. (1993). *Standard Handbook for Electrical Engineers - Thirteenth Edition.* McGraw Hill, Inc.

Bill Goetzler, M. G. (2019). *Grid-interactive Effiecnt Buildings Technica Report Series, (Heating, Ventilation, and Air Conditioning (HVAC); Water Heating; Appliances; and*

Refrigeration. Washington, DC: U.S. Department of Energy, Office of Energy Efficiency & Renewable Energy.

Brumbaugh, J. E. (2004). *HVAC Fundamentals, 4th Edition.* Wiley Publishing, Inc.

Building Performance Institute, I. /. (2014). *Home Energy Auditing Standard - ANSI/BPI -1100-T-2014.*

Building Performance Institute, I. (2015). *Standard Practice for Standardized Qualification of Whole-House Energy Savings Prediction by Calibration to Energy Use History.* ANSI/ BPI 2400-S-2015.

Builidn Performance Institute, I. (2014). *Home Energy Auditing Standard.* ANSI/ BPI 2400-S-2014.

Castro, F. (2010). *Facilities Management Energy Reduction Program, Energy Usage and Cost Analysis of Neark Public Schools District during 2000 - 2009.* Newark, New Jersey.

Castro, F. (2015). *Plan de Conservacion Energetica Implementado en Clinica Dental Family Dentistry.* Rutherford, New Jersey.

Chioke Harris, N. R. (2019). *Grid-interactive Efficient Buildings Technical Report Series, (Windows and Opaque Envelope).* Washington, DC: U.S. Department of Energy, Office of Energy Efficiency & Renewable Enegy.

DiLouie, C. (2011). *Lighting Redesign for Existing Buildings.* Lilburn, Georgia: The Fairmont Press, Inc.

earthobservatory.nas.gov/Features/GlobalWarning. (2016, April 20).

earthobservatory.nasa.gov/Features/Global Warming. (2016, april 20).

Energy Saver, The new way to shop for light. Lumens and the Lighting Facts Label. (2021, September). Retrieved from Office of Efficiency & Renewable Energy.

Energy, U. D. (2011, Septiembre). Advance Enerrgy Retrofit Guide.

Energy, U. D. (2015, April 28). *Office of Geothermal Technologies.* Retrieved from www.eren.doegov/geothermal.

Environmental Protection Agency, WaterSense. (n.d.). Retrieved June 2021, from EPA.gov.

Federal Reserve Board. (n.d.). Retrieved from http://www.dollarsfed.org.

Floyd, T. L. (1993). *Principles of Electric Circuits, Fourth Edition.* New York: Macmillan Publishing Company.

Gillleo, A. (2016, January 22). Electricity savings keep rising, year after year. *American Council for an Energy Efficient Economy.*

(2019). *Grid-interactive Efficient Buildings Technical Report Series, Lighting & Electronics.* Office of Energy Efficiency & Renewable Energy.

Harris, C. (2019). *Grid-interactive Efficient Buildings Technical Report Series.* U.S, Department of Energy (DOE),

Office of Efficiency & Renewable Energy / National Renewable Energy Laboratory (NREL).

How Technology works. (2019). New York: DK publishing.

IESNA, A. / (2019). *Achiving Zero Energy, Advance Energy Design Guide for Small to Medium Office Building.* ASHRAE.

IESNA...- (2015). *Advance Energy Design Guide for Grocery Stores, Achieving 50% Energy Savings toward a Net Zero Energy Building.* ASHRAE.

IESNA...- /. (2014). *Advance Energy Design Guide for Medium to Big Box Retail Buildings, Achieving 50% Energy Savings toward a Net Zero Energy Building.*

IESNA...- /. (2009). *Advance Energy Design Guide for K-12 Schools Buildings, Achieving 30% Energy Savings toward a Net Zero Energy Building.* ASHRAE.

IESNA...- /. (2009). *Advance Energy Design Guide for Small Hospitals and Healthcare Facilities, Achieving 30% Energy Savings toward a Net Zero Energy Building.* ASHRAE.

IESNA...- /. (2008). *Advance Energy Design Guide for Small Retail Buildings.* ASHRAE.

Inc., U. L. (2011). *Alternative Energy Equipment and Systems, UL Aplication Guide.* Underwriters Laboratories Inc.

International Energy Agency. (n.d.).

Jeff Posterwait. (n.d.). Pope Francis calls for "Revolution"

John Kosozwat, A. S. (2020, February 3). *Top 10 Growing Smart Cities.* Retrieved from www.asme.org.

Johnson, B. H. (2003). The Meaning of Conservation. In L. S. Warren, *American Environmental History* (p. 199). MA: Blackwell Publishing.

Ken Sufka, A. E. (2014). *Energy Management Guideline.* Washington, DC.

Kennedy, C. /. (2012). *Guide to Energy Management, 7TH Edition.* Lilburn, Georgia: The Fairmont Press.

Laboratory, U. S. (2013). *Advance Energy Retrofit Guide for Grocery Stores, Practical Ways to Improve Energy Performance.* U. S. Department of Energy.

Lindeburg, M. R. (2009). *Engineering Unit Conversions, 4th Edition.* Belmont, CA: Professional Publications, Inc.

Mayors, T. U. (2019). Resolutions - United State Conference of Mayors. *Meeting Mayors' energy and Climate Goals by Start America's Model Energy Code on a Glide Path to Net Zero Energy Buildings by 2050.*

McMordie, R. K. (2012). *Solar Energy Fundamentals.*

Monica Neukomm, U. S. (2019). *Grid-interactive Efficient Buildings Technical Report Series (Overview of Research Challenges and Gaps).* Washington, DC: U. s. Department of Energy, Office of Energy Efficency & Renewable Energy.

National Renewable Energy Laboratory (NREL). (2006). Procedure for Measuring and Reporting

Commercial Building Energy Performance. In M. D. D. Barley. www.nrel.gov/docs.

Natural Resources Defense Council. (n.d.). Retrieved from U.S Energy Information Administration.

Office of Energy efficiency and Renewable Enegy, U. D. (October 2017, October). *EnergySaver.gov.* Retrieved from energy.gov/eere.

Patrick, S. W. (2009). *Electrical Power Systems Technology, Third Edition.* Lilburn, Georgia: The Fairmont Press, Inc.

Posterwait, J. (2015, June). Pope Francis call for 'Revolution' to save earth from Climate Change. *Electric Light & Power.*

Schrk, D. N. (2015). Bechmarking Building Energy Use. *ASHRAE JOURNAL, 57*(Noviembre).

Skolnik, A. (2011, August). Benchmarking, Understanding Building Performances. *Consulting Specifying Engineer.*

Thumann, A. (1992). *lighting Efficiency Applications, 2nd Edition.* Lilburn, Georgia: The Fairmont Press.

Thumann, A. (2008). *Guide to Energy Conservation, Ninth Edition.* Lilburn, Georgia: The Fairmont Press, Inc.

Turner, W. C. (2001). *Energy Management Handbook, Fourth Edition.* Lilburn, Georgia: The Farimont Press, Inc.

U.S Department of Energy, W. P. (2021, August 18). *Powering the Blue Economy.* Retrieved from www.energy.gov.

Ungar, S. N. (2019). *Halfway There: Energy Efficiency Can Cut Energy Use and Greenhouse Gas Emissions in Half by 2050.* Washington, D.C.: American Council for an Energy-Efficiency Economy, ACEEE.

Valerie Nubbe, N. C., & Mary Yamada, U. D. (2019). *Grid-interactive Efficent Buildings Technical Report Series, (Lighting and Electronics).* Washington, DC: U.S. Department of Energy, Office of Energy Efficiency & Renewable Energy.

White, S. (2018). *Photovoltaic Systems and the National Electric Code.* New York: Routledge.

White, S. (2019). *Solar Photovoltaic Basics, 2nd Edition.* Routledge.

White, S. (2019). *Solar PV Engineering and Installation.* New York: Routledge.

Wisconsin, C. o. (1990). *Energy Conservation Booklet for Small Commercial Buildings.* Madison, Wisconsin: University of Wisconsin.

WTRG Economics 1998-2007. (2007). Retrieved from www.wtrg.com.

ACERCA DEL AUTOR

Francisco A. Castro Rincón es ingeniero eléctrico por la Universidad Fairleigh Dickinson, Teaneck, Nueva Jersey y "Asociado en Ciencias Aplicadas de la Tecnología Electrónica" por el Hudson County Community College, Jersey City, New Jersey. Cuenta con más de 30 años de experiencia en ingeniería eléctrica, administración de proyectos de construcción, consultorías, preparación, supervisión e implementación de proyectos de conservación de energía. Miembro de la Association of Energy Engineers (AEE), certtificado como "Power Quality Professional, CPQ" por la misma asociación, desde el 1999. Ha obtenido algunos reconocimientos, como el "Legend in Energy", por la Association of Energy Engineers en 2008 y el "Professional of the Year 2006", por la organización America's Registry of Outstanding Professionals, en reconocimiento a la excelencia, dedicación y éxitos en la práctica de ingeniería en facilidades de Escuelas Públicas. Actualmente, ofrece Consultorías en Conservación Energética a las Empresas, Instituciones, e individuos que necesiten orientación en asuntos de eficiencias energéticas o en la preparación de un Plan Maestro de Conservación de Energía.

GLOSARIO

AC Corriente Alterna

Los generadores producen corriente eléctrica alterna o continua (Directa).

La corriente alterna (CA) invierte la dirección fluyendo en direcciones opuestas (+ & -) varias veces por segundo.

ACCV Análisis de Costo de Ciclo de Vida

El costo de poseer, operar y mantener un equipo durante el tiempo de vida útil.

ACEEE

American Council for an Energy Efficient Economy.

AEE

Association of Energy Engineers (Asociación de Ingenieros Energéticos).

Ajuste de carga

El proceso de reducir cargas eléctricas en condiciones específicas, para reducir la demanda energética.

Ajustes nocturnos

Un punto utilizado durante la noche o los períodos desocupados para ajustar los controles de alumbrados y termóstatos de temperaturas a la mínima utilización de energía posible.

ANSI

American National Standard Institute.

ANTHROPAUSIA

Nombre que los científicos le dieron al lapso Global o reducción en las actividades humanas durante la Pandemia COVID-19.

ASHRAE

American Society of Heating, Refrigeration and Air Conditioning Engineers.

Auditoría Energética
Una evaluación de los flujos (consumo) de energía en un edificio o proceso, generalmente con el fin de identificar oportunidades para reducir el consumo.

BTP
Building Technolgies Program
(Programa de Tecnologías de construcción).

BTU British Thermal Unit.
La Unidad Británica Termal es una unidad para medir la cantidad de energía calórica igual a la cantidad de calor requerida a elevar la temperatura de una libra de agua en un grado Fahrenheit al nivel del mar.

Carga:
La cantidad de demanda de energía requerida para satisfacer la necesidad de cualquier sistema.

CDD, Cooling Degree Day
(Día de grado de Enfriamiento).
Es la diferencia del promedio diario de temperatura por encima de la temperatura base de 65°F.

CDN
Contribuciones Determinadas a Nivel Nacional
Prioridades del secretario General de la ONU para cumplir las carteras de acción con estrategias a largo plazo, para conseguir las metas del Acuerdo de París y asegurar que las acciones de transformación tengan el mayor impacto posible en una economía real.

Celsius: ºC
Una escala termométrica en la que el punto de derretimiento del hielo es cero grados y el punto de ebullición del agua es 100 grados por encima de 0

cfm:
cubic feet/minute
(pies cubico por minuto)
Es una medida volumétrica del flujo de aire sobre el tiempo.
Multiplicando la velocidad del aire por el área se puede determinar el volumen de aire fluyendo en un conducto.

Contabilidad energética
Un proceso formal de organización y monitoreo a largo plazo de los costos de servicios (utilidades) públicos y los datos de consumo para una edificación.

Contenido energético
La energía intrínseca de una sustancia ya sea gas, líquido o sólido, en un entorno de presión y temperatura dadas.

DC: Corriente Directa
Los generadores producen corriente eléctrica alterna o continua (Directa).
La corriente continua (Directa), (DC) fluye en una sola dirección, solamente a través de circuitos eléctricos y puede generarse por generadores, baterías y celdas solares.

Dióxido de Carbono (CO_2)
El dióxido de carbono (CO_2) es un gas incoloro y no inflamable a temperaturas y presión normales. Es una molécula que se compone de un átomo de carbono y dos átomos de oxígeno. Es un gas pesado que no soporta la combustión, se disuelve en agua para formar ácido carbónico, especialmente en la respiración animal y en la descomposición o combustión de materia animal y vegetal,

es absorbido del aire por las plantas en la fotosíntesis y se utiliza en la carbonatación de bebidas.

El dióxido de carbono (CO_2) y sus efectos ambientales

Es un gas de efecto invernadero que tiene un componente muy importante del aire de nuestro planeta que ayuda a atrapar el calor en nuestra atmósfera.

Para que el dióxido de carbono (CO_2) sea efectivo debe de tener ciertos niveles de concentraciones que estabilicen las condiciones atmosféricas, de ser lo contrario crea condiciones catastróficas al medioambiente.

- Si no existiera este gas en la atmósfera, el planeta sería extremamente frío e imposible para la supervivencia humana.
- En el otro extremo excesivas concentraciones de CO_2 en la atmósfera atrapan mucho calor en la atmosfera e incrementan demasiado las temperaturas promedio globales causando condiciones climáticas no favorables a la Tierra incidiendo significativamente con el calentamiento global.

Cuando se queman combustibles fósiles, el carbono que había estado bajo tierra se envía al aire como dióxido de carbono.

Un aumento en las concentraciones de CO_2 en conjunto con otros gases están sobrepasando los limites en nuestra atmósfera y están causando que las temperaturas globales promedio hayan aumentado, impactando negativamente otros aspectos del clima de la Tierra.

Desde el comienzo de la Revolución Industrial hace unos 150 años, los humanos han quemado tanto combustible y liberado tanto dióxido de carbono a la atmósfera que el clima global ha aumentado más de un grado Fahrenheit.

De acuerdo con un reporte presentado por EPA, en el 2021, se produjo la concentración media anual mundial de dióxido de carbono atmosférico de 414,7 partes por millón (ppm). Esto fue 2.3 ppm mayor que las cantidades de 2020 y fue la medida más alta en los registros observacionales modernos.

DOE:
Department of Energy
Departamento de Energía de los Estados Unidos.

EER:
Energy Efficiency Ratio
Término utilizado para medir la proporción (salida de energía proporcionada con referencia a la energía suministrada) de eficiencia energética en las calderas y aires acondicionados
Eficiencias para calderas
Eficiencia (%) = [salida calórica / suministro calórico] x 100
Eficiencias para aires acondicionados
EER = enfriamiento en Btu / (vatios-hora de entrada de energía eléctrica)

EIA:
Energy International Agency
Agencia Internacional de Energía.

EMA: Energy Management Association
Asociación de Administración de Energía.

EPA: Environmental Protection Agency
Agencia de Protección Ambiental de los Estados Unidos.

ESCO:
Energy Service Company (Compañía de Servicios Energéticos)
Es una compañía que ofrece servicios a los clientes para reducir el consumo energético con un contrato de dividir los beneficios (cantidad ahorrada) para pagar los costos de

instalación de las medidas tomadas para modificar las instalaciones o equipos para conservar energía.

Factor de carga
La relación entre la tasa máxima de consumo y el consumo total del período. Para la electricidad, es la relación entre la demanda de kWh y kW. El factor de carga ideal es cerca de 1.00 como sea posible.

Fahrenheit: °F
Es una escala termométrica en la que el punto de derretimiento del hielo es de 32 grados y el punto de ebullición del agua es de 212 grados sobre cero.

FEMP: Federal Energy Management Program
Programa Federal de Administración de Energía de los Estados Unidos.

Foot-candle: Pies-candela
Medida de luminancia o luz. La iluminación de un lumen distribuida uniformemente en una superficie cuadrada de un pie.

Gases de efecto invernadero
Muchos compuestos químicos que se encuentran en la atmósfera de la Tierra actúan como "gases de efecto invernadero". Las principales **concentraciones atmosféricas de gases de efecto invernadero** son dióxido de carbono, metano y óxido nitroso.
Los rayos solares penetran en la Tierra y se esparcen en la superficie reflejándose hacia el espacio como radiación infrarroja (calor). La cantidad de energía irradiada de regreso al espacio debería ser aproximadamente la misma que la cantidad de energía enviada desde el sol a la superficie de la Tierra dejando la temperatura de la superficie de la Tierra aproximadamente constante. Sin embargo, los gases de efecto invernadero absorben esta radiación infrarroja y atrapan el calor en la atmósfera.

Muchos gases exhiben estas propiedades de "efecto invernadero". Algunos de ellos ocurren en la naturaleza (vapor de agua, dióxido de carbono, metano y óxido nitroso), mientras que otros son exclusivamente de fabricación humana (como los gases utilizados para aerosoles).

Efectos de los gases invernadero en los cambios climáticos

En las medidas que aumentan las concentraciones de gases de efectos invernaderos producen un aumento de temperaturas en la Tierra lo que está ocasionando los **"cambios climáticos"** (variación inestable en las temperaturas, derretimiento de los glaciares, incremento en el nivel de los océanos y el incremento de formación y fuerza de los fenómenos naturales).

La mayor parte del exceso de energía atrapada en el sistema de la Tierra por el aumento de las cantidades de gases de efecto invernadero se almacena en el océano.

GDP:
Gross Development Product
Producto Interno Bruto (PIB)

El PIB mide el valor total de mercado de todos los bienes y servicios finales producidos en la economía en un año determinado.

GE:
General Electric

Es una compañía multinacional americana que fabrica múltiples artefactos electrodomésticos, equipos eléctricos, energías renovables, aeronáutica y médicos. Además, tiene un departamento que financia proyectos de eficiencia energética.

gpf:

galones per flush (descarga)

Flujo de galones de un líquido por descarga.

GPM: Galones por Minuto
Flujo de galones de un líquido por minuto.

Gt:
Gigatonelada (1,000,000,000 tonelada) = (10^9 t)
Gigatonelada es un billón de toneladas métricas, medida utilizada para medir masas, usualmente se utiliza para medir emisiones de los gases contaminantes del medio ambiente (dióxido de carbono) y acumulaciones de cantidades grandes de hielo.
Gt/y: Gigatonelada por año
Emisiones de Gigatonelada por año.

HDD:
Heating Degree Day (Dia de grado de calefacción)
La diferencia del promedio de la temperatura diaria por debajo de la temperatura base de 65°F. Es una medida relativa que se utiliza para medir la carga calórica de una edificación asumiendo que la edificación no requiera calefacción hasta que las temperaturas exteriores estén por debajo de 65 °F.

HVAC:
Heating, Ventilation, Air Conditioning
Un Sistema que provee el proceso de temperaturas confortables en una edificación utilizando equipos de calderas, ventilación y aire acondicionado.

ICE:
Índice de Costo Energético
Una representación anual del costo energético por pies cuadrado en una edificación.

IECC:
International Energy Conservation Code
Código Internacional de Conservación de Energía
Los principios utilizados en el desarrollo de estos códigos fueron basados con la intención de establecer las

necesidades y Códigos de Conservación de Energía que adecuadamente conserven energía, enfatizando el diseño de los edificios de acuerdo con las necesidades modernas. Estos códigos enfocan directamente los requerimientos mínimos y eficientes en las edificaciones, los diseños e instalaciones de las envolventes, los aparatos mecánicos (calderas, aires acondicionados y ventilación) y los sistemas eléctricos e iluminación.
Esta organización ofrece un Foro Internacional para el proceso de desarrollo de códigos internacionales para que los profesionales de la energía analicen el rendimiento y los requisitos del código prescriptivo.

IESNA:
Illuminating Engineering Society of North American
Sociedad de Ingenieros de Iluminación de Norte-América.

IIoT:
(Industrial Internet of Things) Cosas Industriales del Internet
El internet de las cosas es una red que conecta miles de millones de dispositivos integrados con microprocesadores y tecnología de comunicaciones que pueden conectarse al internet, comunicarse con otras máquinas o humanos y compartir datos a través de códigos QR (respuesta rápida) legibles para máquinas.

Infiltración
El proceso por el cual el aire exterior se filtra en un edificio a través de grietas y agujeros en la envolvente del edificio.

Inversor:
Un inversor convierte la corriente eléctrica de directa (DC) a alterna (AC) o inversamente. La mayoría de los aparatos y enseres utilizados en el hogar funcionan con corriente alterna.

ISO:
International Organization for Standardization
Organización Internacional de Estandarización.

IT:
Información Tecnológica
Es el uso de dispositivos y sistemas computarizados para tener acceso a informaciones de las redes del internet.

IUE:
Índice de Uso Energético
Una representación anual del uso (consumo) energético por pies cuadrado de una edificación.

JCI:
Johnson Controls institute

KW:
Kilowatt (Kilovatio)
Unidad de medida que se utiliza para medir la potencia eléctrica "vatio" en múltiplos de mil.

KWh:
Kilovatio-hora
Unidad de energía eléctrica equivalente a mil vatios de potencia proporcionado en una hora.

Lámpara
Una fuente de luz, comúnmente llamada bombilla o tubo.

Lumen:
Una medida de la cantidad de luz producida por una fuente de luz.

Metano: CH4
El metano es un gas simple, un solo átomo de carbono y cuatro de hidrógeno. Su tiempo en la atmósfera es relativamente fugaz en comparación con otros gases de

efecto invernadero como el CO_2. Es un gas incoloro e inodoro que se produce abundantemente en la naturaleza y como producto de ciertas actividades humanas.
El metano es el miembro más simple de la serie de hidrocarburos y se encuentra entre los gases de efecto invernadero más potentes. Es más ligero que el aire.
¿Cómo afecta la reducción de las emisiones de metano?
De acuerdo con bp.com el metano representa actualmente alrededor de una quinta parte de las emisiones globales de gases de efecto invernadero provocadas por el hombre. Tiene una vida útil más corta en la atmósfera que el dióxido de carbono (CO_2), pero un mayor potencial de calentamiento a corto plazo. El metano tiene más de 80 veces el poder de calentamiento del CO_2 durante los primeros 20 años después de que llega a la atmósfera. Disminuir las emisiones de metano del petróleo y el gas ahora, puede tener increíbles impactos a corto plazo, tanto en el calentamiento climático como en la capacidad del mundo para alcanzar el cero neto para el 2050.
De acuerdo con un reporte mundial publicado por la EPA, la concentración promedio anual de metano atmosférico también fue la más alta registrada en el 2021, y el aumento anual de 18 partes por billón (ppb) fue el más alto desde que comenzaron las mediciones. El aumento anual del metano se ha acelerado significativamente desde 2014.

M&V: Medición y Verificación
Medida que se utiliza para medir y verificar el consumo y los ahorros energéticos de un proyecto de eficiencia de energía.

Medición de la hora del día
Un método para medir y registrar el uso de electricidad de un cliente por la hora del día en que se consumió. Generalmente se utiliza para establecer la demanda máxima para períodos de tiempo específicos para los cargos de energía en pico y fuera de pico.

MEE:
Medida de Eficiencia Energética
Medida utilizada para medir la eficiencia energética.

Modernizar (Modificar):
La adición o sustitución de equipos o alteración de un edificio existente para hacerlo más eficiente energéticamente.

MW: Mega watt:
Megavatio (un millón de vatios).

NASA:
National Aeronautics and Space Administration
Administración Nacional de Aeronáutica y del Espacio de los Estados Unidos.

NOAA:
National Oceanic and Atmospheric Administration
Administración Nacional Oceánica y Atmosférica de los Estados Unidos.

OCE: Oportunidades de Conservar Energía
Término utilizado en los proyectos de eficiencia energética para representar los lugares y equipos que se pueden mejorar para reducir el consumo de energía.

O&M: Operación y Mantenimiento
Son medidas de bajo costo y oportunidades de eficiencias energéticas que envuelven cambios en las prácticas de operaciones y mantenimientos tomadas para mejorar las eficiencias de los equipos en las edificaciones. Regularmente cuando estas medidas son utilizadas disminuyen las fallas y aumentan la durabilidad de los equipos.

ONU: Organización de las Naciones Unidas
OPEC: Organización de Países Exportadores de Petróleo

Óxido nitroso: N_2O

El óxido nitroso se hace presente de manera natural en la atmósfera como parte del ciclo del nitrógeno de la Tierra, y tiene diversas fuentes naturales. El óxido nitroso es un potente gas de efecto invernadero que causa daños a la capa de ozono. Las moléculas de óxido nitroso permanecen en la atmósfera durante un promedio de 114 años.

Diversas actividades del ser humano como la agricultura, la combustión de combustibles, el manejo de aguas residuales y los procesos industriales están incrementando la cantidad de óxido nitroso (N_2O) presente en la atmósfera.

El impacto de 1 kilogramo de óxido nitroso sobre el calentamiento de la atmósfera es casi 300 veces el de 1 kilogramo de dióxido de carbono.

El aumento anual de 1,3 ppb para el óxido nitroso en el 2021 fue el tercero más alto desde 2001, contribuyendo a una concentración atmosférica media anual mundial de 334,3 ppb (parte por billón).

pm

pm significa material particulado (también llamado contaminación por partículas): el término para una mezcla de partículas sólidas y gotas líquidas que se encuentran en el aire. Algunas partículas, como el polvo, la suciedad y el humo, son lo suficientemente grandes u oscuras como para ser vistas a simple vista. Otros son tan pequeños que solo se pueden detectar con un microscopio electrónico.

La contaminación por partículas incluye:

- **PM_{10}** : partículas inhalables, con diámetros que generalmente son de 10 micrómetros y más pequeños.
- **$PM_{2.5}$** : partículas finas inhalables, con diámetros que generalmente son de 2.5 micrómetros y menores.

Ppm: Parte (partícula) por millón
Una ppm es equivalente a la cantidad fraccionaria absoluta multiplicada por un millón.
En ciencia e ingeniería, las partes por notación son un conjunto de pseudo-unidades para describir pequeños valores de cantidades diversas adimensionales.

Óxido de Nitrógeno (NOx)
El término "óxidos de nitrógeno" (NOx) se utiliza generalmente para incluir dos gases: óxido nítrico (NO), que es un gas incoloro e inodoro y dióxido de nitrógeno (NO_2), que es un gas marrón rojizo con un olor acre. El óxido nítrico reacciona con el oxígeno o el ozono en el aire para formar dióxido de nitrógeno. Otros óxidos de nitrógeno incluyen NO_3 (trióxido de nitrógeno), N_2O (óxido nitroso).

PSE&G: Public Services Electric and Gas Company
Compañía Pública suministradora de Servicios de Electricidad y Gas en New Jersey.

RI: Retorno de Inversión (Periodo de amortización Simple)
El período de retorno de la inversión determina el número de años requerido para recuperar la inversión inicial a través del retorno producido por el proyecto.

RI = (Costo inicial) / (Ahorros anuales)

R-Value: Valor-R
Término utilizado para medir un espesor dado de la resistencia de un material aislante al flujo de calor.

SO_2: Dióxido de azufre
(Oxido Sulfúrico)
Es un gas que se origina durante la combustión de carburantes fósiles que contienen azufre (petróleo, combustibles sólidos) llevada a cabo sobre todo en los

procesos industriales de alta temperatura y de generación eléctrica.
Es un gas incoloro con un olor irritante característico, perceptible a diferentes niveles, dependiendo de la sensibilidad individual que generalmente se percibe entre 0.3 – 1.4 ppm y es fácilmente notable a 3 ppm. SO_2 no es inflamable, no es explosivo y es relativamente estable. Su densidad es más del doble que la del aire ambiental, y es altamente soluble en agua. En contacto con membranas húmedas SO_2 forma ácido sulfúrico (H_2O4), que es responsable de fuertes irritaciones en los ojos, membranas mucosas y piel.

Sq. ft.:
Pies Cuadrado

Termostato
Un dispositivo sensible a temperaturas que enciende, apaga y controla los equipos de calefacción y refrigeración a una temperatura establecida.

TH: Temperatura Alta
El termino temperatura alta se utiliza para medir la temperatura más alta ocurrida en un día.

Therm
Una unidad de energía contenido igual a 100.000 Btus. Utilizado principalmente para gas natural.

TL: Temperatura Baja
El término temperatura baja se utiliza para medir la temperatura más baja ocurrida en un día.

Toneladas de refrigeración
Una forma para expresar la capacidad de enfriamiento o la cantidad de calor que el equipo puede eliminar del aire. Una tonelada de enfriamiento equivale a 12,000 Btuh.

UEP: Uso Efectivo de Potencia
Término utilizado para medir el uso efectivo de potencia en los Centros de Datos.

UPS: Inenterruptible Power Supply
Suministrador de potencia inenterruptible; equipo utilizado para mantener potencia ininterrumpida en los equipos que deben de permanecer en funcionamiento todo el tiempo. La potencia de estos aparatos es proporcionada por baterías con límites de duración que dependen de la capacidad de carga acumulada en la batería y el tiempo de uso de la carga conectada.

U-Value: Valor U
La transmisión térmica o el coeficiente de transmisión de calor expresado en Btus por pie cuadrado por hora por grado F. cuanto menor sea el valor U, menos calor se transferirá.

VA: Valor Actual
El valor actual (valor presente) convierte todos los flujos de efectivo en un valor presente. Es el valor estimado hoy de una cantidad de efectivo que se recibirá (o pagará) en el futuro

VAN: Valor Actual Neto
Un método de análisis de las propuestas de inversiones de capital que se concentra en el valor actual neto de los flujos de efectivo esperados de la inversión.

Ventilación
Se refiere a la introducción de aire exterior en un edificio. Generalmente es utilizado para controlar la calidad de aire en el interior de los edificios.

Vida útil
El período durante el cual una modificación utilizada en condiciones específicas puede cumplir su función prevista

y no excede del período de uso restante del edificio que se modifica.

Watt: Vatio

Una unidad de potencia que es el nivel de energía producido o utilizado. Es la transferencia de energía equivalente a 1 amperio que fluye bajo una presión de 1 voltio en el factor de potencia de la unidad. Un vatio equivale a 3.413 Btus.

WH: Watt-Hour

Consumo de un vatio en una hora

ÍNDICE

Este libro se terminó de imprimir en el mes de febrero de 2023, en los Estados Unidos de América.